高电压设备试验

主　编 ◎ 何发武　谢　月

副主编 ◎ 何东升　曾杰民　曾庆洪

邓　婧　冯文艳

西南交通大学出版社

·成　都·

图书在版编目（CIP）数据

高电压设备试验 / 何发武，谢月主编. -- 成都 ：
西南交通大学出版社，2025. 3. -- ISBN 978-7-5774
-0308-3

Ⅰ. TM510.6

中国国家版本馆 CIP 数据核字第 2025H6Z658 号

Gaodianya Shebei Shiyan

高电压设备试验

策划编辑 / 张　波
责任编辑 / 李　伟
责任校对 / 谢玮倩
封面设计 / 墨创文化

主　编 / 何发武　谢　月

西南交通大学出版社出版发行
（四川省成都市金牛区二环路北一段 111 号西南交通大学创新大厦 21 楼　610031）
营销部电话：028-87600564　　028-87600533
网址：https://www.xnjdcbs.com
印刷：四川森林印务有限责任公司

成品尺寸　185 mm × 260 mm
印张　17.25　　字数　431 千
版次　2025 年 3 月第 1 版　　印次　2025 年 3 月第 1 次

书号　ISBN 978-7-5774-0308-3
定价　49.00 元

课件咨询电话：028-81435775

前言

在“一带一路”倡议和“中国铁路走出去”战略背景下，中国轨道交通海外建设项目高速发展，海外铁路建设和运营需要大量熟练掌握轨道交通专业英语的技能型人才。

本书以高压绝缘试验与特性试验为核心图谱，从高压试验概述、高压绝缘试验、高压特性试验和高电压新技术等方面介绍了高电压设备测试的核心内容，满足高电压电气试验工的岗位技能培训要求，也适用于高压变电工、配电工、检修工技能培训。

本书配套有丰富的数字视频资源，包含铁道供电国家资源库，“高电压设备测试”国家在线精品课程中、英文版双语资源。中文课程服务中国高铁供电，英文双语资源助力“中国走出去”战略，承接国家国际发展合作署“一带一路”国家轨道交通建设项目、商务部发展中国家铁路供电技术项目等援外培训，满足“职教出海”需求，并应用到埃塞俄比亚至吉布提（亚吉）铁路、埃及开罗斋月十日城铁路、印尼雅万高速铁路等项目培训中，资源丰富，实用性强，适合海内外培训。

本书由广州铁路职业技术学院何发武、广东技术师范大学谢月任主编，广州铁路职业技术学院何东升、邓婧，广州地铁集团有限公司曾杰民、曾庆洪，昆明铁道职业技术学院冯文艳任副主编。其中，何发武编写项目四及附录一、二，谢月编写项目三，何东升编写项目五，曾杰民编写项目一，曾庆洪编写项目二，邓婧编写项目六工单一，冯文艳编写项目六工单二，何发武对全书进行统稿。

本书是广州市质量工程职业规划教材，广州铁路职业技术学院“双高计划”资助项目。作者在写作过程中，多次到广铁集团供电段、广州地铁等地进行项目调研；赵灵龙、易江平、罗建群、骆世忠等现场专家对本书的编写提出了宝贵意见；广州铁路职业技术学院电气化铁道技术团队全体成员对本书的编写给予了无私帮助，同时冼明珍、杨波琳、何安洋、何发文、车水轩、李雅、何凤华、何月华、何发贤等同志也给予了大力支持，在此一并表示衷心感谢。

由于作者水平有限，书中难免有疏漏之处，希望读者多多指正。

作 者

2024 年 9 月于广州

目录

项目一

高压试验概述

工单一　高压试验安全规程

模块一　操作工单：高压试验安全规程

（一）安全工具检查	（二）安全规程
（1）检查安全工具及仪器是否在有效期内。 （2）检查工具表面是否破损、爆裂等	（1）悬挂“止步，高压危险！”标示牌。 （2）保持足够的安全距离
（三）试验前准备	（四）试验步骤
（1）试验人员“两穿三戴”。 （2）设置栅栏，防止无关人员进入试验区。 （3）试验拆线前应做好标记，拆后应进行检查	（1）操作前先验电，挂接地线。 （2）检查防护装置和试验仪器。 （3）正常高压试验操作
（五）注意事项	（六）现场清理
（1）使用安全带防止高空坠落。 （2）防止感应电伤人、高压触电伤亡	（1）拆除试验引线和临时接地线，清理现场遗留的工具和杂物。 （2）将试验拆线恢复原状。 （3）拆除防护栅及标示牌
（七）工具有效期	（八）数字资源
（1）高压工具须在有效期内使用。 （2）工具须按试验周期进行检验	（1）验电器功能检测装置测试仪 （2）电力安全工器具力学性能测试仪

模块二　跟我学

高压试验是电气试验中危险性较大的工作。高压试验过程中，应遵循国家相关安全规定，确保人身安全和电力系统安全。高压试验主要标准参照《电气装置安装工程　电气设备交接试验标准》（GB 50150—2016）。

一、安全距离

安全距离是为了保证人身设备安全，作业人员与带电体间所保持的最小空气间隙距离。安全距离的大小因电压高低、设备类型、安装方式及天气状况的差异而变化。现行的国家电网发电站及变电站带电设备安全距离是 10 kV 时为 0.7 m，35 kV 时为 1 m，110 kV 时为 1.5 m，220 kV 时为 3 m，330 kV 时为 4 m，500 kV 时为 5 m。

国家电网 10 kV 配电室设备不停电作业安全距离如图 1-1 所示。

图 1-1　国家电网 10 kV 配电室设备不停电作业安全距离

当试验时带电体与人体及设备、带电线路间的距离达不到要求时，必须装设临时栅栏、绝缘挡板、绝缘皮垫等进行隔离。试验时若产生火花或放电声，说明距离不够，应立即停止试验，调整好距离，擦净绝缘表面，然后再进行试验。

二、安全规程

高压试验安全操作规程：停电、验电、接地、悬挂标示牌，每一步都必须严格按照顺序执行，一人操作，一人监护。

停电时根据工作票内容，确认应停电的线路和设备。验电时应使用相应电压等级的验电器，在装设接地线或合接地刀闸处逐项分别验电。接地时当验明没有电压后，应立即将检修的高压线路和设备接地并短路，有可能反送电的各线路都应接地，如图 1-2 所示。

图 1-2　变电所高压试验前验电接地

高压绝缘试验时的气候条件，温度不应低于+5 °C，空气相对湿度一般不大于 80%，按照“先进行非破坏性试验，后进行破坏性试验”的试验顺序要求。如果天气湿度过大，由于绝缘表面可能出现凝露或者水膜，导致表面绝缘电阻降低，表面泄漏电流大大增大，同时也导致绝缘物表面电场发生畸变，电场分布不均而产生电晕，影响测量结果，需择期试验。

试验前后做好安全监护制度和安全防护制度。试验人员试验前做好“两穿三戴”（穿工作服、穿绝缘靴、戴安全帽、戴绝缘手套、戴验电笔）。试验场所设置栅栏，向外悬挂“止步，高压危险！”标示牌。在 2.0 m 及以上作业为高空作业，需做好高空防护。人员和设备应保持足够的安全试验距离。

模块三　我要做

一、作业规范

（1）作业人员的安全等级不得低于三级。作业人员系好安全带，戴好安全帽，做好防滑措施。作业时间必须在晴朗天气，早上 9:00 以后方可作业。监护人员只能监护一组作业。地面作业人员要戴好安全帽。作业人员所携带工具必须放在工具包内，包要扣好，防止工具掉落，砸伤地面作业人员。

（2）根据工作票范围停电，并规定做好安全措施方准作业。车间负责人必须到现场把关。更换母线、支持瓷瓶时，要注意人身和设备安全，防止人身伤害和设备损坏。

（3）当进行电气设备的高压试验时，在作业地点的周围要设围栅，围栅上悬挂“止步，高压危险！”标示牌，并派人看守。在一个电气连接部分内，同时只允许一个作业组且在一项设备上进行高压试验。在断开点的检修作业侧装设接地线，高压试验侧悬挂“止步，高压危险！”标示牌，标示牌要面向检修作业地点。

（4）人员不得单独进入高压分间或防护栅内，同时与带电部分之间的距离要等于或大于规定的数值，当作业地点附近有高压设备时，要在作业地点周围设围栅和悬挂相应的标示牌。作业时必须有专人监护，操作人员必须使用绝缘工具并站在绝缘垫上。注意不得短接有电端子。采取措施，确保电压互感器二次侧不短路，电流互感器二次侧不开路。

（5）当作业人员与高压设备带电部分之间的距离不小于规定安全距离时，允许不停电在高压设备上进行下列作业，如更换硅胶或取油样。作业人员在任何情况下与带电部分之间必须保持规定的安全距离。作业人员和监护人员的安全等级不得低于二级。

电力工作者在进行与高压电气设备有关的工作之前，需要熟读设备使用说明书，同时在工作过程中，应当做好相应的安全防护措施，并严格遵循相关操作规范，保护自身的生命安全，各类仪器应根据其功能分类并定置摆放，如图 1-3 所示。

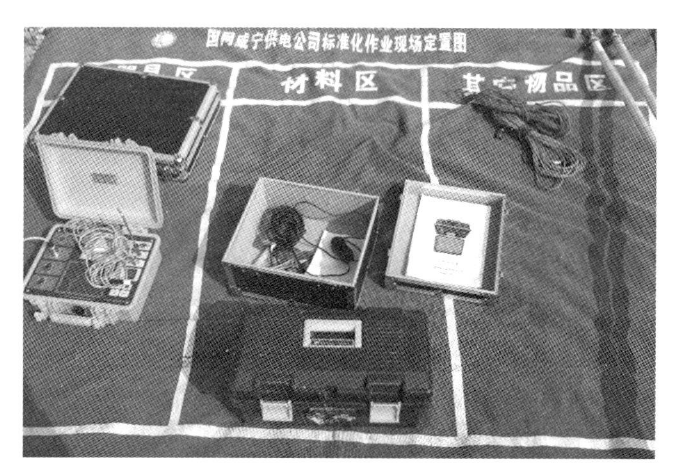

图 1-3　标准化作业现场定置图

进行高电压试验时，试验负责人应由有经验的人员担任；开始试验前，试验负责人应对全体试验人员详细布置试验中的安全注意事项，设专人监护。试验装置的金属外壳应使用截面面积不小于 4 mm^2 的多股软裸铜线可靠接地，高压引线尽量缩短，必要时用绝缘物支持牢固。试验装置的电源开关应使用有明显断开点的双极开关。试验装置的操作回路中，除电源开关外，还应串联零位开关，并应有过负荷自动跳闸装置。大电容设备或电容器耐压试验前后应充分接地、短路放电。

高压设备验电及装设或拆除接地线时，必须 2 人同时进行作业，操作人和监护人均必须穿绝缘靴和戴安全帽，操作人戴绝缘手套。验电时，必须用电压等级合适且合格的验电器，如图 1-4 和 1-5 所示；验电前要先将验电器在有电的设备上试验确认良好，然后在停电的设备上验电，最后在有电的设备上复验一次；验电时对被检验设备的所有引入、引出线均要检验。验电能够消除停错电、未停电的错误，防止带电挂接地线。

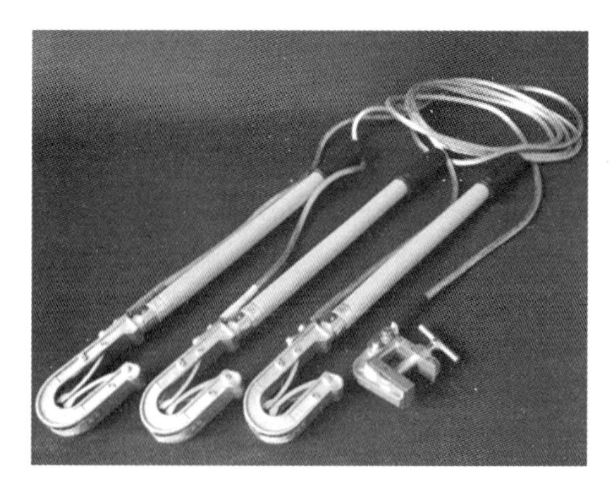

图 1-4　10 kV 接地线

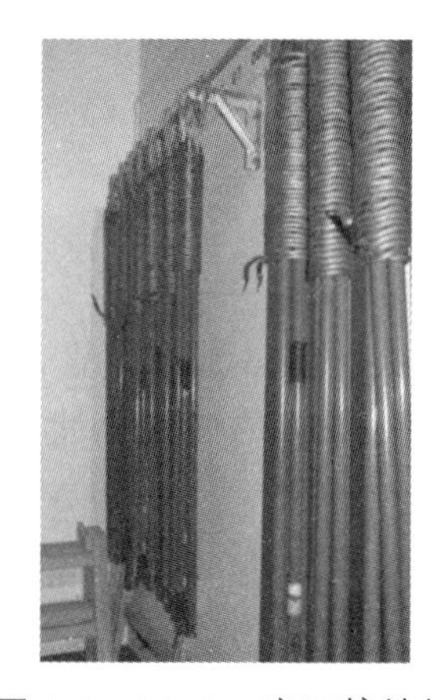

图 1-5　220 kV 高压接地线

装设、拆除接地线均应有人监护，如图 1-6 所示。装设的接地线应接触良好、连接可靠。装设接地线应先接接地端，后接导体端，拆除接地线的顺序与此相反。

图 1-6　装拆接地线（一人操作，一人监护）

二、注意事项

接地线须用专用线夹，连接牢固，接触良好，严禁缠绕。接地线要采用截面面积不小于 25 mm^2（直流系统用不小于 95 mm^2）的裸铜软绞线，且不得有断股、散股和接头。

验电挂接地线后，断路器和隔离开关的操作把手上悬挂“禁止合闸，有人工作”标示牌。在室内设备上作业时，装设栅栏并悬挂“止步，高压危险！”标示牌。禁止任何人在高压室、高压柜、容器设备内单独停留作业，在有限空间作业时必须确认通风良好。

模块四　我要练

1. 高压设备验电的项目要求：________________________________

____

____

____

____

2. 装设、拆除接地线的项目要求：______________________________

____

____

____

____

工单二　高压绝缘工具

模块一　操作工单：高压绝缘工具

（一）安全工具名称	（二）安全规程
绝缘手套、绝缘靴、安全帽、绝缘垫、绝缘棒、绝缘钳、验电笔、接地线、栅栏、标示牌	（1）试验前停电、验电、挂接地线。 （2）做好个人防护和环境防护
（三）试验前准备	**（四）试验步骤**
（1）检查工具安全使用期限。 （2）做好“两穿三戴”。 （3）记录温度与湿度	（1）试验前停电、验电、挂接地线。 （2）试验接线。 （3）记录数据。 （4）清理现场
（五）注意事项	**（六）试验作业**
（1）设置安全围栏。 （2）做好高空防护	（1）检查绝缘手套、绝缘靴。 （2）检查绝缘服装
（七）工具保管	**（八）数字资源**
（1）存放在干燥、阴凉的环境。 （2）放置专用设备架或专用柜	绝缘靴、手套耐压试验

模块二　跟我学

一、安全工具分类

高压安全工具是用来直接保护电工人身安全的基本用具。高压安全用具分为绝缘安全用具和一般防护安全用具，绝缘安全用具又可以分为基本安全用具和辅助安全用具。

基本安全用具：绝缘强度应能长期承受工作电压，并能在本工作电压等级产生过电压时，保证工作人员的人身安全。

辅助安全用具：若绝缘强度不能承受电气设备或线路的工作电压，则只能加强基本安全用具的保护作用，以防止接触电压、跨步电压、电弧灼伤等对操作人员的危害。

高压绝缘安全用具中，基本安全用具有绝缘棒、绝缘钳和验电笔等；辅助安全用具有绝缘手套、绝缘靴、绝缘垫、绝缘台和绝缘毯等。低压绝缘安全用具中，基本安全用具有绝缘手套、装有绝缘柄的工具和低压验电器；辅助安全用具有绝缘台、绝缘垫和绝缘靴等。同样是绝缘手套，由于使用电压场合不同，在高压和低压中分类也不一样。

携带型接地线、临时栅栏、标示牌、警告牌、防护目镜、安全带、木梯和脚扣等，这些都是防止工作人员触电、电弧灼伤、高空坠落的一般安全用具，其本身不是绝缘工具。

二、绝缘工具功能概述

常见的试验安全工具名称、功能及图例如表 1-1 所示。

表 1-1　常用试验安全工具名称、功能及图例

分类	安全工具名称及功能	图　例
绝缘防护用具	安全帽（人员或者物体坠落时保护作业人员头部的防护用具）	
	绝缘靴（低压线路试验时的人身基本安全用具）	
	绝缘手套（低压线路试验时的人身基本安全用具）	
	绝缘垫（高压试验时人员与设备辅助安全用具）	

续表

分类	安全工具名称及功能	图 例
绝缘防护用具	绝缘毯（带电作业时人员与带电设备辅助安全用具）	
	高压绝缘服（带电作业时人员与带电设备辅助安全用具）	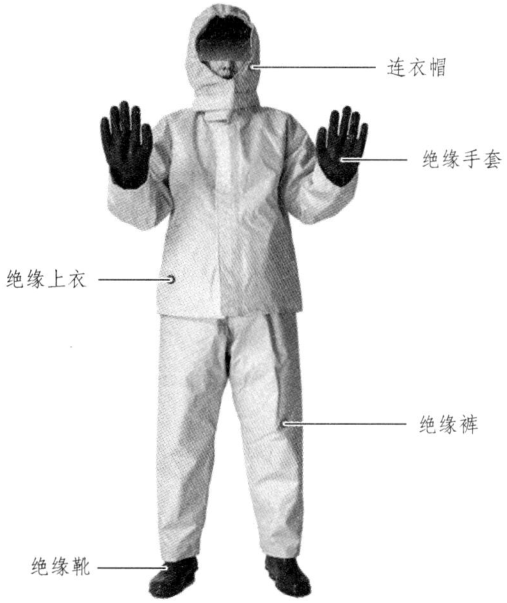 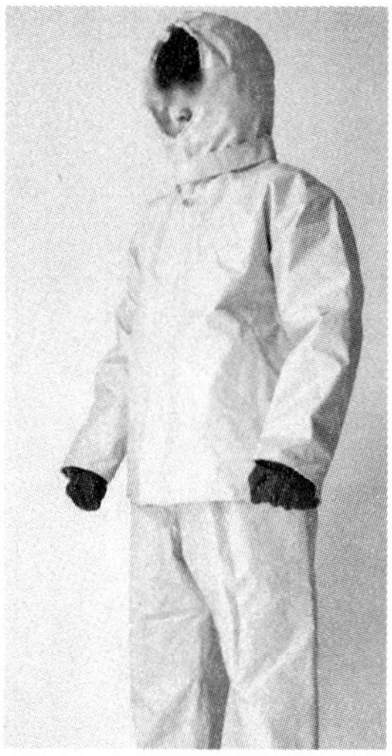 连衣帽 绝缘手套 绝缘上衣 绝缘裤 绝缘靴

续表

<table>
<tr><th>分类</th><th>安全工具名称及功能</th><th>图　例</th></tr>
<tr><td rowspan="4">高压验电及接地装置</td><td>高压验电器（检查电气设备或线路是否带电，检测是否存在高频电场）</td><td></td></tr>
<tr><td>接地线（试验或作业施工时防止触电危险的安全工具）</td><td>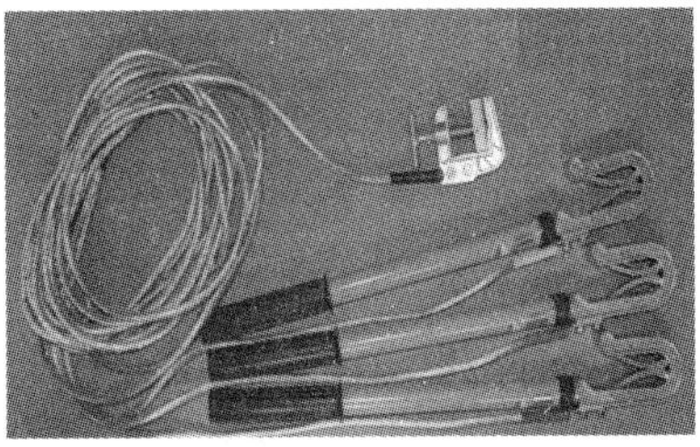</td></tr>
<tr><td>绝缘夹钳（用于 35 kV 及以下电力系统安装或拆卸高压熔断器等）</td><td>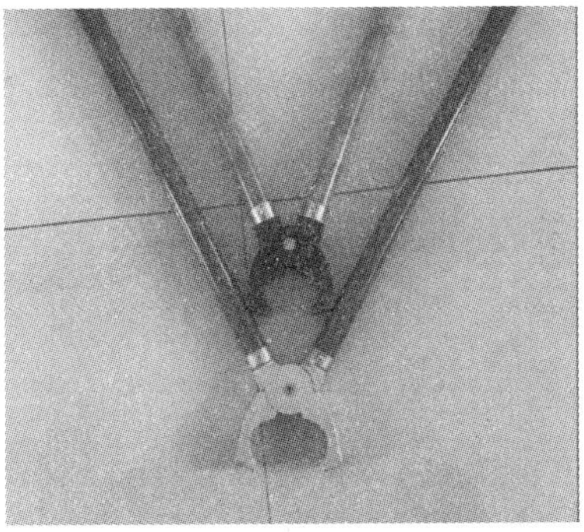</td></tr>
<tr><td>高压直流放电棒（在高压试验中，特别是直流耐压试验后，对试品上积累的电荷进行对地放电，确保人身安全）</td><td>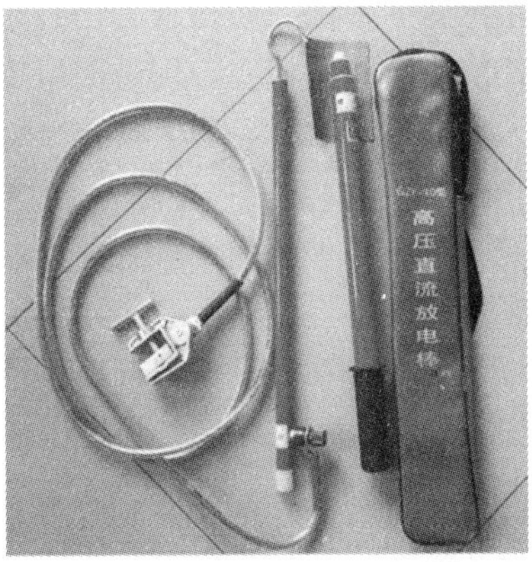</td></tr>
</table>

续表

分类	安全工具名称及功能	图 例
高压验电及接地装置	高压绝缘操作杆（开断高压隔离开关或跌落式熔断器，高压设备与人身绝缘及试验测量工具）	
	核相仪（检测电力线路、变电所的高压验电、三相线相序校验、环网侧电源是否同相）	

模块三　我要做

一、检查绝缘手套

绝缘手套能防止一定程度的触电伤害，当人体通过泄漏电流的大小在安全电流范围内时是安全的，如果泄漏电流过大，同样会造成人体伤害。

（1）使用绝缘手套前，应检查其是否超过有效使用期。

（2）使用前进行外观检查，用干毛巾擦净绝缘手套表面的污垢和灰尘，检查绝缘手套外表有无划伤，检查绝缘橡胶无老化黏合，如发现有发黏、裂纹、破口（漏气）、气泡、发脆等损坏时，禁止使用。

（3）检查方法：将手套朝手指方向卷曲，手指若鼓起不漏气者，即为良好；也可采用便携式绝缘手套检测仪，将绝缘手套套在检测仪上进行充气，检查绝缘手套是否漏气。

使用绝缘手套时，衣服袖口不得暴露覆盖于绝缘手套之外。绝缘手套使用后应擦净、晾干，保持干燥、清洁，最好撒上一些滑石粉，以免黏连。绝缘手套应存放在干燥、阴凉的绝缘安全器具柜内，不宜过冷、过热，温度应保持在 15 ~ 35 °C，相对湿度为 5% ~ 80%，以防胶质老化，降低绝缘性能。与其他工具分开放置，其上不得堆压任何物件，以免刺破手套。

绝缘鞋（靴）主要进行外观尺寸检查，表面有破损、鞋底防滑齿磨平、外底磨透出绝缘层时，均不得再使用。

二、带电作业的绝缘服等穿戴要求

绝缘服与均压服是有区别的。绝缘服可以防止 7 kV 以下的高压，能耐受高压、阻燃、耐酸、耐碱。绝缘服由尼龙涂层织物制成，具有绝缘性能，主要用于带电作业时的物理防护。

均压服又称带电作业屏蔽服、等电位均压服，其作用是穿戴后在高压电场中人体外表面形成等电位屏蔽面，保护人体免受高压电场和电磁波的危害，主要是在高压线路维修时进入高压电场时使用。均压服是由均匀的导体材料和纤维材料制成的服装。整套屏蔽服应包括外套、裤子、帽子、袜子、手套、鞋子及其相应的连接线和连接器。

（1）佩戴前，检查防护装备。使用前，将高压绝缘手套和靴子压入空气，检查是否有针孔缺陷。绝缘袖套和披肩、绝缘服使用前，检查是否有穿刺孔和划痕。如果防护设备存在严重缺陷，则严禁使用。

（2）操作过程中，操作人员进入绝缘斗前，必须在地面佩戴绝缘头盔、绝缘靴、绝缘服、绝缘手套和防护手套，现场安监人员进行检查，如图 1-7 所示。

（3）带电作业结束，摘下绝缘手套和绝缘帽时，操作人员应注意头顶及其周围的带电导线，并与带电体保持安全距离。

图 1-7　穿绝缘服进行带电作业操作

模块四　我要练

1. 高压绝缘杆检查内容：______________________________

____

____

____

2. 高压验电器检查要求：______________________________

____

____

____

项目二

电力设备检修规程及仪器

工单一　电力设备检修规程

模块一　操作工单：电力设备检修规程

（一）预防性试验规程相关的电力设备	（二）安全规程
（1）旋转电机 （2）电力变压器 （3）电抗器及消弧线圈 （4）互感器 （5）开关设备 （6）有载高压装置 （7）套管 （8）绝缘子 （9）电力电缆线路 （10）电容器 （11）绝缘油和六氟化硫气体 （12）避雷器 （13）母线 （14）1 kV 及以下的配电装置和电力布线 （15）1 kV 以上的架空电力线路及杆塔 （16）接地装置 （17）并联电容器装置 （18）串联电容补偿装置 （19）电除尘器	（1）悬挂“止步，高压危险！”标示牌。 （2）保持足够的安全距离 **（三）试验步骤** （1）操作前先验电，挂接地线。 （2）检查防护装置和试验仪器。 （3）正常高压试验操作 **（四）现场清理** （1）拆除试验引线和临时接地线，清理现场遗留的工具和杂物。 （2）将试验拆线恢复原状。 （3）拆除防护栅栏及标示牌

模块二　跟我学

一、电力设备预防性试验规程

电力设备预防性试验规程是确保电力系统安全稳定运行的一项重要措施。该规程旨在通

过定期检测、试验和维护工作，提前发现并排除电力设备潜在的缺陷和故障，从而有效防止因设备故障而引发的事故。

电力设备预防性试验规程的步骤和方法主要包括以下几个方面：

1. 电力设备预防性试验的目的与重要性

预防性试验旨在通过定期系统的检查，及时发现电力设备潜在的初期缺陷，防止其演变为更为严重的故障，从而确保电力系统的安全稳定与高效运行。

2. 掌握常见的试验类型及要求

常见的试验类型有绝缘电阻测试、介质损耗测试、泄漏电流试验、高压耐压试验、接地电阻测试、绕组电阻测量、变比校验、局部放电检测等，每一项都直接关系到设备性能的评估与故障的诊断。

3. 试验技能的培养与提升

熟练掌握测试工具的选择与使用方法，制订科学合理的测试计划，执行细致的检查与功能测试，准确记录与分析测试数据。在试验过程中，严格遵守安全操作规程，确保测试过程的安全性与测试结果的准确性。

通过上述步骤的系统学习与实践，能够全面掌握电力设备预防性试验规程，为电力设备的长期、安全、可靠运行提供有力保障。

二、电力设备预防性试验规程术语和定义

1. 预防性试验

为了发现运行中设备的隐患，预防发生事故或设备损坏，需要对设备进行检查、试验或监测。预防性试验包括停电试验、带电检测和在线监测。

2. 停电试验

在设备退出运行的条件下，由作业人员在现场对设备状态进行各种检测与试验。

注：对设备中定期开展的停电试验称为例行停电试验。

3. 在线监测

在不停电情况下，对电力设备状况进行连续或周期性的自动监视检测。

4. 带电检测

在运行状态下对设备状态进行现场检测，同时也包括取油样或气样进行的试验。带电检测一般采用便携式检测设备进行短时间的检测，有别于连续或周期性的在线监测。

注：D 级检修时进行带电检测。

5. 初　值

初值可以是出厂值、交接试验值、早期试验值、设备核心部件或主体进行解体性检修之后的首次试验值等。初值差定义为：（当前测量值-初值）/初值 × 100%。

6. 绝缘电阻

在绝缘结构的两个电极之间施加的直流电压值与流经该对电极的泄漏电流值之比称为绝缘电阻。常用兆欧表直接测得绝缘电阻值。若无说明，均指加压 1 min 时的测得值。

7. 吸收比

在同一次试验中，1 min 时的绝缘电阻值与 15 s 时的绝缘电阻值之比称为吸收比。

8. 极化指数

在同一次试验中，10 min 时的绝缘电阻值与 1 min 时的绝缘电阻值之比称为极化指数。

9. 检修等级

以电力设备检修规模和停用时间为原则，检修等级分为 A、B、C、D 四个等级。其中 A、B、C 级是停电检修，D 级主要是不停电检修。

10. A 级检修

电力设备整体性的解体检查、修理、更换及相关试验。

注：A 级检修时进行的相关试验，也包括所有 B 级停电试验项目。

11. B 级检修

电力设备局部性的检修，主要组件、部件的解体检查、修理、更换及相关试验。

注：B 级检修时进行的相关试验，也包括所有例行停电试验项目。

12. C 级检修

电力设备常规性的检查、试验、维修，包括少量零件更换、消缺、调整和停电试验等。

注：C 级检修时进行的相关试验即例行停电试验。

13. D 级检修

电力设备外观检查、简单消缺和带电检测。

14. 挤出绝缘电力电缆

挤出绝缘电力电缆是采用挤出工艺的电力电缆，如聚乙烯、交联聚乙烯、聚氯乙烯绝缘和乙丙橡胶绝缘等电力电缆。

15. 年劣化率

在某一运行年限内，某一区域该批绝缘子出现劣化绝缘子片数（支数）与检测绝缘子片数（支数）的比值称为年劣化率。它通常以百分数表示：

$$A_i = \frac{x_i}{x} \times 100\% \tag{2-1}$$

式中，A_i 为年劣化率（%）；x_i 为第 i 年劣化绝缘子片数或支数；x 为检测绝缘子片数或支数。

16. 年均劣化率

在一定运行年限内，某一区域该批绝缘子出现劣化绝缘子片数（支数）之和与运行年限

及检测绝缘子总片数（支数）的比值称为年均劣化率。它通常也以百分数表示：

$$A_n = \frac{\sum_{i=1}^{n} x_i}{xn} \times 100\% \tag{2-2}$$

式中，A_n 为年均劣化率（%）；x_i 为第 i 年劣化绝缘子片数或支数；n 为运行年限（年）；x 为检测绝缘子片数或支数。

三、电力设备预防性试验规程总则

（1）电力设备预防性试验规程规定的各类设备试验的项目、周期、方法和判据是电力设备绝缘监督工作的基本要求。

（2）试验结果应与该设备历次试验结果相比较，与同类设备试验结果相比较，参照相关的试验结果并根据变化规律和趋势，进行全面分析后做出判断。

（3）在进行电气试验前，应进行外观检查，保证设备外观良好、无损坏。

（4）一次设备交流耐压试验，凡无特殊说明，试验值一般为有关设备出厂试验电压的 80%，加至试验电压后的持续时间均为 1 min，并在耐压前后测量绝缘电阻；二次设备及回路交流耐压试验，可用 2 500 V 兆欧表测量绝缘电阻代替。

（5）充油电力设备在注油后应有足够的静置时间才可进行耐压试验。静置时间如无产品技术要求规定，则应依据设备的额定电压满足以下要求：

750 kV>96 h

500 kV>72 h

220 及 330 kV>48 h

110 kV 及以下>24 h

（6）充气电力设备在解体检查时，在充气后应静置 24 h 才可进行水分含量试验。

（7）进行耐压试验时，应将连在一起的各种设备分离开来单独试验（制造厂装配的成套设备不在此项），但同一试验电压的设备可以连在一起进行试验。已有单独试验记录的若干不同试验电压的电力设备，在单独试验有困难时，也可以连在一起进行试验，此时，试验电压应采用所连接设备中的最低试验电压。

（8）当电力设备的额定电压与实际使用的额定工作电压不同时，应根据下列原则确定试验电压：

① 当采用额定电压较高的设备以加强绝缘时，应按照设备的额定电压确定其试验电压；

② 当采用额定电压较高的设备作为代用设备时，应按照实际使用的额定工作电压确定其试验电压；

③ 为满足高海拔地区的要求而采用较高电压等级的设备时，应在安装地点按实际使用的额定工作电压确定其试验电压。

（9）在进行与温度和湿度有关的各种试验（如测量直流电阻、绝缘电阻、介质损耗因数、泄漏电流等）时，应同时测量被试品的温度及周围空气的温度和湿度。进行绝缘试验

时，被试品温度不应低于+5 °C，户外试验应在良好的天气下进行，且空气相对湿度一般不高于 80%。

（10）在进行直流高压试验时，应采用负极性接线。

（11）330 kV 及以上新设备投运 1 年内或 220 kV 及以下新设备投运 2 年内应进行首次预防性试验。首次预防性试验日期是计算试验周期的基准日期（计算周期的起始点），宜将首次试验结果确定为试验项目的初值，作为以后设备纵向综合分析的基础。

（12）新设备经过交接试验后，330 kV 及以上超过 1 年投运的或 220 kV 及以下超过 2 年投运的，投运前宜重新进行交接试验；停运 6 个月以上重新投运的设备，应进行预防性试验（例行停电试验）；设备投运 1 个月内进行一次全面的带电检测。

（13）现场备用设备应按运行设备要求进行预防性试验。

（14）检测周期中的“必要时”是指怀疑设备可能存在缺陷需要进一步跟踪诊断分析，或需要缩短试验周期的，或在特定时期需要加强监视的，或对带电检测、在线监测进一步验证的等情况。

（15）500 kV 及以上电气设备停电试验宜采用不拆引线试验方法，如果测量结果与历次比较有明显差别或超过本文件规定的标准，应拆引线进行验证性试验。

（16）有条件进行带电检测或在线监测的设备应积极开展带电检测或在线监测。当发现问题时，应通过多种带电检测或在线监测手段验证，必要时开展停电试验进一步确认；对于成熟的带电检测或在线监测项目，如变压器中溶解气体、铁心接地电流、氧化锌避雷器（MOA）阻性电流和容性设备电容量、相对介质损耗因数等，判断设备无异常的，可适当延长停电试验周期。

模块三　我要做

一、干式变压器预防性试验案例

干式变压器、干式接地变压器的试验项目、周期和要求如表 2-1 所示。

表 2-1　干式变压器、干式接地变压器的试验项目、周期和要求

序号	项　目	周　期	判　据	方法及说明
1	红外测温	① 6 个月； ② 必要时	按 DL/T 664 执行	① 用红外热像仪测量； ② 测量套管及接头等部位
2	绕组直流电阻	① A 级检修后； ② ≤6 年； ③ 必要时	① 1 600 kV · A 以上变压器，各相绕组电阻相互间的差别不应大于三相平均值的 2%，无中性点引出的绕组，线间差别不应大于三相平均值的 1%； ② 1 600 kV · A 及以下变压器，相间差别一般不大于三相平均值的 4%，线间差别一般不大于三相平均值的 2%； ③ 与以前相同部位测得值比较，其变化不应大于 2%	不同温度下电阻值按下式换算：$R_2=R_1(T+T_2)/(T+T_1)$，式中 R_1、R_2 分别为在温度 T_1、T_2 下的电阻值；T 为电阻温度常数，铜导线取 235

续表

序号	项　目	周　期	判　据	方法及说明
3	绕组、铁心绝缘电阻	① A 级检修后； ② ≤6 年； ③ 必要时	绝缘电阻换算至同一温度下，与前一次测试结果相比应无显著变化，不宜低于上次值的 70%	采用 2 500 V 或 5 000 V 兆欧表
4	交流耐压试验	① A 级检修后； ② 必要时（怀疑有绝缘故障时）	一次绕组按出厂试验电压值的 0.8 倍	① 10 kV 变压器高压绕组按 35 kV×0.8=28 kV 进行； ② 额定电压低于 1 000 V 的绕组可用 2 500 V 兆欧表测量绝缘电阻代替
5	穿心螺栓、铁轭夹件、绑扎钢带、铁心、线圈压环及屏蔽等的绝缘电阻	必要时	220 kV 及以上者绝缘电阻一般不低于 500 MΩ，其他自行规定	① 采用 2 500V 兆欧表； ② 连接片不能拆开者可不进行
6	绕组所有分接的电压比	① A 级检修后； ② 必要时	① 各相应接头的电压比与铭牌值相比不应有显著差别，且符合规律； ② 电压 35 kV 以下，电压比小于 3 的变压器电压比允许偏差为±1%，其他所有变压器额定分接电压比允许偏差为±0.5%，其他分接的电压比应在变压器阻抗电压值（%）的 1/10 以内，且允许偏差不得超过±1%	
7	校核三相变压器的组别或单相变压器极性	必要时	必须与变压器铭牌和顶盖上的端子标志相一致	
8	空载电流和空载损耗	① A 级检修后； ② 必要时	与前次试验值相比，无明显变化	试验电源可用三相或单相；试验电压可用额定电压或较低电压值（如制造厂提供了较低电压下的值，可在相同电压下进行比较）
9	短路阻抗和负载损耗	① A 级检修后； ② 必要时	与前次试验值相比，无明显变化	试验电源可用三相或单相；试验电流可用额定值或较低电流值（如制造厂提供了较低电流下的测量值，可在相同电流下进行比较）
10	局部放电测量	① A 级检修后； ② 必要时	按《电力变压器 第 11 部分：干式变压器》（GB/T 1094.11—2022）规定执行	施加电压的方式和流程按照《电力变压器 第 11 部分：干式变压器》（GB/T 1094.11—2022）规定进行
11	测温装置及其二次回路试验	① A、B 级检修后； ② ≤6 年； ③ 必要时	① 按制造厂的技术要求； ② 指示正确，测温电阻值应和出厂值相符； ③ 绝缘电阻不宜低于 1 MΩ	

二、SF_6断路器预防性试验案例

SF_6断路器的试验项目、周期和要求如表 2-2 所示。

表 2-2　SF_6断路器的试验项目、周期和要求

序号	项　目	周　期	判　据	方法及说明
1	红外测温	① ≥330 kV：1 个月； ② 220 kV：3 个月； ③ ≤110 kV：6 个月； ④ 必要时	红外热像图显示无异常温升、温差和相对温差，符合 DL/T 664 的要求	① 红外测温采用红外成像仪测试； ② 测试应尽量在负荷高峰、夜晚进行； ③ 在大负荷时增加检测
2	SF_6分解物测试	① A、B 级检修后； ② 必要时	① A 级检修后注意： SO_2+SOF_2：≤2 μL/L HF：≤2 μL/L HS：≤1 μL/L CO（报告） ② B 级检修后或运行中注意： SO_2：≤3 μL/L H_2S：≤2 μL/L CO：≤100 μL/L	用检测管、气相色谱法或电化学传感器法进行测量
3	SF_6气体检测	见项目五工单三		
4	导电回路电阻测量	① A 级检修后； ② ≥330 kV：≤3 年 ③ ≤220 kV：≤6 年 ④ 必要时	回路电阻不得超过出厂试验值的 110%，且不超过产品技术文件的规定值，同时应进行相间比较，不应有明显的差别	用直流压降法测量，电流不小于 100 A
5	耐压试验	① A 级检修后； ② 必要时	① 交流耐压的试验电压不低于出厂试验电压值的 80%； ② 有条件时进行雷电冲击耐压试验，电压不低于出厂试验电压值的 80%	① 试验在 SF_6 气体额定压力下进行。 ② 罐式断路器的耐压试验方式：合闸对地；分闸状态下两端轮流加压，另一端接地。 ③ 对瓷柱式定开距型断路器应做断口间耐压试验
6	机械特性	① A 级检修后； ② ≥330 kV：≤3 年； ③ ≤220 kV：≤6 年； ④ 必要时	① 分合闸时间、分合闸速度、三相不同期性、行程曲线等机械特性应符合产品技术文件要求，除制造厂另有规定外，断路器的分合闸同期性应满足下列要求： -相间合闸不同期不大于 5 ms； -相间分闸不同期不大于 3 ms； -同相各断口间合闸不同期不大于 3 ms； -同相各断口间分闸不同期不大于 2 ms。 ② 测量主触头动作与辅助开关切换时间的配合情况	

续表

序号	项目	周期	判据	方法及说明
7	SF_6气体密度继电器（包括整定值）检验	① A级检修后； ② ≥330 kV：≤3年； ③ ≤220 kV：≤6年； ④ 必要时	参照 JB/T 10549 执行	宜在密度继电器不拆卸情况下进行校验
8	操动机构压力表检验，压力开关（气压、液压）检验	① A级检修后； ② ≥330 kV：≤3年； ③ ≤220 kV：≤6年； ④ 必要时	应符合产品技术文件要求	对气动机构应校验各级气压的整定值（减压阀及机械安全阀）
9	辅助回路和控制回路绝缘电阻	① 必要时； ② A级检修后	绝缘电阻不低于 2 MΩ	采用 1 000 V 兆欧表
10	辅助回路和控制回路交流耐压试验	① A级检修后； ② 必要时	试验电压为 2 kV	耐压试验后的绝缘电阻值不应降低，可以用 2 500 V 兆欧表代替
11	操动机构在分闸、合闸、重合闸下的操作压力（气压、液压）下降值	① A级检修后； ② 必要时	应符合产品技术文件要求	
12	液（气）压操动机构的密封试验	① A级检修后； ② 必要时	应符合产品技术文件要求	应在分、合闸位置下分别试验
13	油（气）泵补压及零起打压的运转时间	① A级检修后； ② 必要时	应符合产品技术文件要求	
14	采用差压原理的气动或液压机构的防失压慢分试验	① A级检修后； ② 必要时	应符合产品技术文件要求	

续表

序号	项目	周期	判据	方法及说明
15	防止非全相合闸等辅助控制装置的动作性能	① A 级检修后； ② 必要时	性能检查正常	
16	防跳功能检查	① A 级检修后； ② 必要时	功能检查正常	
17	辅助开关检查	① A 级检修后； ② 必要时	不得出现卡滞或接触不良等现象	
18	操动机构分、合闸电磁铁的动作电压	① A 级检修后； ② ≥330 kV：≤3 年； ③ ≤220 kV：≤6 年； ④ 必要时	① 并联合闸脱扣器在合闸装置额定电源电压的 85%～110%、交流时在合闸装置的额定电源频率下应该正确地动作。当电源电压等于或小于额定电源电压的 30%时，并联合闸脱扣器不应脱扣。 ② 并联分闸脱扣器在分闸装置的额定电源电压的 65%～110%（直流）或 85%～110%（交流）范围内、交流时在分闸装置的额定电源频率下，均应可靠动作。当电源电压等于或小于额定电源电压的 30%时，并联分闸脱扣器不应脱扣	分、合闸电磁铁的动作电压
19	分合闸线圈电阻	① A 级检修后； ② ≥330 kV：≤3 年； ③ ≤220 kV：≤6 年； ④ 必要时	分合闸线圈电阻应在厂家规定范围内	
20	合闸电阻阻值及合闸电阻预接入时间	① A 级检修后； ② ≥330 kV：≤3 年； ③ ≤220 kV：≤6 年； ④ 必要时	① 阻值与产品技术文件要求值相差不超过±5%（A 级检修时）； ② 预接入应符合产品技术文件要求	
21	断路器电容器试验	试验项目：红外测温、极间绝缘电阻测量、电容量测量、介质损耗因数测量、渗油检查		① 交接或 A 级检修时，对于瓷柱式断路器，应测量电容器和断口并联后整体的电容值和介质损耗因数，以此作为该设备的原始数据； ② 对于罐式断路器，必要时进行试验，试验方法应符合产品技术文件要求
22	罐式断路器内的电流互感器	试验项目：红外测温、SF_6分解物测试、SF_6气体检测、绝缘电阻测量、交流耐压试验、局部放电测量、极性检查、变比检查、励磁特性校核、绕组直流电阻测量、气体压力表校准、气体密度表校准		

模块四　我要练

1. 什么是预防性试验？

2. 变压器的预防性试验的目的及试验项目内容是什么？

工单二　电气设备高压试验及仪器

模块一　操作工单：高压试验项目

（一）高压绝缘试验项目	（二）高压特性试验装置
（1）绝缘电阻测试 （2）直流电阻测试 （3）介质损耗测试 （4）全自动电容量测试 （5）气体检漏 （6）微水测试 （7）色谱分析 （8）计数器动作测试 （9）局部放电测试 （10）接地电阻测量 （11）地网导通测试 （12）交流耐压试验 （13）串联谐振试验 （14）三倍频感应耐压试验 （15）绝缘油耐压试验 （16）绝缘工具耐压试验	（1）直流电阻测试仪 （2）回路电阻测试仪 （3）变压器有载分接开关特性测试仪 （4）变压器特性测试仪 （5）互感器特性测试仪 （6）高压开关特性测试仪 （7）变压器绕组变形测试仪 **（三）数字资源** （1）绝缘电阻测量 （2）变压器直流电流测试 （3）介质损耗测量 （4）0～250 kV 串激型交流试验变压器测试仪

模块二　跟我学

高压设备绝缘缺陷主要分为集中式缺陷和分布式缺陷。集中式缺陷指局部受潮、机械损伤、绝缘内气泡、瓷介质破裂等，具有较大的安全隐患。分布式缺陷指受潮、过热、长时间过载导致的设备整体绝缘性能下降，是一种普遍性的绝缘劣化，进展缓慢，可按周期检测。

高压试验的目的是根据试验结果来对各种性能进行分析判断，消除和预防潜伏性缺陷，及时发现并处理设备老化和劣化问题，提高设备运行的可靠性。高压试验根据试验项目内容不同分为绝缘试验和特性试验。绝缘试验是指对电气设备绝缘状况的检查试验，主要包括电气设备外绝缘检查、设备绝缘状况数据测试和耐压试验。特性试验是指绝缘试验以外的电气试验，目的是检验电气设备的技术特性是否符合相关技术规程，以满足电气设备正常运行的需要。对于变压器、互感器、断路器、避雷器等电气设备，既要进行绝缘试验，又要进行特性试验。对于绝缘子、电力电缆等设备，一般只进行绝缘试验，不做特性试验。

一、绝缘试验的分类

绝缘试验按对电力设备绝缘的危险程度分为非破坏性试验和破坏性试验。试验时，先进行非破坏性试验，试验合格后方可进行破坏性试验；如果不合格，先进行绝缘恢复性处理，如烘干、表面清洁等。

1. 非破坏性试验

非破坏性试验是指对试品施加低于电气设备额定电压的试验电压，从而测量设备的绝缘特性，判断绝缘内部是否存在缺陷，此方法不会损伤绝缘。常用的非破坏性试验有：绝缘电阻和吸收比测量、介质损耗测量、直流泄漏电流测量和大部分特性试验，相关试验仪器如图 2-1 所示。

（a）绝缘电阻测试仪

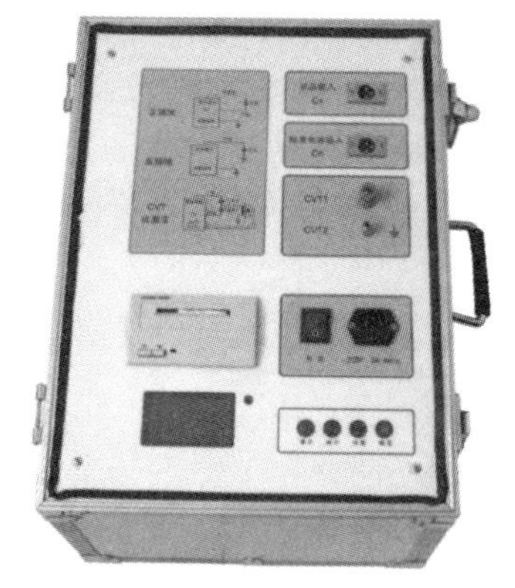

（b）介质损耗测试仪

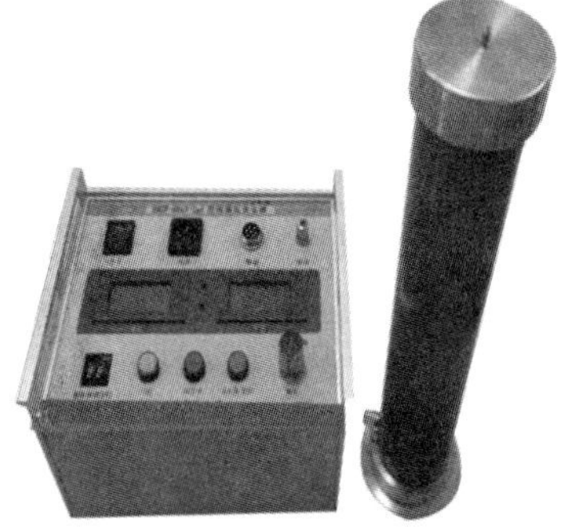

（c）直流高压发生装置

图 2-1　非破坏性试验仪器

2. 破坏性试验

破坏性试验是指对电气设备施加远高于电气设备正常运行时所承受的试验电压并进行耐压试验，考核电气设备遇到过电压时的承受能力和绝缘裕度。如果电气设备的绝缘裕度达不到技术标准所规定的要求，则耐压试验时会出现绝缘击穿，造成损坏，因此这种试验称为破坏性试验。耐压试验有直流耐压试验、交流耐压试验、冲击耐压试验，相关试验装置如图 2-2 所示。

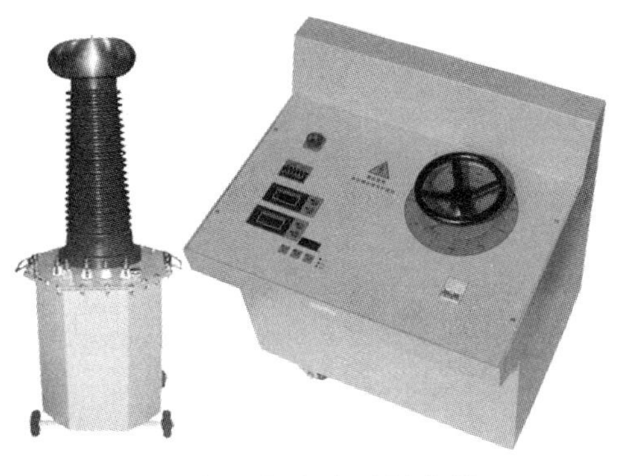

（a）工频交流耐压装置　　（b）交流谐振耐压装置

图 2-2　破坏性试验装置

二、高压试验的分类

高压试验可以分为出厂试验、交接试验和预防性试验三种。出厂试验是指新设备完工后准备交付客户前的一系列试验，测试产品性能是否满足交货标准。交接试验是指新设备从制造厂交付业主投运前双方共同进行的试验。预防性试验是指业主设备投运后的试验项目。三者的试验内容基本相同，但是执行的技术标准不同。

1. 出厂试验

出厂试验是指电力设备制造商根据相关标准和产品技术条件对测试项目、每一项产品进行检验和测试，如图 2-3 和图 2-4 所示。测试的目的是检查产品设计、制造和加工的质量，防止不合格的产品离开工厂。出厂试验后会出具一份完整的产品合格测试报告。

图 2-3　互感器出厂耐压试验

图 2-4　变压器出厂耐压试验

2. 交接试验

交接试验或者大修试验是指安装部门、检修部门对新设备、大修设备按照有关标准和产品技术条件或规程进行的试验，如图 2-5 所示。新设备投入使用前的交接验收试验，用于检查产品是否有缺陷，运输过程中是否有损坏等。检修后对设备进行检测，以检验检修质量是否合格。

图 2-5　变压器现场交接试验

3. 预防性试验

预防性试验是指在设备投入使用后的一段时间内，由操作部门和试验部门进行的试验，如图 2-6 所示。预防性试验的目的是检查运行中的设备是否存在绝缘缺陷和其他缺陷，与出厂试验和交接试验相比，它主要集中在绝缘测试上，测试项目较少。

图 2-6　变压器预防性试验

模块三　我要做

高压试验现场中，由于电气新设备、新技术的投入使用，如 GIS（Gas Insulated Switchgear，气体绝缘开关）设备，其电压和应用场合不同，对不同电压等级的设备进行的高压试验种类也不尽相同，常见电气设备高压试验及仪器配置如表 2-3 所示。

表 2-3　常见电气设备高压试验及仪器配置

序号	试验名称	仪器名称	试验对象	试验目的	试验类别	是否为破坏性试验
1	绝缘电阻测量	绝缘电阻测试仪	变压器、互感器、断路器、隔离开关、避雷器、绝缘子、电容器、电力电缆、套管等	绝缘电阻、吸收比、极化指数测量	绝缘试验	否
2	泄漏电流测量、直流耐压试验	直流高压发生器	变压器、互感器、避雷器、套管、电容器、电力电缆等	测量电力设备直流泄漏电流、氧化锌避雷器直流特性及直流耐压试验等	绝缘试验	是
3	介质损耗测试	介损测试仪	变压器、互感器、避雷器、套管、电容器、电力电缆等	测试设备的介质损耗，判断绝缘状态	绝缘试验	否

续表

序号	试验名称	仪器名称	试验对象	试验目的	试验类别	是否为破坏性试验
4	交流耐压试验	交流耐压试验装置	变压器、发电机、电动机、互感器、避雷器、开关、绝缘子、电容器、电力电缆等	检测设备绝缘裕度是否满足要求，是鉴定电力设备绝缘强度最有效和最直接的方法	绝缘试验	是
5	串联谐振耐压试验	串联谐振试验装置	变压器、互感器、发电机、电动机、GIS设备、避雷器、绝缘子、电容器、电力电缆等容性设备	利用可调电抗器与容性被测品谐振产生高压，检测设备绝缘裕度是否满足要求	绝缘试验	是
6	感应耐压试验	三倍频感应耐压试验装置	变压器、电磁式互感器	测量变压器、互感器的纵绝缘问题	绝缘试验	是
7	绝缘工具检测试验	绝缘工具耐压试验装置	绝缘手套、绝缘靴、绝缘垫、绝缘杆	检查辅助安全工具是否合格	绝缘试验	是
8	绝缘油耐压试验	绝缘油耐压试验装置	变压器油	检测变压器油是否受潮、脏污等	绝缘试验	是
9	电缆路径查找	电缆路径仪	电力电缆	电力电缆路径探测、管线普查和深度测量	特性试验	否
10	电缆故障查找	电缆故障测试仪	电力电缆	低压脉冲、高压闪络法检测电力电缆开路及高、低阻短路故障	特性试验	是
11	直流电阻测量	直流电阻测试仪	变压器、互感器	测量变压器直流电阻值的变化，判断是否断股、散股等	特性试验	否
12	回路电阻测量	回路电阻测试仪	断路器、隔离开关	测量开关回路电阻值的变化，判断是否放电烧焦等	特性试验	否
13	变压器有载分接开关特性试验	变压器有载分接开关特性测试仪	变压器	测量变压器有载分接的过渡电阻和过渡时间	特性试验	否
14	变压器特性试验	变压器特性测试仪	变压器	测量变压器变比、极性、连接组别、容量、阻抗等	特性试验	否

续表

序号	试验名称	仪器名称	试验对象	试验目的	试验类别	是否为破坏性试验
15	互感器特性试验	互感器特性测试仪	互感器	测量互感器变比、极性和伏安特性等参数	特性试验	否
16	高压开关特性测量	高压开关特性测试仪	断路器、隔离开关	测量开关分合闸时间、速度以及动作电压、同步性等	特性试验	否
17	电容量测量	全自动电容量测试仪	电力电容	检查电力电容器容量	特性试验	否
18	气体检漏试验	气体检漏仪	GIS	检测 SF_6 等气体是否泄漏	特性试验	否
19	微水试验	微水仪	GIS	检测 SF_6 等气体的微水含量	特性试验	否
20	绕组变形测量	变压器绕组变形测试仪（频率响应法或低电压阻抗法）	变压器	检测运行变压器是否受力冲击而变形	特性试验	否
21	绝缘油色谱分析	色谱分析仪	变压器油	检测变压器内部是否有过热或放电性故障	绝缘试验	否
22	局部放电	局部放电测试仪	变压器、互感器、断路器、隔离开关、绝缘子、电容器、电力电缆、套管等	测量电力设备是否存在局部放电	绝缘试验	否
23	接地电阻测量	接地电阻测量仪	接地网、接地线	测量地网接地电阻、接地阻抗、跨步电压、接触电势等	绝缘试验	否
24	接地网测量	地网导通测试仪	接地体、避雷器	检查电力设备接地引下线与电网连接、避雷器接地电阻等	绝缘试验	否
25	避雷器放电计数器校验	避雷器放电计数器试验仪	各类避雷器放电计数器	各类避雷器放电计数器动作测试及电流表校验	特性试验	否
26	氧化锌避雷器测试	氧化锌避雷器测试仪	氧化锌避雷器	测量氧化锌避雷器的电气性能，如全电流、阻性电流及其谐波、工频参考电压及其谐波、有功功率和相位差等	特性试验	否

续表

序号	试验名称	仪器名称	试验对象	试验目的	试验类别	是否为破坏性试验
27	高压无线核相	高压无线核相仪	高压线路相位	线路核相位	特性试验	否
28	真空度测量	真空度测试仪	各种型号真空开关管	各种真空开关真空度的测量	特性试验	否
29	红外热成像	红外热成像仪	断路器、隔离开关、GIS、变压器、套管等电气设备	检测电气设备发热性故障	绝缘试验	否

对于不同类型的电力设备以及同类型不同电压等级的电力设备，根据《电力设备预防性试验规程》（DL/T 596—2021）（简称《规程》）中的规定开展试验。

模块四　我要练

1. 绝缘试验按对电力设备绝缘的危险程度分两种试验：________________

这两种试验的不同点在于：________________________________

____

____

____

这两种试验的种类有：________________________________

____

____

____

2. 高压试验分三种试验：________________________________

这三种试验的不同点在于：________________________________

____

____

____

模块五　我要考

实操考试，描述出试验关键点等，如表 2-4 所示。

表 2-4　考核评价表

项目名称	验电与接地	考核评价
试验仪器	验电器、接地线	
试验内容	① 会验电；② 会装接地线；③ 会拆地线	
安全工具	验电器、接地线	
潜在风险	触电风险	
项目要求	① 验电及接地人员应熟悉接地位置，如铁路天窗区段、停电臂等。 ② 会验电，会拆装接地线。 ③ 验电时，必须用电压等级合适且合格的验电器	
材料准备	绝缘手套、绝缘鞋、安全帽	
安全风控	① 铁路供电分段、分相、隔离开关、避雷器检修时，必须使用短接线可靠连接。 ② 对电缆头、电容等带电体设备，在拆卸、安装及触碰之前必须验电接地，安装并网后进行验电确认。 ③ 验电接地人员应熟知天窗区段、停电臂及接地线位置，监护人须在方案会上复诵	
试验过程	停电→验电→放电→挂接地线	
整理现场	试验完毕，恢复试验现场至原状	

项目三

高压绝缘试验

工单一　绝缘电阻试验

模块一　操作工单：绝缘电阻测量

（一）试验名称及仪器	（二）试验对象
绝缘电阻测量  绝缘电阻测试仪	变压器、互感器、高压开关、避雷器、电力电容器、电抗器、电力电缆、绝缘子、套管、GIS、发电机、电动机等
（三）试验目的	（四）测量步骤
（1）能有效地检查出绝缘局部或整体受潮、部件表面受潮或脏污，以及贯穿性的缺陷。 （2）能有效地发现绝缘贯穿性短路、瓷瓶破损、引接线接外壳、器身铜线搭桥等贯穿性或金属短路性故障。 （3）能有效地发现设备制造过程中可能出现的铁心及夹件接地缺陷	（1）断开被试品的电源，将被试品接地放电，拆除原连线。 （2）擦去被试品外绝缘表面的脏污。 （3）使用兆欧表进行开路试验和短路试验检查。 （4）兆欧表上的接线端子“E”接被试品接地端，“L”接高压端。 （5）每次试验后须用接地线对试品充分放电

续表

（五）注意事项	（六）技术标准
（1）测量时非被测绕组所有引线端短接并接地，避免各绕组中剩余电荷造成测量误差。 （2）绝缘电阻需要进行温度换算，吸收比和极化指数不进行温度换算。 （3）测试结果进行温度换算后与出厂试验值比较	（1）吸收比不应低于 1.3，极化指数不应低于 1.5。 （2）对吸收比小于 1.3，一时又难以下结论的变压器，可以补充测量极化指数作为综合判断的依据。 （3）极化指数的测量值不低于 1.5
（七）结果判断	（八）数字资源
（1）安装时，绝缘电阻值 R_{60} 不应低于出厂试验时绝缘电阻测量值的 70%。 （2）预防性试验时，绝缘电阻值 R_{60} 不应低于安装或大修后投入运行前测量值的 50%。对于 500 kV 变压器，在相同温度下，其绝缘电阻不小于出厂值的 70%，20 °C 时最低阻值不得小于 2 000 MΩ。 （3）《规程》中规定了采用吸收比和极化指数判断大型变压器的绝缘状况。极化指数的测量值不低于 1.5。 （4）吸收比与温度有关，绝缘良好，温度升高，吸收比增大。油或纸绝缘不良时，温度升高，吸收比减小	（1）GIS 绝缘电阻测试  （2）变压器绝缘电阻测试 

模块二　跟我学

一、绝缘电阻概述

测量绝缘电阻，特别是测量变压器的吸收比和极化指数，对检查变压器整体绝缘状况具有较高的灵敏度，能有效地检查出变压器绝缘整体受潮、表面脏污或贯穿性缺陷，如各种短路、接地、瓷件破裂等能有效地反映出来。变压器内部铁心、夹件、穿心螺栓等部分的绝缘介质起到绝缘作用，绕组绝缘部分可以承受高压，当出现变压器绝缘贯穿性短路、瓷瓶破损、引接线接外壳、变压器器身铜线搭桥等贯穿性故障或金属短路性故障时，绝缘电阻会有明显的变化。同时设备干燥前后绝缘电阻的变化倍数，比介质损耗因数值变化倍数大很多。例如 7 500 kV · A 的变压器，干燥前后介损数值变化 2.5 倍，但绝缘电阻变化有 40 多倍，变化相当明显，所以测量铁心等部件的绝缘电阻，能更有效地检查出变压器绝缘整体受潮、部件表面污秽、贯穿性缺陷等问题。

吸收比 K 是指加压 60 s 测得的绝缘电阻值与加压 15 s 测得的绝缘电阻值之比，极化指数 PI 是指加压 10 min 时测得的绝缘电阻值与加压 1 min 时测得的绝缘电阻值之比。

$$K = R_{60}/R_{15} \tag{3-1}$$

$$PI = R_{600}/R_{60} \tag{3-2}$$

极化指数是判断大型电力设备是否受潮的重要参数。对于大型变压器、发电机、电力电

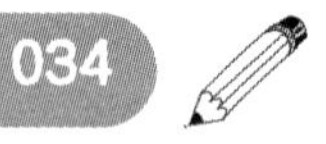

缆和并联电容器，由于试品电容量大并且多为复合绝缘介质，吸收电流衰减慢，极化过程往往不能在 1 min 内完成，所以需要测量 10 min 与出厂试验比较，用极化指数 *PI* 判断绝缘状况。以变压器为例，由于干燥工艺的改进，变压器绝缘电阻越来越高，一般能达到数万兆欧，变压器极化过程越来越长，所以应测量极化指数，而不应以吸收比试验结果来判定变压器是否合格。变压器绝缘电阻大于 10 000 MΩ时，可不考核吸收比或极化指数。所以应结合具体电气设备的绝缘电阻、吸收比或极化指数测试，对结果进行分析判断。

《规程》规定：吸收比和极化指数不进行温度换算。

二、试验标准

《电力设备预防性试验规程》规定：吸收比不低于 1.3 或极化指数不低于 1.5，作为符合标准，如表 3-1 和表 3-2 所示。绝缘电阻测量后统一换算到 20 °C，与出厂值或者上一个测量周期值比较。

表 3-1　极化指数判断绝缘状况参考标准

状态	极化指数 *PI*
危险	小于 1.0
不良	1.0 ~ 1.1
可疑	1.1 ~ 1.25
较好	1.25 ~ 2.0
良好	大于 2.0

表 3-2　绝缘电阻试验合格标准

序号	电力设备	合格标准	备注
1	变压器	（1）换算到同一温度与上次试验无明显变化；无原始值时为 800 MΩ。 （2）吸收比（10 ~ 30 °C）不低于 1.3 或极化指数不低于 1.5	一次绕组用 2 500 V 或 5 000 V 兆欧表，二次绕组用 1 000 V 兆欧表
2	互感器	绕组绝缘电阻与初始值及历次数据比较，不应有显著变化，电容型电流互感器末屏对地绝缘电阻一般不低于 1 000 MΩ，电压互感器绕组绝缘电阻不低于 3 000 MΩ（35 kV）、5 000 MΩ（110 kV），二次绝缘电阻不低于 10 MΩ	一次绕组用 2 500 V 或 5 000 V 兆欧表，二次绕组用 1 000 V 兆欧表
3	断路器、隔离开关	（1）真空断路器、空气断路器和 SF_6 断路器，测量支持瓷套、拉杆等一次回路对地绝缘电阻值，应大于 5 000 MΩ。 （2）真空断路器的分、合闸线圈及合闸接触器线圈的绝缘电阻值不低于 10 MΩ。 （3）其他的参考厂家技术标准	一次回路测量采用 2 500 V 兆欧表，二次回路测量采用 1 000 V 兆欧表
4	避雷器	金属氧化物避雷器：（1）35 kV 以上，不低于 2 500 MΩ。（2）35 kV 及以下，不低于 1 000 MΩ	采用 2 500 V 兆欧表

续表

序号	电力设备	合格标准	备注
5	电力电缆	（1）35 kV 以上，不低于 500 MΩ。 （2）35 kV 及以下，不低于 300 MΩ。 （3）其他的参考厂家技术标准	（1）额定电压 0.6/1 kV 电缆用 1 kV 兆欧表。 （2）0.6/1 kV 以上电缆用 2.5 kV 兆欧表。 （3）6 kV 及以上电缆也可用 5 kV 兆欧表
6	套管	主绝缘的绝缘电阻值不应低于 10 000 MΩ，电容型套管末屏绝缘电阻不小于 1 000 MΩ	采用 2.5 kV 兆欧表
7	电抗器	一般不低于 1 000 MΩ	采用 2.5 kV 兆欧表
8	电容器	一般不低于 2 000 MΩ	串联电容器用 1 kV 兆欧表，其他用 2.5 kV 兆欧表，单套管电容器不测
9	绝缘子	针式支柱绝缘子的每一元件和每片悬式绝缘子的绝缘电阻不应低于 300 MΩ，500 kV 悬式绝缘子不低于 500 MΩ	采用 2.5 kV 及以上兆欧表
10	发电机	（1）各相或各分支绝缘电阻值的差值不应大于最小值的 100%。 （2）吸收比或极化指数：沥青浸胶及卷云母绝缘吸收比不应小于 1.3 或极化指数不应小于 1.5；环氧粉云母绝缘吸收比不应小于 1.6 或极化指数不应小于 2.0；水内冷定子绕组自行规定	

模块三　我要做

一、测量方法

测量时记录环境温度和湿度，按顺序依次测量各绕组对地和对其他绕组间的绝缘电阻及吸收比值，被测绕组所有引线端短接，非被测绕组所有引线端短接并接地；可以测量出被测绕组对地和对非被测绕组间的绝缘状况，同时能避免非被测绕组中剩余电荷对测量的影响。

如图 3-1 所示为绝缘电阻测试仪功能图，图 3-2 所示为测试变压器高压端绕组绝缘电阻接线图。

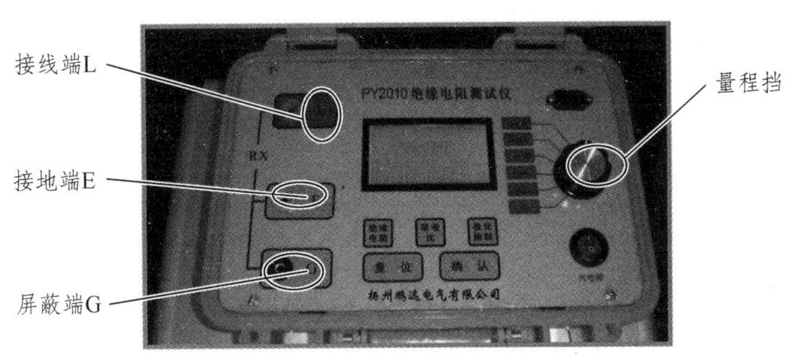

图 3-1　绝缘电阻测试仪功能图

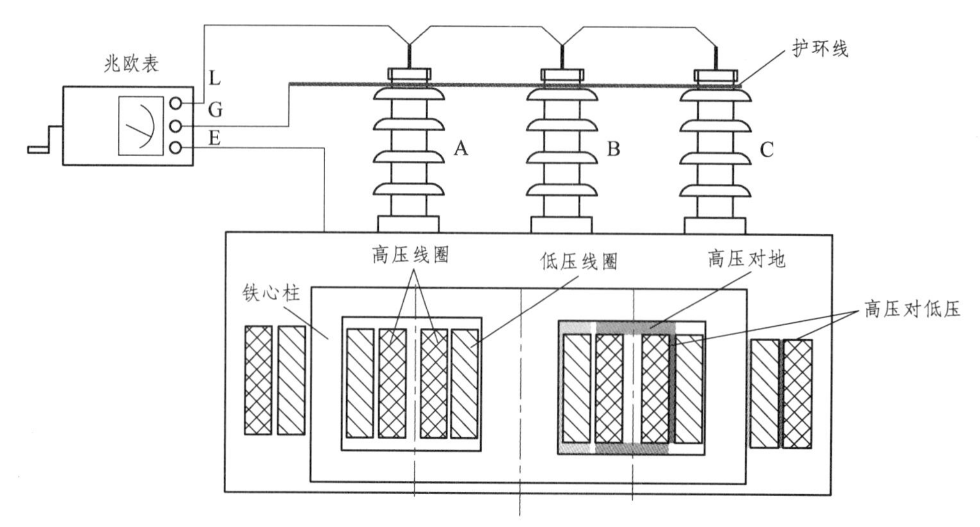

图 3-2　三相变压器高压端绕组绝缘电阻接线

测量绕组绝缘电阻时，对于额定电压为 1 kV 及以下的绕组，应使用量程不高于 0.5 kV 的兆欧表；额定电压为 2.5 kV 及以上的绕组，可用 1 kV 或 2.5 kV 的兆欧表；额定电压为 10 kV 及以上的绕组，采用 5 kV 绝缘电阻表测量，并记录顶层油温。

对绝缘电阻测量结果的分析，采用比较法，主要依靠本变压器的历次试验结果相互进行比较。一般交接试验值不应低于出厂试验值的 70%。绝缘电阻换算到 20 °C 时，220 kV 及以下的变压器不应小于 800 MΩ，500 kV 的变压器不小于 2 000 MΩ，吸收比不低于 1.3。

测量变压器吸收比 K 时，铁心必须接地。如果铁心不接地，变压器绕组与外壳之间的硬纸板等绝缘介质串接进来，会使测得的绝缘阻值 R_{15} 升高，导致吸收比下降，容易导致吸收比不合格。

绝缘电阻试验报告见附录二中表 1、表 3、表 5、表 6、表 8、表 9、表 10、表 11、表 12、表 13、表 14、表 15。

二、技术标准

规定 35 kV 及以下的大型电力变压器吸收比不应低于 1.3，电压等于或高于 60 kV 的大型电力变压器吸收比应控制在不低于 1.5。电力行业在验收交接试验中相应规定吸收比分别不低于 1.2 和 1.3。

三、判断分析

绝缘电阻在一定程度上能反映绕组的绝缘情况，但是它受绝缘结构、运行方式、环境和设备温度、绝缘油的油质状况及测量误差等因素的影响很大。所以在安装时，绝缘电阻值 R_{60} 不应低于出厂试验时绝缘电阻测量值的 70%。预防性试验时，绝缘电阻值 R_{60} 不应低于安装或大修后投入运行前的测量值的 50%。对于 500 kV 变压器，在相同温度下，其绝缘电阻不小于出厂值的 70%，20 °C 时最低阻值不得小于 2 000 MΩ。

四、特别提示

（1）由于兆欧表内部电路有设计屏蔽环以保证测量精度，测量时，正确的接线是线路端 L 接试品与大地绝缘的导电部分，E 端接试品的接地端，不允许对调，否则会带来测量误差。

（2）选择兆欧表测量额定电压要与试品工作电压相匹配。因为绝缘介质击穿电压与所加电压有关，绝缘特性的测量精度也与所加电压有关，如果兆欧表测量电压过低，将无法准确测量绝缘状况，如果测量电压过高，则可能损伤试品绝缘。

（3）测量时要记录温度和湿度。吸收比与温度有关，对于十分良好的绝缘，温度升高，吸收比增大。油或纸绝缘不良时，温度升高，吸收比减小。对于受潮严重的设备，其绝缘电阻随温度的变化更大。如果从运行状态转为停运，需要等其内部绝缘充分冷却后再测量，同时将绝缘电阻折算到 20 °C 时的绝缘电阻。

（4）对于新充油变压器或者检修后的充油变压器，需要待充油循环静置一定时间，等气泡逸出后再测量绝缘电阻。其中 8 000 kV · A 及以上电力变压器静置 20 h 以上，其他小容量电力变压器静置 5 h 以上。变压器中油的质量也直接影响变压器绝缘电阻值的大小，变压器油质量越好，绝缘电阻越高，吸收比越大。

（5）对于电容型套管和电流互感器，如果受潮，水分比变压器油密度大，沉积在末屏底部，测量时需解开其末屏接地，测量其末屏对地的绝缘电阻，如果绝缘电阻大大降低，则可判断电容型套管和电流互感器存在受潮现象，如图 3-3 所示。

图 3-3　110 kV 电容型电流互感器

（6）电力电缆的绝缘电阻受温度影响大，应以土壤温度进行转换，不以环境温度转换。如果电缆绝缘电阻不良，一般通过泄漏电流试验可以测量出来。通过测量电缆相-地绝缘值或者相间绝缘值，可以判断电缆是否有损伤，从而判断电缆是属于高阻性故障还是低阻性故障。

模块四　我要练

为什么要测量绝缘电阻？

____

____

____

工单二　泄漏电流和直流耐压试验

模块一　操作工单：泄漏电流和直流耐压

（一）试验项目及仪器	（二）试验对象
直流泄漏电流及耐压试验  直流高压发生器	电力变压器、互感器、氧化锌避雷器、电缆、GIS、开关、母线、套管、发电机等
（三）试验目的	（四）测量步骤
（1）能有效发现电力设备的选材、焊接、连接部位松动、断股、断线、开裂破损等集中性缺陷。 （2）能发现电力设备贯通性缺陷或者整体受潮导致的绝缘下降	（1）按要求接好试验线，做好安全措施。 （2）开机，按高压允许键，加高压测量。 （3）记录稳定后的直流泄漏电流值。 （4）降压，切断电源。 （5）放电
（五）注意事项	（六）技术标准
（1）接线、接地可靠，微安表量程合适。 （2）减少被试品表面脏污对泄漏电流的影响。 （3）电压和电流用短引线分开连接。 （4）避免因电流突然中断产生高电压。 （5）试验完毕后充分放电	（1）泄漏电流差别不应大于最小值的100%；或者三相泄漏电流在50 μA以下。 （2）与历次试验结果不应有明显变化
（七）结果判断	（八）数字资源
（1）一般情况当年测量值不应大于上一年测量值的150%。当其数据逐年增大时，应引起注意，这往往是绝缘逐渐劣化所致；如数值与历年比较突然增大时，则可能有严重的缺陷，应查明原因。 （2）当泄漏电流过大时，应先检查试品、试验接线、屏蔽、加压高低等，并且排除外界影响因素后，才能对试品下结论。如果泄漏电流过小，可能是接线有问题，加压不够，还可能是微安电流表分流等引起的	GIS避雷器直流泄漏电流及直流耐压试验 

模块二　跟我学

一、测量目的

测量泄漏电流的原理与测量绝缘电阻的原理相同，能检出的缺陷也大致相同。测量泄漏电流时的电压比测量绝缘电阻试验的高，加之微安表随时监测回路的泄漏电流，灵敏度更高，因而能发现在较高电压作用下才暴露的绝缘缺陷，泄漏电流换算成的绝缘电阻值应与兆欧表所测值相近。例如某台变压器泄漏电流由 15 μA 增加到 490 μA，增长 30 倍，经查找发现是因套管密封不严而进水所致。

直流耐压试验能有效发现绝缘受潮、脏污等整体缺陷，并且能通过电压与泄漏电流的关系曲线发现绝缘的局部缺陷。直流耐压对绝缘的破坏性小，试验设备容量小，携带方便。

交流耐压试验能有效发现较危险的集中性缺陷。它是鉴定电气设备绝缘强度最直接的方法，对判断电气设备能否投入运行具有决定性的意义，同时也是保证设备绝缘水平、避免发生绝缘事故的重要手段。直流耐压和交流耐压都能有效地发现绝缘缺陷，但各有特点，因此两种方法不能相互代替，必要时应同时进行，相互补充。

二、试验数据标准

以氧化锌避雷器（MOA）为例，进行直流泄漏电流试验。氧化锌避雷器需要测量 $U_{1\,mA}$ 和 $0.75U_{1\,mA}$ 的试验数据，合格标准为：$U_{1\,mA}$ 实测值与出厂或初始值变化小于 5%，$0.75U_{1\,mA}$ 下泄漏电流不大于 50 μA，否则氧化锌避雷器有可能老化或者受潮。

测量直流 $U_{1\,mA}$ 下电压的目的是寻找氧化锌避雷器击穿的临界值，检查阀片是否受潮、老化，确定其动作性能是否符合要求。测量在 $0.75U_{1\,mA}$ 击穿电压下的直流泄漏电流的目的是检查氧化锌避雷器未击穿时的绝缘状态。$0.75U_{1\,mA}$ 直流电压一般比最大工作相电压要高一些，在此电压下主要检测长期允许工作电流是否符合规定。两项试验有利于检查 MOA 直流参考电压及 MOA 在正常运行中的荷电率，对确定阀片数，判断额定电压选择是否合理及老化状态都有至关重要的作用。因为这一电流与金属氧化物避雷器的寿命有直接关系，一般在同一温度下泄漏电流与寿命成反比。现场中采用避雷器监测器与避雷器串联配套使用，用于记录避雷器的工作情况，尤其适用于 35 kV 及以上电站和线路用避雷器，可用于与三相组合式过电压保护产品配套。避雷器动作时由计数器累加记录放电次数，计数器采用三位电磁式计数器，满度后自动回零，循环计数工作，不清零，如图 3-4 所示。泄漏电流试验标准如表 3-3 所示。

（a）HY5WS-17/50 氧化锌避雷器

（b）110 kV 线路避雷器

（c）JCQ-8 型避雷器监视器

图 3-4　避雷器

表 3-3　泄漏电流试验标准

序号	电力设备	合格标准
1	变压器	各相泄漏电流差别不应大于最小值的 100%；或者三相泄漏电流在 50 μA 以下，与历次试验结果不应有明显变化
2	断路器、隔离开关	泄漏电流一般不大于 10 μA
3	避雷器	$U_{1\,mA}$ 实测值与初始值或制造厂规定值比较，变化不大于 ±5%，$0.75U_{1\,mA}$ 下的泄漏电流不大于 50 μA
4	电力电缆	6 kV 及以下电缆的泄漏电流小于 10 μA，10 kV 电缆的泄漏电流小于 20 μA
5	绝缘子	（1）新装绝缘子的绝缘电阻应大于等于 500 MΩ，运行中绝缘子的绝缘电阻应大于等于 300 MΩ。 （2）绝缘子绝缘电阻小于 300 MΩ，而大于 240 MΩ可判定为低值绝缘子。绝缘子绝缘电阻小于 240 MΩ可判定为零值绝缘子

零值绝缘子是指悬式绝缘子串在运行中两端电位差为零的绝缘子片。根据《电力设备预防性试验规程》(DL/T 596—2021)中的要求，每片悬式绝缘子的绝缘电阻不低于 300 MΩ，500 kV 悬式绝缘子不低于 500 MΩ。低于上述水平的，一般就认为是低值绝缘子、零值绝缘子或劣化绝缘子。电力行业标准规定：变电站绝缘子零值检测周期为 1 ~ 3 年一次，35 kV 以上配电线路 2 ~ 4 年一次。绝缘子零值检测常用的检测方法是：测量绝缘子串的电压分布(或火花间隙)、测量绝缘电阻、工频耐压试验等。绝缘子零值测试仪主要用于电力高压输电线路绝缘电阻的现场测试，以便及时更换绝缘电阻不符合要求的绝缘子，确保输电线的可靠安全运行。

模块三　我要做

一、直流高压发生装置

双绕组和三绕组变压器测量泄漏电流的顺序与部位如表 3-4 所示，图 3-5 所示为泄漏电流试验原理接线示意图。图 3-6 为直流发生器各部分功能示意图。

表 3-4　变压器绕组测量泄漏电流的顺序与部位

顺序	双绕组变压器		三绕组变压器	
	加压绕组	接地部分	加压绕组	接地部分
1	高压	低压、外壳	高压	中/低压、外壳
2	低压	高压、外壳	中压	高/低压、外壳
3			低压	高/中压、外壳

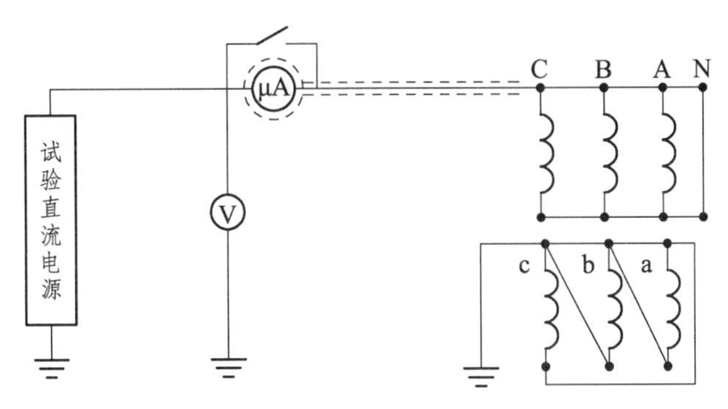

图 3-5　泄漏电流试验原理接线示意图

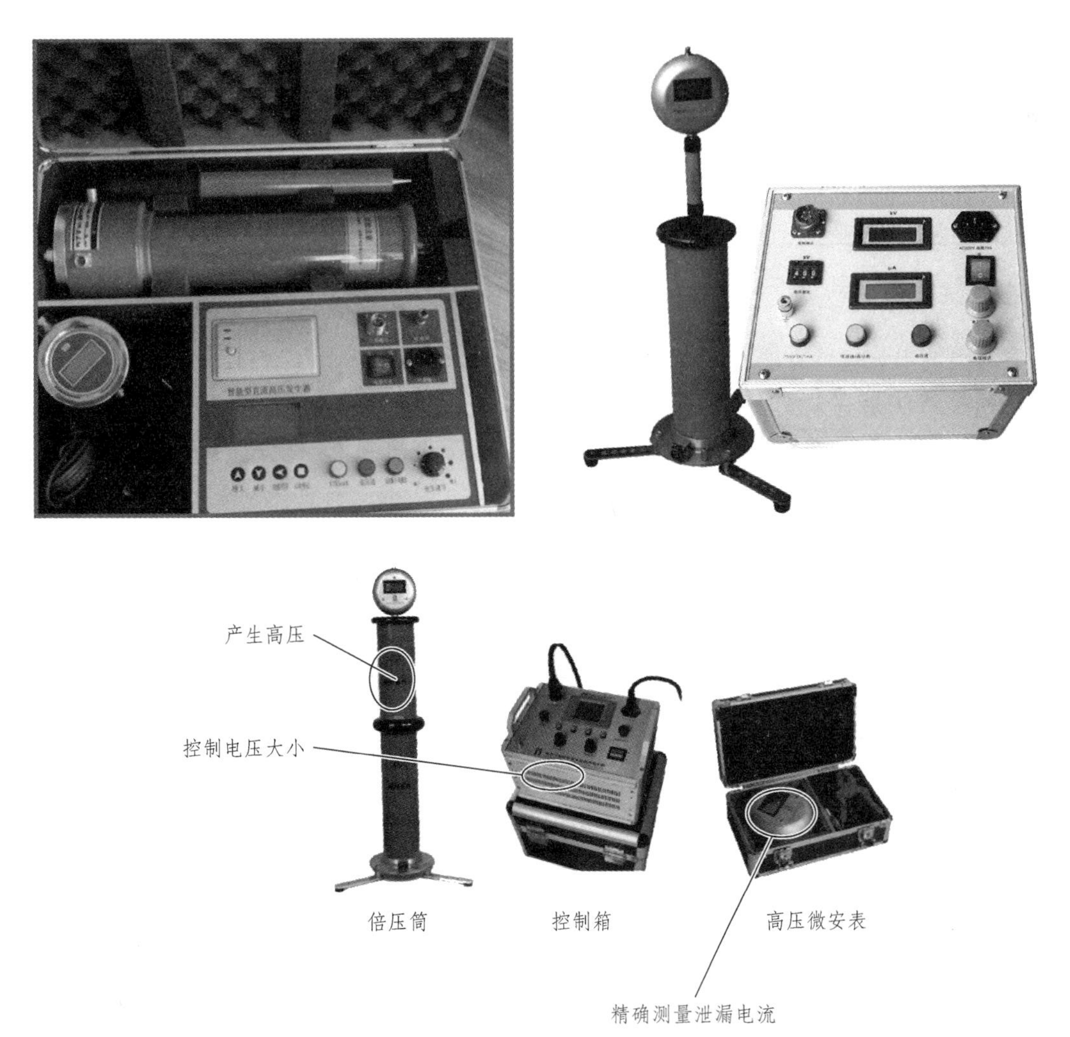

图 3-6　直流发生器各部分功能示意图

试验电压的标准如表 3-5 所示。

表 3-5　泄漏电流试验电压标准

绕组额定电压/kV	3	6～15	20～35	35 以上
直流试验电压/kV	5	10	20	40

测量时，将电压升至试验电压后，待 1 min 后读取的电流值即为所测得的泄漏电流值。为了使读数准确，应将微安表接在高电位处。顺便指出，对于未注油的变压器，测量泄漏电流时，变压器所施加的电压应为表 3-6 所示数值的 50%。

表 3-6　油浸电力变压器绕组直流泄漏电流参考值

额定电压/kV	试验电压峰值/kV	在下列温度时的绕组泄漏电流值/μA							
		10 °C	20 °C	30 °C	40 °C	50 °C	60 °C	70 °C	80 °C
2～3	5	11	17	25	39	55	83	125	178
6～15	10	22	33	50	77	112	166	250	356
20～35	20	33	50	74	111	167	250	400	570
63～330	40	33	50	74	111	167	250	400	570
500	60	20	30	45	67	100	150	235	330

二、试验接线

直流泄漏电流接线方法有低压接线法和高压接线法。

低压接线法是将微安表接在试验变压器高压绕组的尾部接线端。由于微安表处于低压侧，读表比较安全方便，但无法消除绝缘表面的泄漏电流和高压引线的电晕电流所产生的测量误差，因此，现场试验多采用高压法进行。如图 3-7 所示为泄漏电流微安表低压接线示意图。

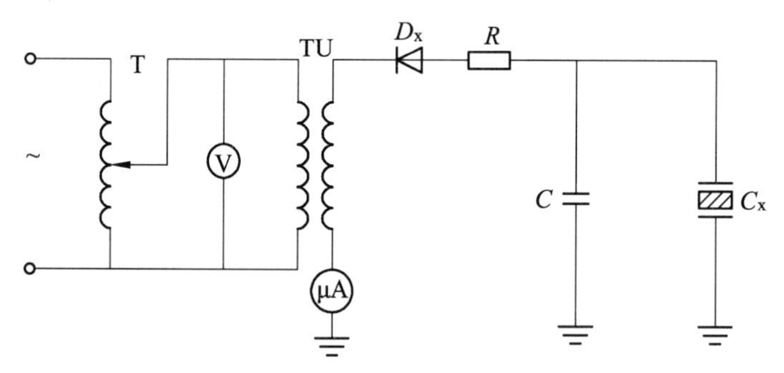

图 3-7　泄漏电流微安表低压接线示意图

高压接线法是将微安表接在试品前。这种接线法，由于微安表位于高压侧，放在屏蔽架上，并通过屏蔽线与试品的屏蔽环相连，这样就避免了接线的测量误差。但由于微安表处于高压侧，会给读数带来不便。如图 3-8 所示为泄漏电流微安表高压接线示意图。

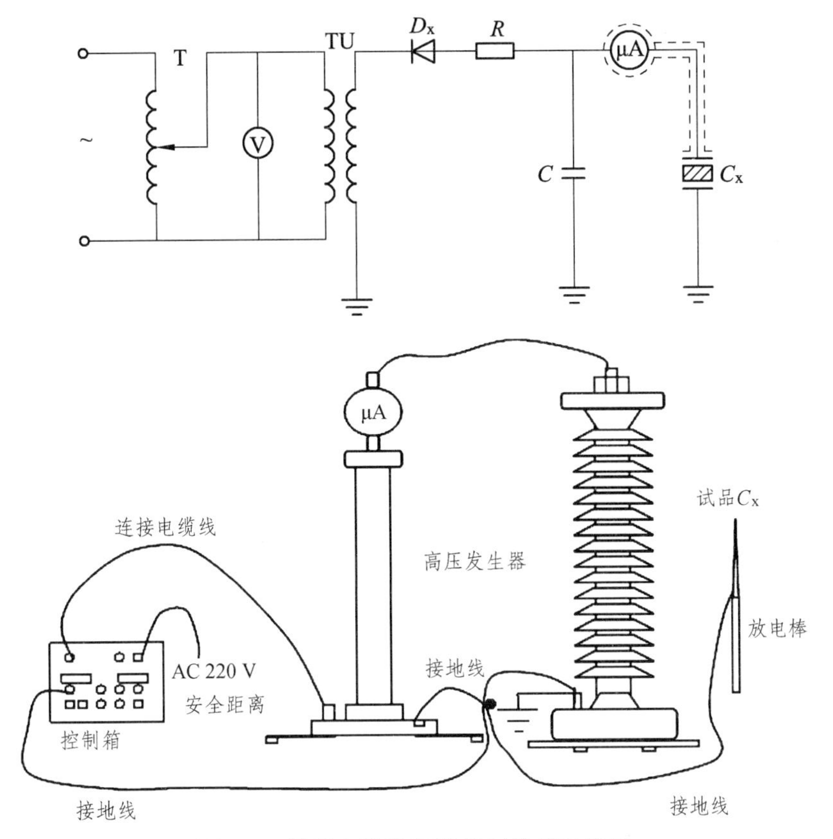

图 3-8　泄漏电流微安表高压接线示意图

三、直流泄漏电流试验过程

试验步骤：

（1）拆除或断开 MOA 对外一切连线，将 MOA 接地放电。

（2）将表面擦净，进行接线，检查正确后，拆除地线，开始试验。

（3）确认电压输出在零位，接通电源，启动直流发生器，平缓调节升压旋钮，当电流表读数为 1 mA 时，记录直流高电压值 $U_{1\,mA}$（测量上节和下节时电流读取 A1 表的数值，测量中节时读取 A2 表的数据）。

（4）按 $0.75U_{1\,mA}$ 键，系统自动将电压降至 $0.75U_{1\,mA}$，读取并记录此时泄漏电流值，降压至零。

（5）断开试验电源，用放电棒对试品放电接地。

（6）拆除试验接线、清理现场。

对于试验结果，主要是通过与历次试验数据进行比较来判断，要求与历次数据比较不应有显著变化，一般情况当年测量值不应大于上一年测量值的 150%。当其数据逐年增大时，应引起注意，这往往是绝缘逐渐劣化所致；如数值与历年比较突然增大时，则可能有严重的缺陷，应查明原因。

500 kV 氧化锌避雷器分为上、中、下三节，220 kV 氧化锌避雷器分为上、下两节，110 kV

及以下氧化锌避雷器分为单节。500 kV 氧化锌避雷器为三节及以上时，在试验时一般不用拆开一次引线，试验时把避雷器顶部接地即可。

直流泄漏电流试验报告见附录二中表 9。

四、特别提示

交联聚乙烯（XLPE）电力电缆现场耐压试验不采用直流耐压方法，纸绝缘电缆可以做直流耐压试验。由于 XLPE 电缆内部存在绝缘缺陷，极易产生树枝化放电现象，如果此时再施加直流电压，会进一步加速绝缘老化，造成电树枝放电。XLPE 电力电缆结构具有“记忆性”，在直流电压下会储蓄积累残余电荷，需要很长时间才能尽释这种直流偏压。如果未等电荷放净就投入运行，这种直流偏压就会叠加在交流电压上，造成绝缘的损坏。在直流耐压试验中检测出来的绝缘击穿点往往在交流运行条件下不易击穿，而在交流情况下容易发生绝缘击穿的点在直流耐压试验中却常常检测不出来，所以即使是通过了直流耐压试验的 XLPE 电力电缆，在运行时也经常发生绝缘击穿事故。所以对 XLPE 电缆用 0.1 Hz 超低频试验装置进行试验。由于直流高压试验是半波，不能有效地发现交联聚乙烯电缆（XLPE）绝缘中的水树枝等绝缘缺陷，还易造成高压电缆在直流试验合格的情况下，投入运行后不久发生绝缘击穿现象，不能有效地起到试验的目的，所以对于 XLPE，多采用变频串联谐振耐压试验装置进行容性试品的交流耐压试验。其特点是工频等效性好，故障检出率高，对试品的损伤小，试验设备体积小、质量轻，适合现场搬运。

（1）直流试验后必须放电，先通过电阻接地放电，最后直接接地放电。对于大容量试品，如大型电容器、大型电机、长电缆等，放电时间不少于 5 min，以使试品上电荷充分放电。多级倍压筒整流装置，各级均应充分放电方可更改接线。

（2）如果试品测量过程泄漏电流异常，可采用干燥或加屏蔽等方法，以判断设备绝缘状态。高压引线应使用屏蔽线，以免引线泄漏电流对结果的影响。高压引线不能产生电晕，微安表应在高压端测量。试验中如果发现泄漏电流急剧增长，或者有绝缘烧焦的气味，或者出现冒烟、声响等异常现象，应立即降低电压，断开电源，停止试验，将绕组接地放电后再进行检查。

（3）分级绝缘变压器试验电压应按被试绕组电压等级的标准，但不能超过中性点绝缘的耐压水平。500 kV 变压器的泄漏电流一般不大于 30 μA。

（4）测量时数据异常，可以排查以下因素：试验接线、微安表安装位置、环境温度和湿度、被试品内部温度、试品表面脏污程度、高压引线、周围电场或者电网影响等。

（5）当氧化锌避雷器是多节时，每一节均需满足要求，可以采用单微安表或者双微安表接线法。

模块四　我要练

直流耐压试验与交流耐压试验的区别是什么？

____

____

____

工单三　介质损耗测试

模块一　操作工单：介质损耗测试

（一）试验名称及仪器	（二）试验对象
介质损耗测量 抗干扰介质损耗自动测试仪	变压器、互感器、套管、电容器、避雷器等设备的介质损耗、介质损耗正切值及电容量测量
（三）试验目的	（四）测量步骤
（1）能发现电气设备绝缘整体受潮、劣化变质以及小体积被试设备贯通和未贯通的缺陷。 （2）能发现介质穿透性导电通道缺陷。 （3）能发现绝缘内气泡及老化等缺陷	（1）按要求接好试验线，依次接好高压引线，做好接地安全措施。 （2）开机，选择高压产生方法（内接法和外接法）、接线方式（正接、反接等），选择电压量程。 （3）按高压允许键，再按测量键，记录介损值和电容量。 （4）保存数据，切断电源。 （5）放电
（五）注意事项	（六）技术标准
（1）试验前后将试品接地放电。 （2）需根据设备是否接地选择正、反接线方法。 （3）介损试验高压可致命，仪器面板需可靠接地。 （4）高压引线须架空	20 °C 时介损不大于 0.8%，与历年数据比较不大于 30%
（七）结果判断	（八）数字资源
（1）当变压器电压等级 5 kV 及以上且容量在 8 000 kV·A 及以上时，应测量介质损耗角正切值 $\tan\delta$。 （2）被测绕组的 $\tan\delta$ 值不应大于产品出厂试验值的 130%。 （3）当测量时的温度与产品出厂试验温度不符合时，须换算到同一温度比较	（1）变压器异频介质损耗正切值 $\tan\delta$ 测量 （2）变压器绕组介质损耗试验

模块二　跟我学

一、测量目的

当试品的绝缘电阻较低同时泄漏电流较大时，此时还不能完全判断试品是否整体绝缘不合格，故可以通过介质损耗做进一步判断。如果电气设备体积过大，还可以按结构分成不同组成部件分开测量。

测量介质损耗因数是一项灵敏度很高的项目，它可以发现电气设备绝缘整体受潮、劣化变质以及小体积被试设备贯通和未贯通的缺陷。被测绕组的 $\tan\delta$ 值不应大于产品出厂试验值的 130%。

二、技术标准

《规程》中关于测量介质损耗角 $\tan\delta$ 的相关规定，要求测量绕组连同套管的介质损耗角正切值 $\tan\delta$ 应符合下列规定：当变压器电压等级为 5 kV 及以上且容量在 8 000 kV · A 及以上时，应测量介质损耗角正切值 $\tan\delta$。介质损耗合格标准如表 3-7 所示。

表 3-7　介质损耗合格标准

序号	电力设备	合格标准	备注
1	变压器	20 °C 时介损不大于 0.8%，与历年数据比较不大于 30%	
2	互感器	一次绕组大修后不大于 3.0，运行中不大于 3.5；二次绕组大修后不大于 2.0，运行中不大于 2.5；与历年数据比较不应有显著变化	
3	断路器、隔离开关	（1）110 kV 及以下油断路器小于 2%，其他小于 1%。 （2）其他参考厂家技术标准	
4	电抗器	35 kV 及以下为 3.5，66 kV 为 2.5	仅对 800 kvar 以上的油浸铁心电抗器进行
5	电容器	10 kV 下的 $\tan\delta$ 值不大于下列数值： （1）油纸绝缘 0.005。 （2）膜纸复合绝缘 0.002	

三、测量原理

$\tan\delta$ 是反映绝缘介质损耗大小的特性参数，对于小电容量的电力设备的整体缺陷特别灵敏。但是对于大容量、多元件组合式设备，如变压器、电缆、发电机等，如果绝缘内的缺陷不是整体分布性，而是局部集中性的，绝缘体积越大，或集中性缺陷占比越小，集中性缺陷介质损耗占全部绝缘介质损耗比值越小，$\tan\delta$ 测试就不够灵敏。因此，测量大容量或者多元件的电力设备 $\tan\delta$ 时，试验时应解体试验，分解测量各元件的 $\tan\delta$ 值，才能发现被试品是否存在集中性局部缺陷。

以变压器容量等级为例，容量为 630 kV · A 及以下的变压器称为小型变压器；800 ~ 6 300 kV · A 的变压器称为中型变压器；8 000 ~ 63 000 kV · A 的变压器称为大型变压器；

90 000 kV·A 以上的变压器称为特大型变压器。根据《电力工程设计手册》，变压器容量计算公式为

$$\beta=S/S_e$$

式中，S 表示计算负荷容量（kV·A），S_e 表示变压器容量（kV·A），β 表示负荷率（取值 80%~90%，通常取 85%）。

典型的变压器容量有 6 300、8 000、10 000、12 500、16 000、20 000、25 000、31 500、40 000、50 000、63 000、90 000、120 000、150 000、180 000、260 000、360 000、400 000 kV·A。

如图 3-9 所示为高压介损仪功能结构图。

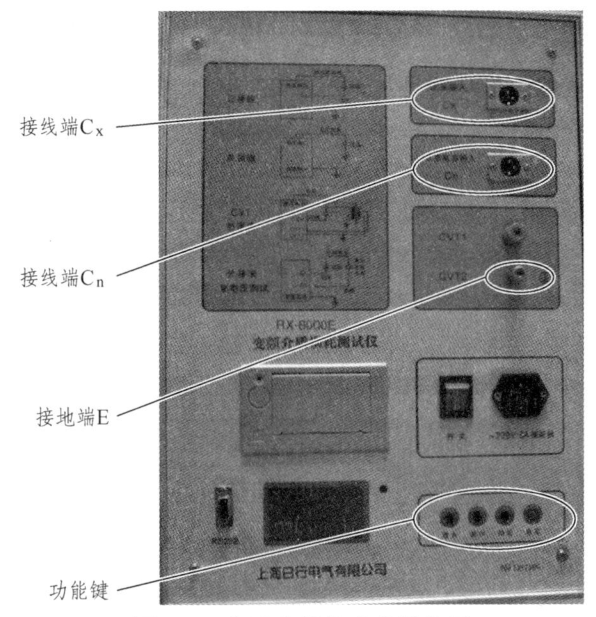

图 3-9　高压介损仪功能结构图

四、测试原理

高压西林电桥接线原理如图 3-10 所示，电桥平衡时，流过检流计的电流为零。

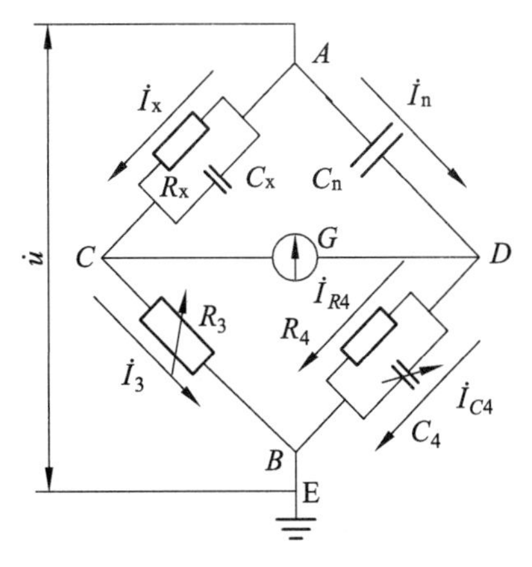

图 3-10　高压西林电桥工作原理

图中：C_x、R_x 为试品的电容和电阻（串联等值电路）；R_3 为可调电阻；G 为检流计；R_4 为固定电阻；C_n 为标准电容（50 ± 1）pF；C_4 为可调电容。

模块三　我要做

一、测量接线

介质损耗值 tanδ 的测试方法有正接法和反接法两种，如图 3-11 所示为变压器绕组高低压接线图，图 3-12 为变压器套管介损接线图。

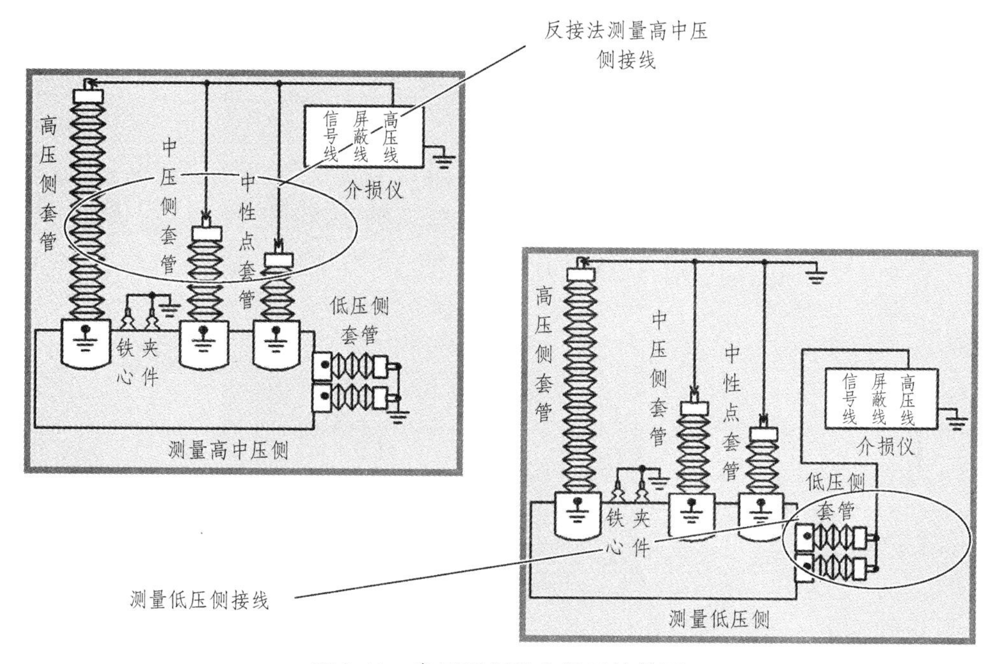

图 3-11　变压器绕组高低压接线图

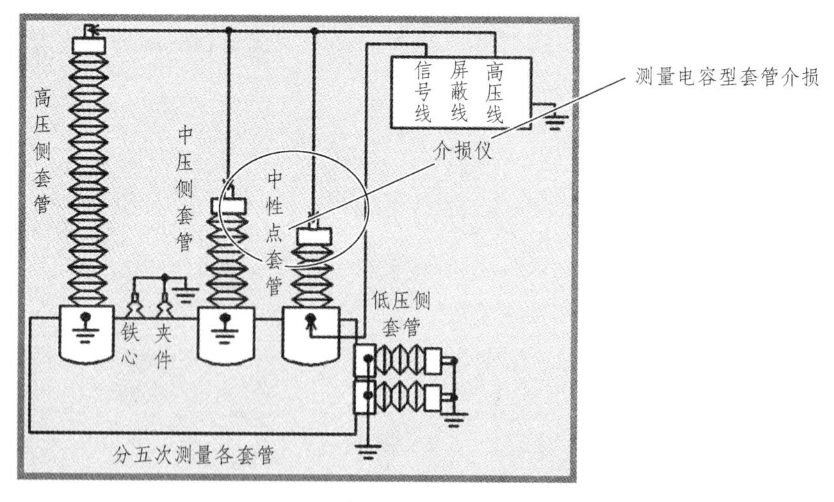

图 3-12　变压器套管介损接线图

1. 正接法接线

接线特征：试验品 PX 两端对地绝缘（在现场有时不容易做到），试验品处于高压，电桥一端接地。正接法测量时，标准电容器高压电极、试品高压端和升压变压器高压电极都带危险电压，所以一定要使电桥测量部分可靠接地，试验人员应远离。如图 3-13（a）所示为正接法接线原理图。

2. 反接法接线

接线特征：试验品 PX 有一端接地，电桥处于高压电位。

标准电容器外壳带高压电，因此检查电桥工作接地良好，试验过程中不要将手伸到电桥背后。要注意使其外壳对地绝缘，并且与接地线保持一定的距离，操作和读数时要小心。如图 3-13（b）所示为反接法接线原理图，图 3-14 为高压西林电桥反接法接线及测量过程。

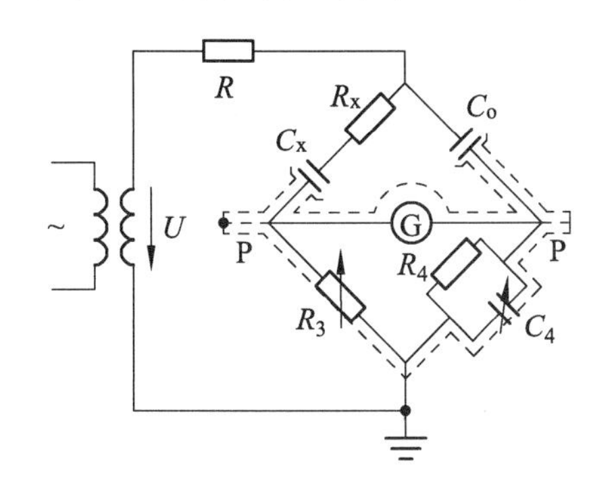

（a）高压西林电桥正接法接线

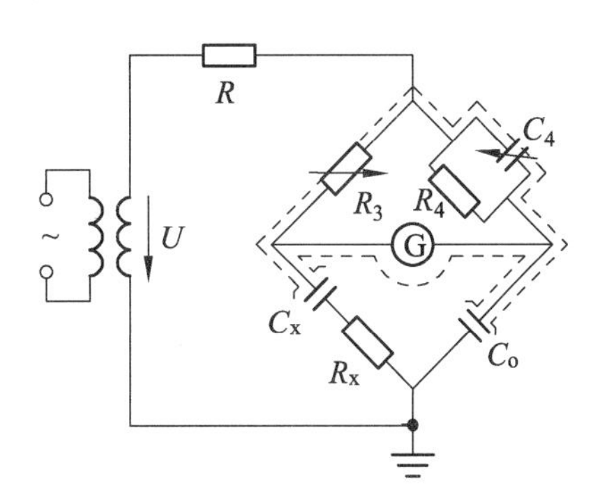

（b）高压西林电桥反接法接线

图 3-13　测量接线

变压器绕组介损试验

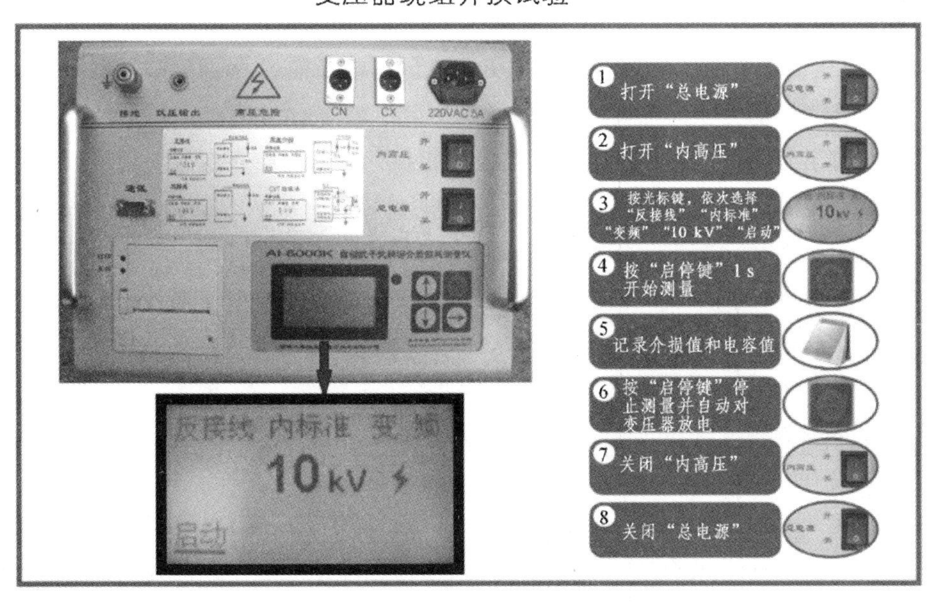

图 3-14　高压西林电桥反接法接线及测量过程

使用前必须将仪器的电桥测量部分、接地端子可靠接地。正接法测量时，标准电容器高压电极、试品高压端和升压变压器高压电极都带危险电压。各端之间连线都要架空，试验人员应远离。在接近测量系统、接线、拆线和对测量单元电源充电前，应确保所有测量电源已被切断，同时还要注意低压电源的安全。

（1）只有当仪器的“内高压允许”键未按下时，接触仪器的后面板和测量线缆与被试品才是安全的。当仪器的“内高压允许”键按下时，蜂鸣器将鸣叫示警。

（2）仪器正在测量时，严禁操作除“启动”键以外的所有按键。但可用“启动”键退出测量状态。

（3）测量非接地试品（正接法）时，“HV”端对地为高电压，测量接地试品（反接法）时，“C_x”端对地为高电压，随仪器配备的红色、蓝色电缆为高压带屏蔽电缆，使用时可沿地面敷设，但必须将电缆的外屏蔽接至专用接地端。

（4）不得自行更换不符合面板指示值的保险丝管，以防内部变压器烧坏。

（5）应保持仪器后面板的清洁，不要用手触摸。如后面板有污痕，请用干布擦拭干净，以保证良好绝缘。

二、特别提示

（1）由于空气湿度过大时，绝缘介质表面形成低电阻回路，造成表面泄漏、对电力设备 $\tan\delta$ 测量的干扰，所以测量时湿度不大于 80%。可通过试品瓷瓶表面涂抹硅油、石蜡或者干燥以消除。

（2）测量时数据异常，可以排查以下因素：试验接线、环境温度和湿度、被试品内部温度、试品表面脏污程度、试验高压引线位置与长度、外界电场或者电网影响等。当 $\tan\delta$ 为 0 或者负值时，应检查空气湿度是否过大形成水膜、高压引线与电容屏接线、套管法兰是否可靠接地等问题，可以通过清洁试品表面、改善接线或者接地、增大高压引线线径等方法处理。

（3）由于变压器正常工作时油温达 70 ~ 90 °C，同时绝缘油的 $\tan\delta$ 值随温度升高而增大，这种变化对老化受潮的变压器油更加明显，所以测量绝缘油 $\tan\delta$ 值时，一般将油加热到 90 °C 左右后测量。对于充油型或者油纸电容型电流互感器，若绝缘中含水分与杂质，也可以使用短路法使绝缘温度升高后测量，如果高温下 $\tan\delta$ 明显增大，可认为设备存在绝缘缺陷。

（4）测量变压器 $\tan\delta$ 值时，铁心必须接地。如果铁心不接地，变压器绕组与外壳之间的硬纸板等绝缘介质串接进来，测量的绝缘值升高，容易导致 $\tan\delta$ 增大而不合格。

（5）电气设备存在局部放电缺陷放电时，也可能导致 $\tan\delta$ 下降，所以要求合格的电力设备的 $\tan\delta$ 与历次值不能出现明显的增大或者下降。

（6）由于正接法具有良好的抗干扰能力，试验时尽可能采用正接法并以此数据进行绝缘状态的判断，也可以分别采用正接法与反接法进行数据的比较。

（7）在测量 $\tan\delta$ 时可同时测量出试品的电容量，如果电容量与历次数据发生明显变化，应检查试品内部绝缘缺陷或者解体检查。例如变压器绝缘受潮后，在低温时电容值偏小，在高温测量时电容值偏大。

（8）对于电容型高压套管，由于电容量小，放置位置不同时，高压电极容易受到地面及周围电场影响，存在测量分散性误差，所以应垂直放在接地良好的套管架上，不采用水平放置绝缘绳悬吊方式。电容型高压套管垂直放在套管架上如图 3-15 所示。

图 3-15　垂直放置于套管架上的电容型高压套管

模块四　我要练

根据介质损耗测试的结果如何判断设备的好坏？

____

____

____

工单四 工频耐压试验

模块一 操作工单：耐压试验

（一）试验名称及仪器	（二）试验对象
工频耐压试验 工频交流耐压试验设备	各种变压器、发电机、电动机、互感器、避雷器、开关、绝缘子、电容器、电力电缆等高电压设备在规定电压下的绝缘强度试验
（三）试验目的	**（四）测量步骤**
（1）测试电力设备绝缘强度最直接有效的方法。 （2）测试设备的绝缘裕度。 （3）检测设备是否满足安全运行条件	（1）按要求接好试验线，依次接好高压引线，做好接地安全措施。 （2）第一次接线先不接被试品，根据保护电压值预设定保护球间隙距离，保护球间隙保护电压应为试验电压的 1.1~1.2 倍。 （3）开机，将电压装置回零，按高压允许键，施加高压至保护球间隙击穿。 （4）迅速降低电压至零位，切断电源，放电。 （5）并联接入试品，将高压引线悬空连接。 （6）开机，按高压允许键，施加高压至耐压值，60 s 内无击穿、放电，记录电压值，降压至零位。 （7）放电
（五）注意事项	**（六）技术标准**
（1）试验前后将试品接地并充分放电。 （2）耐压试验高压可致命，操作台须可靠接地。 （3）先调整保护间隙大小，再接试品加压试验。 （4）加压前应仔细检查接线是否正确，并保持足够的安全距离。 （5）高压引线须架空，升压过程应相互呼唱。 （6）试验后要将试品的各种接线、末屏、盖板等恢复。 （7）设置防护围栏并专人监护，发现异常立刻断开电源停止试验，并查明原因	（1）先进行低电压试验，再进行高电压试验，在绝缘电阻等非破坏试验合格后再进行交流耐压试验和局部放电破坏性试验。 （2）耐压试验属于破坏性试验，试验前后均应进行绝缘电阻测试，且耐压前后绝缘电阻相差不应超过 30%，以判断耐压试验前后试品的绝缘有无变化

续表

（七）结果判断	（八）数字资源
（1）试验中如无破坏性放电发生，则认为通过耐压试验。 （2）被试品为有机绝缘材料时，试验放电后立即触摸，如出现发热，则认为绝缘不良，处理后再做试验。 （3）对于夹层绝缘或有机绝缘材料的设备，如果耐压试验后的绝缘电阻比耐压前下降 30%，则检查该试品是否合格	（1）交流耐压试验 （2）变频串联谐振耐压装置测试

模块二　跟我学

一、交流耐压试验概述

电力设备由于受潮、绝缘老化和损伤，都会导致绝缘性能下降。交流耐压试验是鉴定电气设备绝缘裕度最直接有效的方法，试验的目的是考核电气设备安装质量和绝缘强度。一般在设备交接、大修后以及每年的绝缘预防性试验合格后进行耐压试验检查，从而避免发生绝缘事故。

由于交流耐压试验是破坏性试验，试验前须对被试品先进行绝缘电阻、直流泄漏电流、介质损耗等项目的试验，只有当试验结果正常后方能进行交流耐压试验。若发现设备的绝缘情况不良，如受潮和局部缺陷等，应先进行处理后再做耐压试验，避免造成不必要的绝缘击穿。新安装的油绝缘设备，如变压器、断路器等，还需要静置 48 h 以上，等油中气泡全部逸出后才能进行。如果是气体电气设备，应在最低允许气压下进行试验，这样才容易发现内部绝缘缺陷。

耐压试验可以分为工频耐压试验、感应耐压试验、冲击电压试验。工频耐压试验包括常规的工频交流试验、工频串联谐振耐压试验、0.1 Hz 超低频耐压试验。

二、工频交流耐压试验

工频交流耐压试验装置如图 3-16 所示。

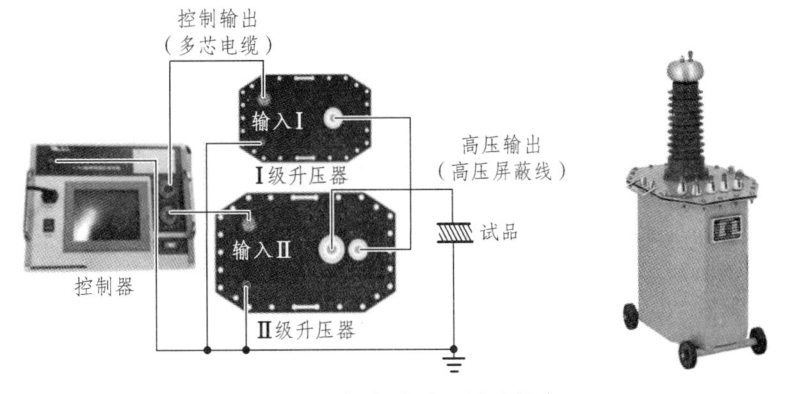

图 3-16　工频交流耐压试验设备

三、谐振耐压试验

1. 串联谐振耐压原理

当对发电机、变压器、电力电缆、GIS、开关、套管、互感器等高压电容性试品进行耐压试验时，可以用串、并联谐振装置。串联谐振要采用激励变压器和电抗器，串联谐振电源是利用谐振电抗器和被试品电容谐振产生高电压和大电流，所需电源容量大大减小，只有试验容量的 $1/Q$，可以省去笨重的大功率调压装置和大功率工频试验变压器，质量和体积一般为普通试验装置的 1/30 ~ 1/10。在串联谐振状态，当试品的绝缘弱点被击穿时，电路立即脱谐，回路电流迅速下降为正常试验电流的 $1/Q$，既能有效地找到绝缘弱点，又能有效地防止短路大电流烧伤故障点，不会产生恢复过电压。

高电压、大容量设备进行交流耐压试验所需的试验设备容量越来越大，常规工频耐压方法往往不能满足现场试验的要求，所以现场试验广泛采用串联谐振试验方法。由于串联谐振试验装置具有试验设备体积小、试验电源电压低、功率小、试验电压波形好的特点，因此串联谐振试验广泛应用于现场电缆、气体绝缘组合电器（GIS）、大型发电机组、电力变压器、电容器等高电压大容量电力设备的交流耐压、感应耐压、局部放电等试验。

串联谐振耐压试验应用谐振电路的基本原理，根据不同的调节方式，可以分为调感式、调容式、变频式三种类型，通过对三种类型串联谐振装置在实际应用中的比较，发现变频串联谐振装置更适合于现场实际需要。现场设备交流试验中，变频串联谐振装置能满足各种交流耐压试验，如图 3-17 所示。装置具有三种工作模式：全自动模式、手动模式、自动调谐手动升压模式。

图 3-17　变频串联谐振耐压试验装置

串联谐振耐压试验的现场调节方式常用的有调感式和变频式。但无论哪种方式，都是希望将高压回路调节至感抗等于容抗，即 $L=1/(\omega^2C)$，这样在中间变压器上只需施加较小的电压，试品上就能产生很高的电压 QU[$Q=\omega_0L/R=1/(\omega_0CR)$，品质因数]。

试品上是否能产生足够的高电压取决于以下三个条件：

（1）高压回路的总感抗是否等于总容纳。

（2）高压回路的品质因数值是否足够大。

（3）中间变压器所加电压 U 是否够大。

调感式装置最重要的部件就是电感量可调的铁心电抗器，是通过调整电抗器的铁心气隙来改变电抗器的电感。该装置的优点是电抗器的电感量可以做得很大，可以做大电容量试品的耐压试验，而且电感的大小可线性调节，完全可以根据试品电容量的大小使串联电路正好

达到谐振点。通过先加一低电压调整电抗器的电感量使串联电路产生谐振再升高电压，然后调整电抗器的电感量，直到试验电压下发生谐振。这样既安全，又能使电路达到完全谐振。其缺点是电抗器制造复杂，装置质量增加。

变频式装置是依靠大功率变频电源调节电源频率，使电路达到谐振点装置所用的电抗器的电感量。试验电源的频率随电容的不同而变化，变频串联谐振试验装置是运用串联谐振原理，利用励磁变压器激发串联谐振回路，调节变频控制器的输出频率，使回路电感 L 和试品电容 C 相匹配。

串联谐振，谐振电压即加到试品上的电压，其优点是可正好达到谐振点，电抗器制作简单，质量轻，电路的品质因数高；缺点是需要大功率电源，对电源的电压及频率的稳定性有很高的要求。变频式的调节范围要大于调感式，随着电子装备的进步，现在一般多采用变频式。

变频串联谐振试验采用调频调压方式，利用电抗器的电感与被试品电容实现电容谐振，励磁变压器提供谐振回路励磁电源，通过调节电感或改变电源的输出频率，使回路中的感抗和容抗相等，回路呈谐振状态，回路中无功趋于零，此时回路电流最大，且与输入电压同相位，使电感或电容两端获得一个高于励磁电压 Q 倍的电压，特别适合大容量、高电压被试品的交流耐压试验回路，如表 3-8 所示。

表 3-8　谐振耐压试验电压与试品选择

序号	试验电压	被试品耐压	电抗器（45 kV·A/45 kV，六节）	激励变压器输出端电压选择（4 kV、8 kV、16 kV）	试验时间
1	22 kV	满足 10 kV/300 mm² 电缆 3 km 交流耐压试验	使用电抗器六节并联（其中三节接地）	4 kV	5 min
2	35 kV	满足 10 kV/20 000 kV·A 变压器、互感器交流耐压试验	使用电抗器两节串联及补偿电容器	4 kV	1 min
3	42 kV	满足 10 kV 开关、互感器、母线交流耐压试验	使用电抗器一节串联	4 kV	1 min
4	52 kV	满足 35 kV/300 mm² 电缆 1 km 交流耐压试验	使用电抗器两节串联，三组并联	4 kV	60 min
5	68 kV	满足 35 kV/31 500 kV·A 变压器交流耐压试验	使用电抗器三节串联及补偿电容器	8 kV	1 min
6	95 kV	满足 35 kV 开关、互感器、母线的交流耐压试验	使用电抗器三节串联	16 kV	1 min
7	128 kV	满足 110 kV/300 mm² 电缆 0.2 km 交流耐压试验	使用电抗器三节串联，两组并联	4 kV	60 min
8	160 kV	满足 110 kV/80 000 kV·A 全绝缘主变压器、互感器交流耐压试验	电抗器四节串联	4 kV	1 min
9	184 kV	满足 110 kV 开关交流耐压试验	使用电抗器六节串联	16 kV	1 min
10	265 kV	满足 110 kV 及以下 GIS 交流耐压试验	使用电抗器六节串联	16 kV	1 min

特别说明：交接试验时，10 kV 电缆耐压试验时间为 5 min，35 kV 及以上等级电缆耐压试验时间为 60 min。

2. 谐振耐压装置

变频式串联谐振交流试验装置的特点是：调谐电抗器的质量小，结构简单，更适合大容量设备现场试验。变频式串联谐振原理接线如图 3-18 所示。

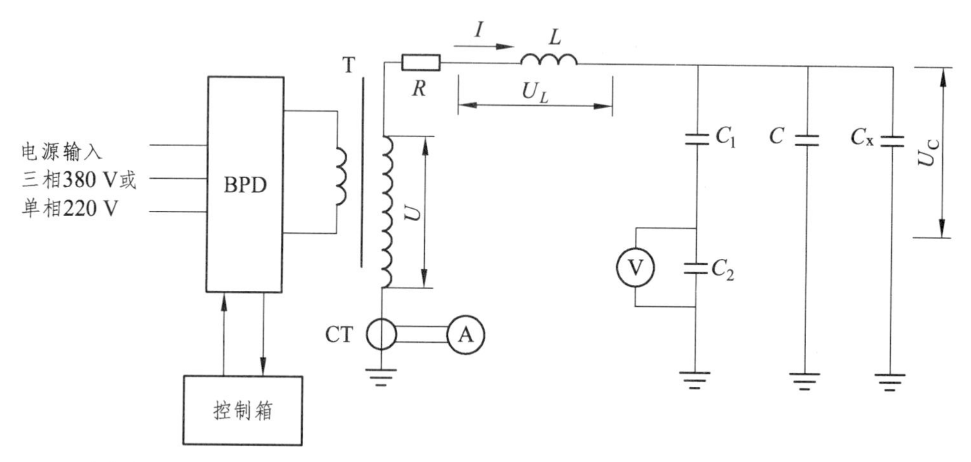

BPD—变频电源；T—励磁变压器；C_x—试品等效电容；C_1，C_2—电容分压器；C—补偿电容器；L—谐振电抗器；R—试验回路等效电阻；U—励磁变电压；U_L—电抗器电压；U_C—试品电压；I—试验回路电流；CT—电流取样。

图 3-18　变频式串联谐振原理

串联谐振交流耐压试验装置主要由变频电源（主机）、励磁变压器 T、谐振电抗器 L、电容分压器 C_1 和 C_2 组成，如图 3-19 所示。

图 3-19　串联谐振耐压

（1）变频电源。

变频电源是在一定范围内可连续调整频率的电源，如图 3-20 所示。变频电源输出功率一般大于励磁变压器的输出容量，频率调节范围为 20 ~ 300 Hz。

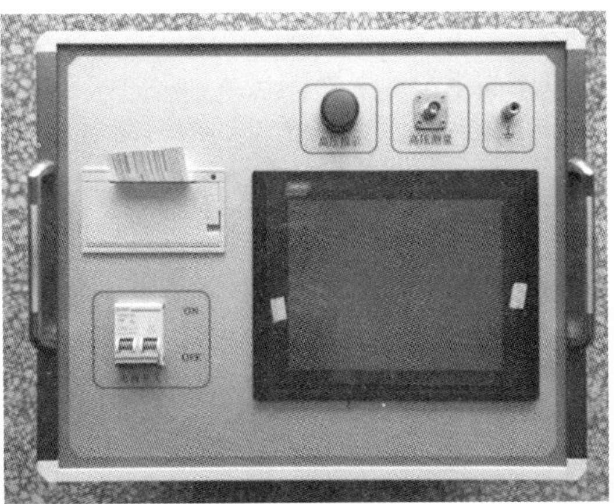

图 3-20　变频电源

（2）励磁变压器 T。

励磁变压器为谐振回路提供励磁电源，激发串联谐振回路，通过调节变频控制器的输出频率，使回路电感 L 和试品 C_x 串联谐振，谐振电压即加到试品上的电压。接线时，励磁变压器高压尾 X 必须接地。

（3）谐振电抗器 L。

谐振电抗器用于与试验回路中的电容设备进行谐振，获得高电压。谐振电抗器容量可以做得比较大，以满足试验要求。谐振电抗器的额定电压应满足试验电压的要求，其额定容量应满足试验容量的要求。电抗器可以是固定单节电抗器，也可以是直接通过仪器上的旋钮调整的可调电抗器，单节电抗器可以灵活地进行各种串并联组合，可以方便地配合现场的试验需求。

（4）电容分压器 C_1、C_2。

分压器并联在被试品上，用于测量被试品上的谐振电压，并做过压保护，如图 3-21 所示，谐振系统计算各参数时应考虑电容分压器的电容量。

图 3-21　电容分压器

（5）电容补偿器 C。

电容补偿器用于补偿试验回路的电感，使试验回路满足谐振条件和试验要求。电容补偿器额定电压应满足试验要求。

可变电感在工频状态下，与可变电抗器在一定范围产生回路谐振电流，满足试验要求。

3. 谐振耐压接线及注意事项

接线时，变频串联谐振试验设备谐振电抗器、分压器、励磁变压器等应尽量靠近被试品，使接线比较短，同时使用短接地线进行接地。试验开始后不允许无关人员随意接近变频串联谐振设备。下雨天时，不能在户外进行串联谐振交流试验，避免在串联谐振局部放电试验中产生干扰。

加固高压引线快速接头，高压引线的长度一般约 10 m，外部都套有金属软管，用于均匀引线的表面电场。金属软管的两端可靠连接。

串联谐振系统的主要特点：

（1）适用范围广，体积小、质量轻，试验容量大、试验电压高。

（2）安全可靠性高，操作简单，试验等效性好。

（3）串联谐振装置对高次谐波分量回路阻抗很大，试品电压波形好。如耐压试验过程中发生闪络击穿，失去了谐振条件，高电压立即消失，电弧立即熄灭，从而保护被试品。

四、其他耐压试验

1. 0.1 Hz 超低频耐压试验

0.1 Hz 超低频耐压试验仍属于交流耐压试验，可以有效地发现容性设备存在的缺陷，能检验发电机、变压器、橡塑绝缘电力电缆等设备的运行质量和安装质量，考核发电机、变压器的主绝缘、电缆终端头和中间接头的绝缘强度，能较灵敏地试验，如图 3-22 所示。

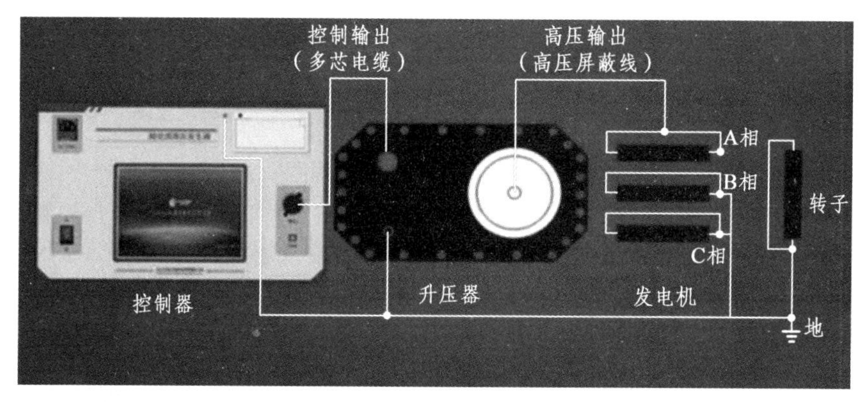

图 3-22　0.1 Hz 超低频耐压试验

0.1 Hz 超低频耐压试验比工频耐压试验更能有效地发现发电机端部绝缘的缺陷。其原因是在工频电压下，由于从线棒流出的电容电流在流经绝缘外面的半导体防晕层时造成较大的电压降，因而使端部的线棒绝缘上承受的电压减小；在超低频情况下，此电容电流大大减小，半导体防晕层上的压降也大为减小，故端部绝缘上电压较高，便于发现缺陷。

接线方法：试验时应分相进行，给被试相加压，非被试相短接接地。交接试验时，试验时间为 60 min，预防性试验时间为 15 min。

2. 感应耐压试验

感应耐压试验往往适用于变压器、电磁式电压互感器等电气设备，方法是从二次侧加压使得一次侧感应高压。这种方法既可以考验被试品的主绝缘，还能对纵绝缘进行有效考察，往往采用 100 ~ 400 Hz 的倍频来进行。

以变压器耐压试验为例，工频耐压试验考核变压器绕组主绝缘的电气强度，包括高、中、低压绕组间对铁心、油箱等接地部分的绝缘，感应耐压可以针对绕组主绝缘和纵绝缘（绕组匝间、层间、段间绝缘），一般采用两倍频（100 Hz）或者三倍频（150 Hz）。感应试验电压励磁电压频率一般为三倍频（150 Hz），不应大于 400 Hz，耐压时间 = $60 \times 100/f$（s），持续时间不小于 20 s。

3. 冲击电压试验

冲击电压试验主要考验被试品耐受操作波过电压和大气过电压下绝缘的承受能力，它主要分为雷电冲击耐压试验、操作冲击耐压试验、陡波冲击耐压试验、组合波冲击试验等。

无论哪种耐压试验，根据被试设备的铭牌参数、试验电压大小和现有试验设备条件，选择合适的试验设备。现场布置和接线时，应注意高压对地、试验人员均应保持足够的安全距离，高压引线要连接牢靠，并尽可能短，非被试相及设备外壳应可靠接地。接线完毕，应由工作负责人认真检查试验设备的容量、量程、位置等是否合适，调压器指示应在零位，所有接线应正确无误等。

模块三　我要做

一、试验准备

1. 了解被试设备现场情况及试验条件

勘查现场，查阅相关技术资料，包括该设备历年试验数据及相关规程等，掌握该设备运行及缺陷情况。

2. 测试仪器、设备准备

选择合适的试验变压器及控制台、串联谐振耐压装置、保护电阻、球隙、电容分压器、数字多量程峰值电压表、兆欧表、放电棒、绝缘操作杆、接地线、高压导线、万用表、温湿度计、电工常用工具、安全带、安全帽、试验临时安全栅栏、标示牌等，并查阅测试仪器、设备及绝缘工器具检定证书的有效期。

3. 试验变压器检查

用 2 500 V 兆欧表检查各绕组对外壳及地的绝缘电阻，应检查高压线圈回路是否连通，可用 1 kV 挡的万用表测量高压头、尾之间的电阻值，指针应明显地向阻值小的方向偏转。

4. 办理工作票并做好试验现场安全和技术措施

向其余试验人员交代工作内容、带电部位、现场安全措施、现场作业危险点，明确人员分工及试验程序。

二、工频耐压试验操作

工频耐压试验回路由试验变压器、调压设备、测量回路、控制和保护回路等组成。

1. 试验接线

如图 3-23 所示为交流耐压试验原理图。

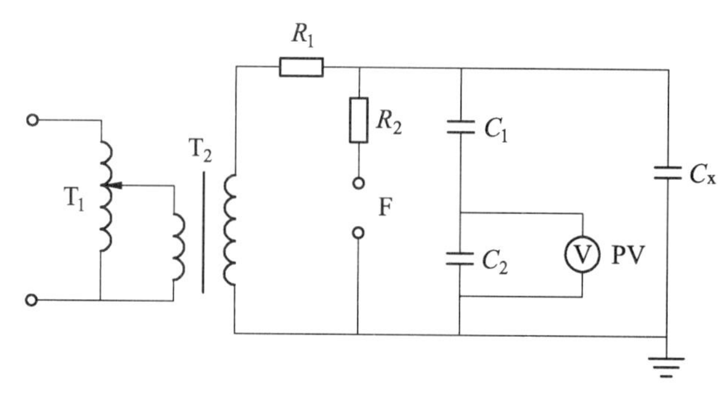

T_1—调压器；T_2—试验变压器；R_1—保护电阻；R_2—球隙保护电阻；F—球间隙；
C_x—被试品；C_1，C_2—电容分压器高低压臂；PV—电压表。

图 3-23　交流耐压试验原理图

在交流耐压试验中，为了防止发生设备和人身安全事故，可采取接保护电阻 R_1、放电球隙 F 和设置过压保护等措施。保护电阻接在试验变压器输出端，既可以限制短路电流，又可以限制放电时的高频振荡产生的过电压。过电压保护的动作电压按试验电压的 1.1 ~ 1.5 倍整定，过电流保护的动作电流按试品中电流的 1.3 ~ 1.5 倍整定。一旦发生过电压、过电流等情况，就将试验电源切断。试品两端接入保护球隙 G，以防止试验回路中谐振过电压，其放电电压整定为 U_t 的 1.10 ~ 1.50 倍。交流耐压试验接线图如图 3-24 所示。

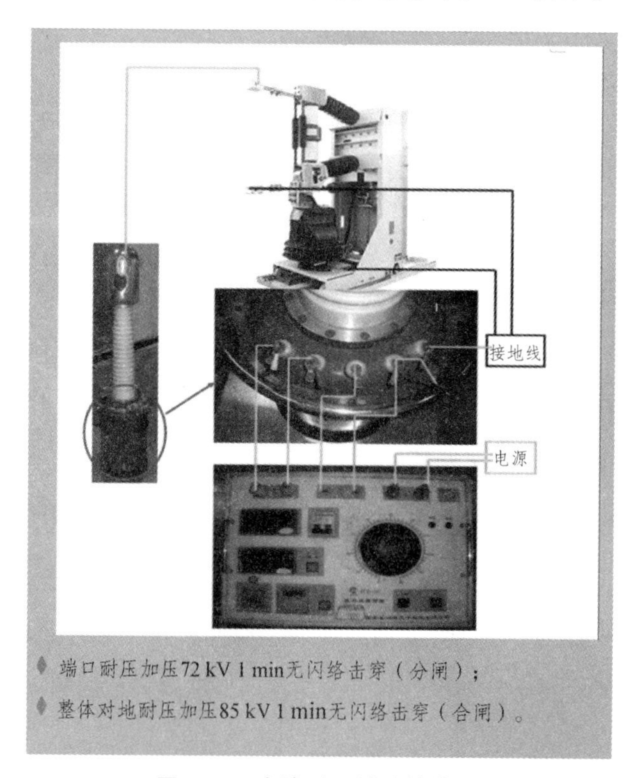

图 3-24　交流耐压试验接线图

2. 试验过程

首先进行保护球隙调整。拆去接在被试品上的高压引线，将接于试验变压器接地端的电流表短路，设法调整保护球隙距离，再合上试验电源刀闸，调节调压器缓慢均匀地升高电压。升压必须从零开始，在 40%试验电压前可快速升压，其后应以每秒 3%试验电压的速度均匀升压。

使其放电电压为试验电压的 1.1 ~ 1.2 倍，然后降低电压到试验电压值，持续 1 min，观察各种表计有无异常，再将电压降到零，断开试验电源刀闸。

3. 耐压试验

上述步骤进行之后，将高压引线牢靠地接到被试品上，然后合上电源刀闸，开始升压。试验电压在 0.75 倍试验电压前可以快速均匀升压；其后应以每秒钟 2%试验电压的速度连续升到试验电压值。在试验电压下持续规定的时间进行耐压，耐压时间为 1 min。耐压结束，迅速将电压降到零，拉开电源刀闸，将被试品接地，切勿没有降压就突然切断电源。在升压、耐压过程中，应密切观察各种仪表的指示有无异常，被试绝缘有无跳火、冒烟、燃烧、焦味、放电声响等现象，若发生这些现象，应迅速而均匀地降低电压到零，断开电源刀闸，将被试品接地，以备分析判断。

耐压试验完毕应检查被试品，对被试品进行绝缘电阻测试，以了解耐压后的绝缘状况。对有机绝缘，经耐压并断电、接地放电后，试验人员还可立即用手进行触摸，检查有无发热现象。

三、变频谐振耐压试验操作

1. 试验接线

变频式串联谐振试验接线如图 3-25 所示。

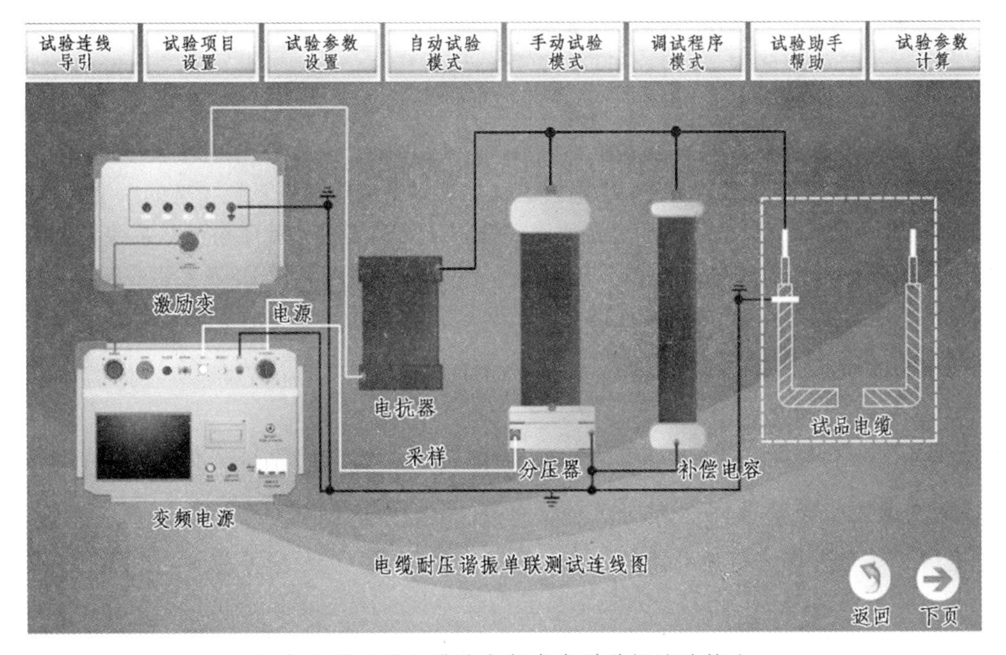

（a）交联乙烯电缆的变频式串联谐振试验接线

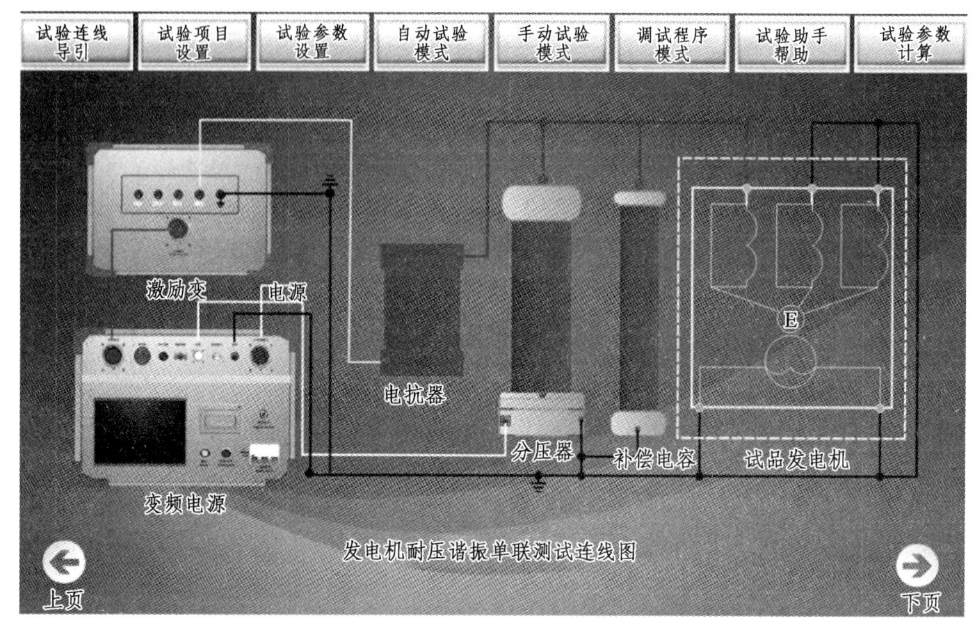

（b）火力发电机的变频式串联谐振试验接线图

图 3-25　变频式串联谐振试验接线

2. 试验步骤

（1）合理布置试验设备，设置高压带电区、试验操作区，将励磁变压器、谐振电抗器和被试设备的外壳及分压器接地端接地。

（2）试验前应测量被试设备的绝缘电阻，然后按图 3-25 进行接线，并检查接线和分压器挡位。

（3）检查试验电源的容量应符合试验要求，先合上试验电源开关，再合上变频电源的控制电源开关，稳定后合上变频电源主回路开关，设定保护电压为试验电压的 1.1 ~ 1.2 倍。

（4）按规定开始升压，升压速度从零开始均匀地升压，先旋转电压调节旋钮，把输出功率比调节到 2%或试验电压的 3% ~ 5%，通过旋转频率调节旋钮改变系统频率的大小，观察励磁电压和试验电压的数值。当励磁电压为最小、试验电压为最大时，此频率就是系统的谐振频率。

（5）系统谐振后，按要求均匀调节电压至试验电压，升压过程中应密切监视高压回路，监听被试品有无异响，到达试验时间后，在试验结果界面中可显示出试验时的详细参数，将电压降到零，切断主回路、控制回路和工作电源开关，拉开试验电源开关，对被试品放电，试验结束。

交流耐压试验报告见附录二中表 2、表 3、表 6、表 8、表 10、表 11、表 12、表 13、表 14。

3. 串联谐振试验装置使用方法

开机后，首先进行试验频率、电压和时间等参数配置。起始频率选择自动调谐时的启动频率，下限频率最高为 20 Hz，上限频率最低为 200 Hz。终止频率选择自动调谐时的结尾频率，下限频率最高为 100 Hz，上限频率最低为 300 Hz。试验时采用 30 ~ 300 Hz 的频率进行扫描。起始电压设置调谐时输入电压的初始值。对 Q 值较低的试品如发电机、电动机、架空母线，初始值设定为 50 ~ 70 V；对 Q 值较高的试品如电力电缆、变压器、GIS 等，初始值设定为 30 ~ 50 V。根据试验需要，可以设置一阶段、二阶段、三阶段试验电压和试验耐压时间。如果没有阶段性耐压试验时，只需设置一个阶段试验电压值和相应的试验时间，其他阶段试验电压和试验时间设为 0。电容分压器的“分压器变比”设置为 3 000。过压保护可以设置为试验电压的极限值，电压超过时自动终止试验，一般比试验电压高 10%。过流保护设置为低压输出电流的最高值。在不知道实际试验电流的情况下，一般将其设置成装置额定电流，闪络保护是设置击穿电压的误差值。

参数设置完毕，开始试验，单击“调谐”，系统自动寻找谐振点，自动调谐升压，如有异常情况，可单击降压停机。红色代表电压曲线，绿色代表频率曲线。当 $U_{谐振}$ 升到试验的耐压值时，系统自动耐压计时，当时间达到设置时的耐压时间时，系统自动降压，当 $U_{谐振}$ 降压到 0 时表示试验完成。

手动试验：当“试验参数”设置完后，单击“手动试验”，进入“手动试验”界面。先单击“升电压”，将“$U_{低压}$”升到 10 V，再单击“升频率”来找谐振点，找到谐振点后，单击“升电压”。当 $U_{谐振}$ 升到设置时的耐压值时，单击“耐压计时”，系统开始计时。当“耐压时间”到时后，单击“降压停机”，系统自动降压。如在试验过程中遇到紧急情况时，单击“紧急停机”，“紧急停机”后，点击“故障复位”，在手动升压和手动调频时，可根据试验情况选择电压步进调节和频率步进调节。点击参数计算，可以计算电感、电容、频率的参数，如图 3-26 所示。

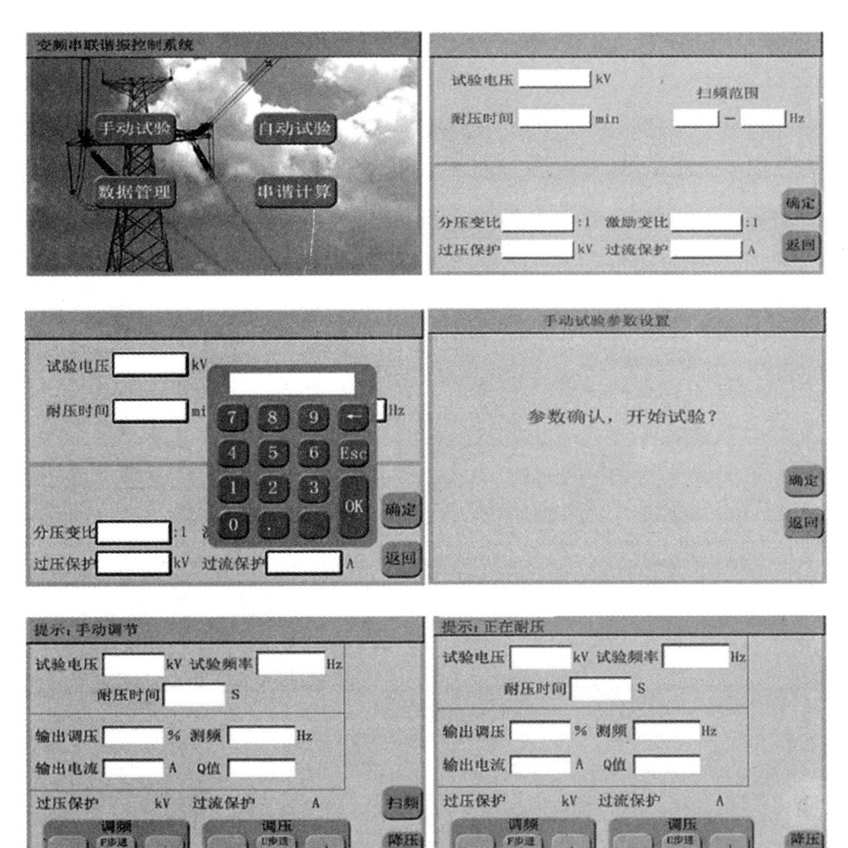

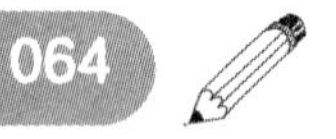

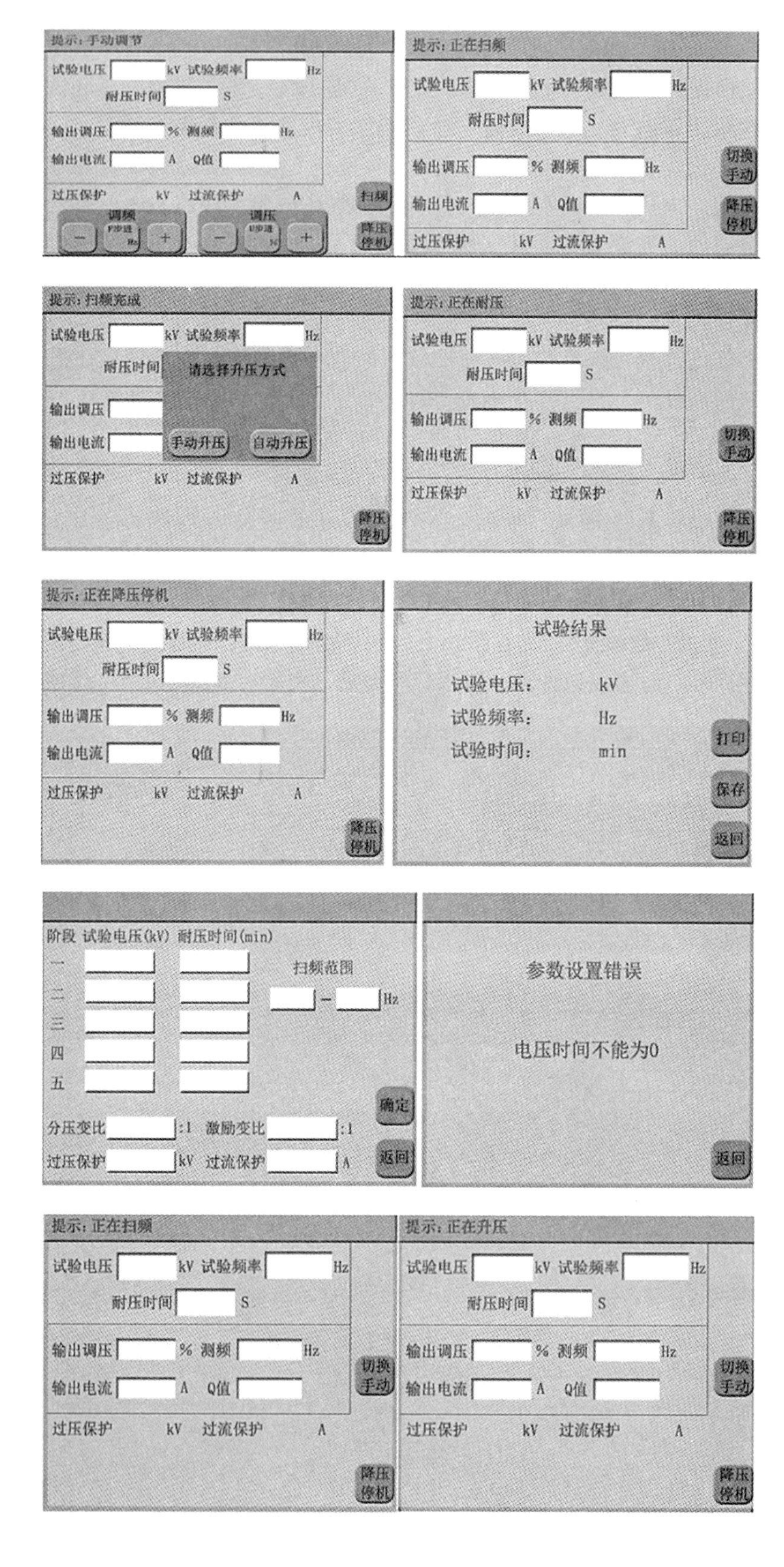
提示：手动调节
试验电压 kV 试验频率 Hz
耐压时间 S
输出调压 % 测频 Hz
输出电流 A Q值
过压保护 kV 过流保护 A
调频
调压
扫频
降压停机
提示：正在扫频
试验电压 kV 试验频率 Hz
耐压时间 S
输出调压 % 测频 Hz
输出电流 A Q值
过压保护 kV 过流保护 A
切换手动
降压停机
提示：扫频完成
试验电压 kV 试验频率 Hz
耐压时间
请选择升压方式
输出调压
输出电流
手动升压
自动升压
过压保护 kV 过流保护 A
降压停机
提示：正在耐压
试验电压 kV 试验频率 Hz
耐压时间 S
输出调压 % 测频 Hz
输出电流 A Q值
过压保护 kV 过流保护 A
切换手动
降压停机
提示：正在降压停机
试验电压 kV 试验频率 Hz
耐压时间 S
输出调压 % 测频 Hz
输出电流 A Q值
过压保护 kV 过流保护 A
降压停机
试验结果
试验电压： kV
试验频率： Hz
试验时间： min
打印
保存
返回
阶段 试验电压(kV) 耐压时间(min)
一
二
三
四
五
扫频范围
Hz
确定
分压变比 :1 激励变比 :1
过压保护 kV 过流保护 A
返回
参数设置错误
电压时间不能为0
返回
提示：正在扫频
试验电压 kV 试验频率 Hz
耐压时间 S
输出调压 % 测频 Hz
输出电流 A Q值
过压保护 kV 过流保护 A
切换手动
降压停机
提示：正在升压
试验电压 kV 试验频率 Hz
耐压时间 S
输出调压 % 测频 Hz
输出电流 A Q值
过压保护 kV 过流保护 A
切换手动
降压停机

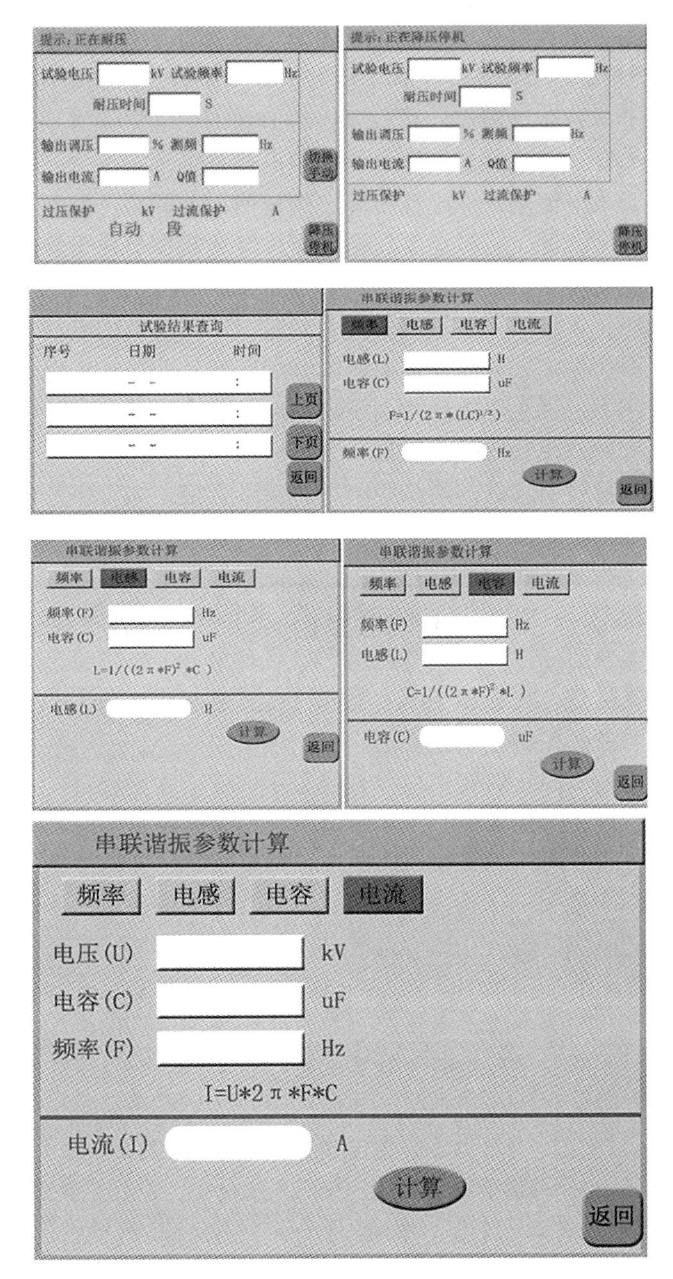

图 3-26　串联谐振试验装置使用方法

四、交流耐压注意事项

对于新充油变压器或者检修后的充油变压器，需要待充油循环静置一定时间，等气泡逸出后再进行耐压试验。其中，500 kV 及以上电力变压器静置 72 h 以上，220～330 kV 及以上电力变压器静置 48 h 以上，其他电力变压器静置 24 h 以上。油浸式变压器等交流耐压试验以后，为了检验试品在交流耐压试验中是否被击穿或绝缘损坏，应及时对油浸式试品油样进行色谱分析或者局部放电测量，能及时发现异常情况。

耐压试验时，电压必须从零开始升压，速度应均匀。当升至试验电压的75%以上时，需要按每秒2%的速率缓慢升压。不允许从非零位突然升压或者在较高电压时突然切断电源，以免由于暂态过电压而造成被试品破坏。在升压过程中和试验电压持续期间，应注意观察试验仪表和试验回路的各部分。一般高压回路中的试验电压和电流应按比例增长。若出现电压稍有增长而电流急剧增长或电流增长而电压下降，则说明试验回路可能发生谐振，此时应立即将试验电压降到0，断开电源，将试验变压器高压绕组的高压出线套管接地，更换阻抗电压变压器和调压器或改变试验变压器负载的参数，然后重新进行试验。

在交流耐压试验中，若试品、试验设备等有问题，试验仪表的表计会发生大幅度摆动，试品会冒烟、放电、有焦糊味，并伴有放电声或其他不正常的声音，保护球隙将放电，过电压和过电流保护将动作等。发生以上任何一种现象时，都应立即将试验电压降到0，断开电源，挂上接地线，在查明原因和排除故障后，才可以重新进行交流耐压试验。这些现象如果是由试品电缆绝缘部分薄弱引起的，则认为耐压试验不合格。如确定是由于空气湿度或试品表面脏污等原因所致，应将试品电缆清洁干燥处理后再进行试验。

由于交流电压是正弦波，试验电压值应取交流试验电压的峰值除以$\sqrt{2}$，以消除由于电压波形畸变带来的测量误差。工频交流耐压试验时，试品持续试验时间为1 min，既不会破坏设备绝缘，也可以将绝缘缺陷暴露出来。产品出厂检查时为了提高试验速度，在设备介质耐压水平允许的情况下，当试验电压提高25%时，允许持续时间缩短为1 s。

（1）试验电源的容量必须满足试验要求。

（2）为减小电晕损失，高压引线采用大直径金属软管，并尽量短。

（3）试验装置的过流、过压保护必须灵敏可靠，励磁变高压侧应装避雷器。

（4）试验时必须在较低电压下调整谐振频率，然后才可以升压进行试验。

（5）湿度对试验影响很大，试验应在干燥的天气情况下进行。

交流耐压试验是破坏性试验。在试验之前必须对被试品先进行绝缘电阻、吸收比、泄漏电流、介质损失角及绝缘油等项目的试验，当试验结果正常时方能进行交流耐压试验。若发现设备存在受潮和局部缺陷等绝缘不良情况，通常应先处理后再做耐压试验，避免造成不应有的绝缘击穿。交流耐压试验前后均应测量被试品绝缘电阻。交流耐压后测得的绝缘电阻与交流耐压前相比不应有明显变化。

被试品在交流耐压试验中，一般以不发生击穿为合格，反之为不合格。交流耐压试验时相对湿度不能超过80%，同时记录环境温度和湿度。在耐压过程中，若由于被试品绝缘受潮、表面脏污等的影响，引起沿面闪络或空气放电，则不应轻易认为不合格，应该经过清洁干燥处理后，再进行耐压；当排除外界的影响因素之后，在耐压中仍然发生沿面闪络或局部放电发热现象，则说明绝缘存在问题，如老化、表面损耗过大等。

模块四　我要练

交流耐压试验的本质是什么？

____

____

____

工单五　局部放电试验

模块一　操作工单：局部放电试验

（一）试验名称及仪器	（二）试验对象
局部放电检测仪 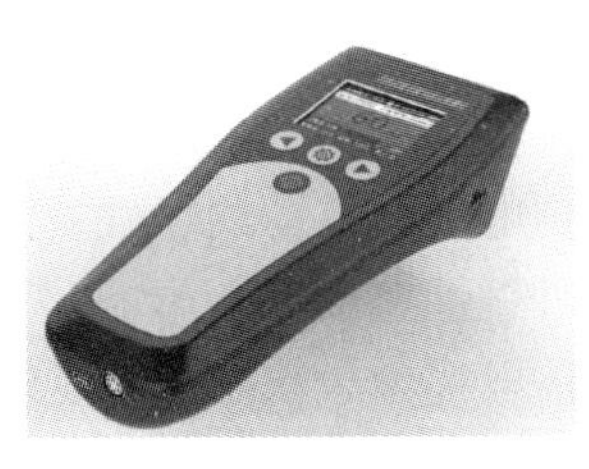 手持式局部放电检测仪	110 kV 及以上电压等级的电力变压器、35 kV 及以上电压等级的电力互感器、GIS、电缆、套管、避雷器、耦合电容器等电力设备可进行局部放电试验
（三）试验目的	**（四）测量步骤**
（1)可灵敏地测量绝缘内部是否存在气隙、杂质。 （2)能发现设备结构和制造工艺的缺陷，如金属部件有尖角、毛刺等。 （3)检测绝缘局部带有缺陷，产品内部金属接地部件之间、导电体之间电气连接不良等，以便消除这些缺陷，防止局部放电对绝缘造成破坏	（1）验电，设置接地线，做好防护工作。 （2）设置好栅栏，试验人员、安全巡视人员各就各位，试验正式开始。 （3）通过手持式局部放电试验仪检测局部放电量有无异常
（五）注意事项	**（六）技术标准**
（1）开始试验前，试验人员全面检查一遍接线，确保接线准确无误，仪器与设备的接地线绝对可靠。 （2）对高压端子实施屏蔽。 （3）试验前，确认没有悬浮电位。 （4）确保高压设备与周围设备的绝对安全距离。 （5）试验后要将试品的各种接线、末屏、盖板等恢复	按大电流发生器国标的规则，根据试品线端电压 U_2 不同，局部放电量 Q 值为： （1）变压器在 U_2 为 $1.3U_m$ 时，放电量不大于 300 pC，U_2 为 $1.5U_m$ 时，放电量不大于 500 pC。 （2）固体绝缘互感器，U_2 为 $1.1U_m/\sqrt{3}$ 时，放电量不大于 100 pC；U_2 为 $1.1U_m$ 时（必要时），放电量不大于 500 pC。110 kV 及以上油浸式互感器在 $1.1U_m/\sqrt{3}$ 时，放电量不大于 20 pC
（七）结果判断	**（八）数字资源**
根据不同设备，按标准施加相应的电压，放电量不超过标准值	（1）手持式局部放电试验  （2）电缆局放测试  （3）局部放电巡检测试 

模块二　跟我学

一、局部放电成因

在电网中运行的电气设备，如变压器、互感器、电抗器、GIS、电机、电缆、电容器等，其绝缘耐压等级是按其运行电压等级设计的。在正常情况下，其绝缘性能均能承受运行电压。由于电气设备的绝缘制造工艺不良，可能在内部存在气泡、杂质、裂缝等缺陷，或者长时间运行后绝缘受潮、老化等。这种带缺陷的绝缘在高压交变电场作用下，绝缘内部会出现周期性的局部放电。由于放电能量很小，所以短时放电并不影响电气设备的绝缘强度，却能使绝缘性能下降，最后导致绝缘击穿，给电网安全运行和供电可靠性造成极大影响，所以需要对电气设备进行局部放电检测，及时发现电缆设备隐患，评估电缆健康状况，避免设备故障发生，如图 3-27 所示。局部放电是变压器等电气设备出现故障的早期报警信号，局部放电在初期，一般放电量比较小，发展也比较缓慢。绝缘完全击穿之前，局部放电往往能够存在数月甚至几年。故应及早发现局部放电，早处理，避免严重的事故。电力设备局部放电产生的效应及检测手段如图 3-28 所示。

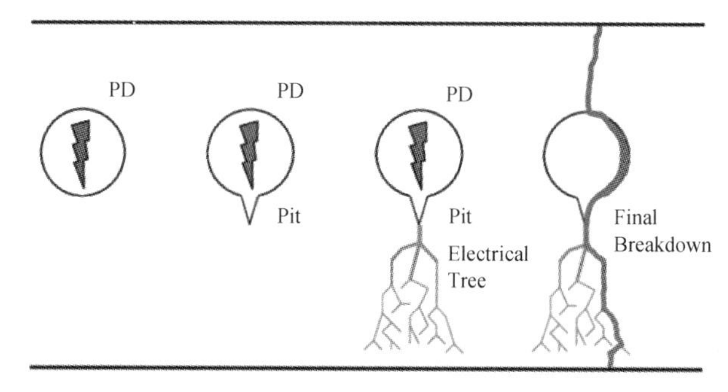

图 3-27　从局部放电到击穿的过程图

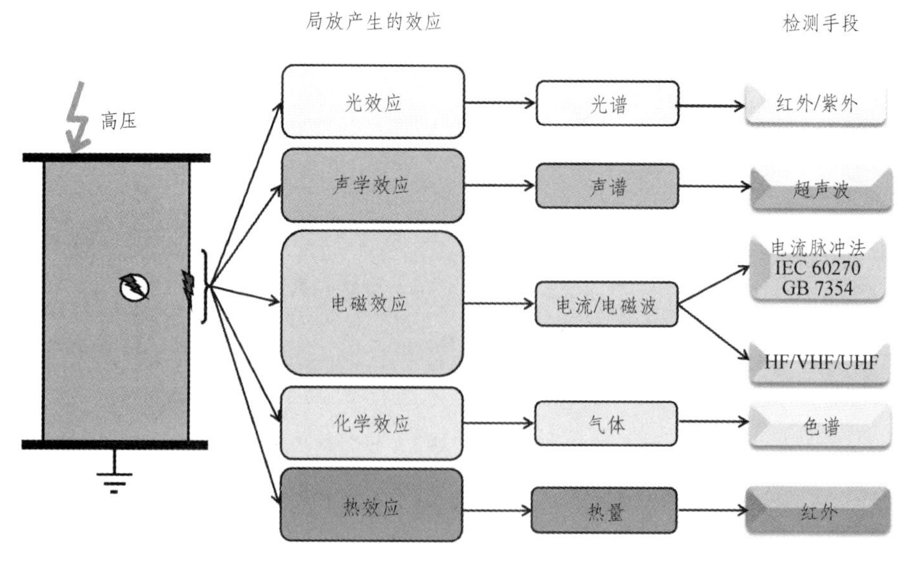

图 3-28　局部放电产生的效应及检测手段

局部放电是指高压电气设备运行过程中局部位置发生的电极间未贯穿的放电现象，不会造成整个绝缘贯穿性击穿。局部放电包含内部放电（介质内部）、沿面放电（介质表面）和电晕放电（电极尖端）三种放电形式。在运行电压下长期出现局部放电，产生的累积效应最终将导致设备绝缘事故。局部放电是预防电气设备故障的检修方法之一，因此对新投入或者运行的设备，也要按规定进行定期检测。如图 3-29 和图 3-30 所示为 GIS 特高频局部放电带电检测。

图 3-29　GIS

图 3-30　GIS 特高频局部放电带电检测

现场局部放电检测主要有两种方法：一种是离线式局部放电耐压试验，另一种是在线带电局部放电试验。离线式局部放电耐压试验是针对 220 kV 的主变压器、GIS 等，采用无局放试验变压器施加 1.1 倍工频耐压试验进行。无局放试验变压器就是没有带局放量的试验变压器，目前无局放变压器分为两种，一种是充气式试验变压器，另一种是油浸式试验变压器，其他试验变压器要做成无局放变压器比较困难。耐压设备的高压引线要加装波纹管；耐压电缆的测试相和非测试相的户外终端都要加装均压帽，非测试相终端接地处理。离线局部放电试验检查电气设备结构是否合理、工艺水平的好坏以及内部绝缘缺陷，包括绝缘内部局部电场强度过高、金属部件有尖角、绝缘混入杂质、内部金属接地、导电体之间电气连接不良等局部缺陷。变压器局部放电检测通常在破坏性试验完成后，在对现场 220 kV 及以上的变压器查找故障等情况下进行，结合直流电阻测量、感应耐压试验、变压器特性试验等综合分析判断其绝缘状态，以发现材料或者制造工艺等绝缘缺陷。在线带电局部放电试验是电力设备在运行电压下，检测仪器安装到现场在线检测变压器、高压开关柜、GIS、电缆等电气设备可能产生的局部放电。

二、局部放电检测原理

以下主要介绍现场在线局部放电检测。现场在线局部放电检测主要有特高频检测和超声波检测技术。由于局部放电是一种脉冲波，它会在电力设备内部和周围空间产生一系列的光、声、电气和机械振动等物理现象和化学变化，故可以通过检测这些变化来监测电力设备内部的绝缘状态。特高频检测频段通常为 300 ~ 3 000 MHz，特高频局部放电检测能发现设备中的悬浮放电、电晕放电、自由颗粒放电、绝缘内部放电等，局部放电时由于正负电荷的中和会产生很大陡波的脉冲电流，激发高达数吉赫兹的电磁波，故可以通过天线传感器接收局部放电过程中的超高频（UHF）电磁波，实现局部放电的检测。特高频（RFI）和超声波（AE）两种局部放电频率如图 3-31 所示。

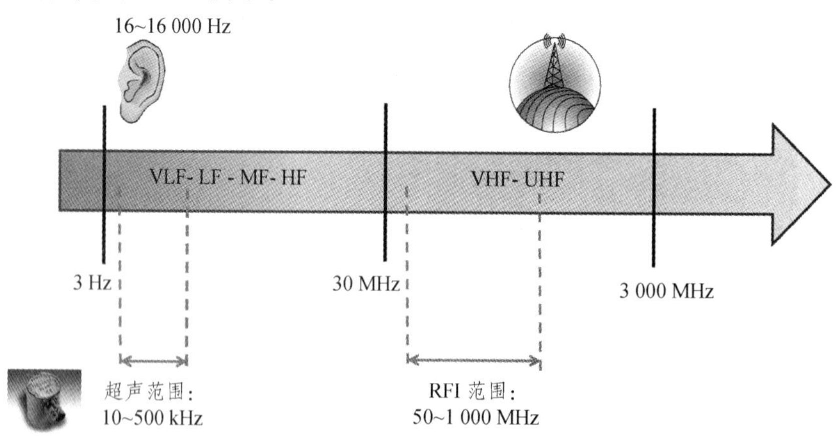

注：VLF 为极低频，LF 为低频，MF 为中频，HF 为高频，VHF 为甚高频，UHF 为超高频。

图 3-31　特高频（RFI）和超声波（AE）两种局部放电频率示意图

特高频检测的优点是灵敏度高，低频电晕抗干扰能力强，可以利用高带宽和采样率示波器实现放电源的时差定位，从而实现精准定位，其缺点是容易受到环境中特高频信号干扰和金属屏蔽作用。在线局部放电巡检时，检测部位一般选取 GIS 内部容易放电位置，如断路器、高压套管下侧或者母线间隔处。

由于特高频检测局部放电检测的原理是在一定的电压下测定试品绝缘结构中局部放电所产生的高频电流脉冲，故在实际试验时，应剔除由环境高温、现场干扰、大型设备振动、人员走动、手机和发动机等高频信号等引起的高频脉冲信号，否则将降低检测灵敏度，容易造成误判。现场检测严格按照规程和作业指导进行，确保重要部位检测完整，防止漏测、少测或误测，现场完成数据的采集，并结合检测指标合理分析，如图 3-32 所示。

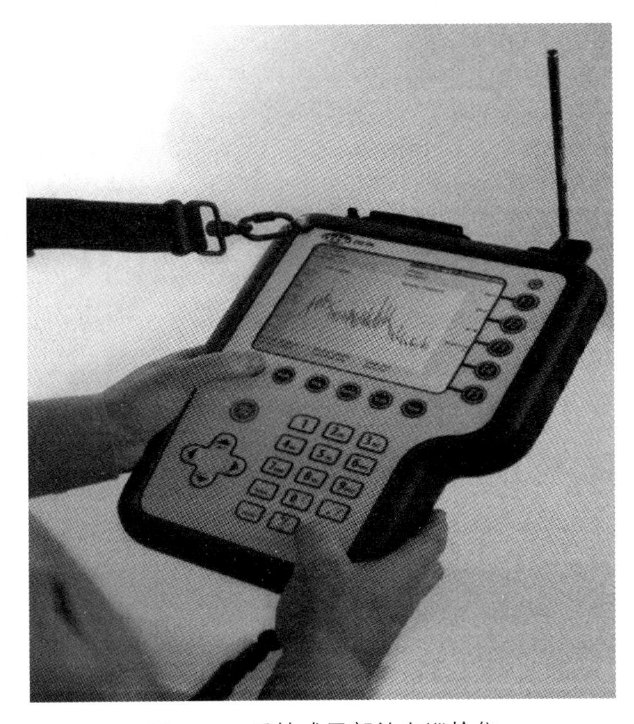

图 3-32　手持式局部放电巡检仪

手持式局部放电巡检仪整合特高频（RFI）和超声波（AE）两种局部放电模式，可以短时间完成整个变电站的 GIS、变压器、开关柜和电缆终端等多种电气设备的绝缘缺陷检测与定位，如图 3-33 所示。

超声波检测局部放电的原理与特高频检测的相似点：在电气设备如 GIS 内部发生局部放电时生产的较陡的电流脉冲，使得 SF_6 瞬间受热膨胀，产生一个类似爆炸效果，放电结束后恢复原体积，局部放电产生的一胀一缩的体积变化引起的介质疏密瞬间变化形成超声波。超声波频率在 20 kHz 以上，它以声源为中心，以局部放电点（点声源）球面波形式传播，通过检测范围是 20 ~ 100 kHz 的传感器贴在 GIS 金属外壳检测声波信号，从而实现局部放电定位，检测出振动类缺陷（机械振动和磁滞振动）和局部放电类缺陷（金属尖端放电、自由金属颗粒放电、悬浮电位放电）。

严重性

极高

高

中等

低

描述：

该类型被归类为电晕，即部分电力释放到空气中。电晕在大多数情况下是无害的。

建议：

除非出现停电、可闻噪声、电磁干扰，或因为附件的符合绝缘子劣化问题，否则通常无须采取任何措施。

属性

属性	
水平	15.9 dB
创建日期	20.4.2021
设备	AC120014
设备标签	AC120014_00774_210420_0320_0774
距离	10 m
电压	220 kV
位置	变压器

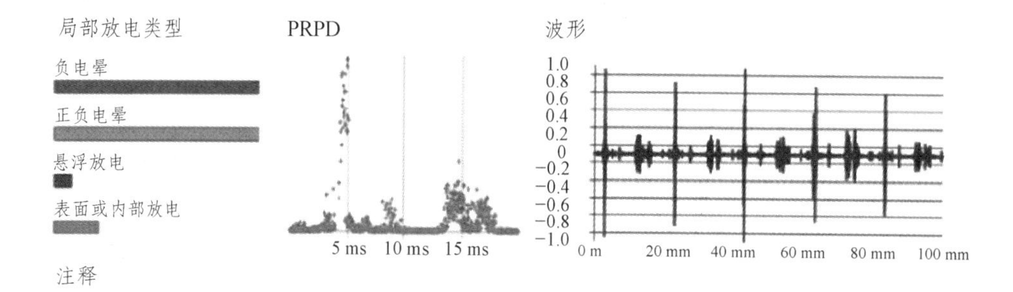

注释

图 3-33　特高频检测变压器局部放电类型及严重程度

特高频（RFI）模式检测流程有 4 个步骤：扫频进行频域分析、时域分析，判断是否存在局部放电，确认局部放电类型，通过频域分析或者功率计定位局部放电源。

超声波模式检测流程有 3 个步骤：通过棒图模式检测局部放电活动，通过相位模式区分局部放电类型，通过脉冲模式识别自由金属颗粒放电现象。

模块三　我要做

一、局部放电作业流程（见表 3-9）

表 3-9　局部放电作业操作步骤

序号	试验阶段	操作步骤（以互感器接线为例）
1	现场准备	（1）查阅试品试验数据。 （2）安全技术措施交底。 （3）人员组织与分工交底。 （4）熟悉施工场地。 （5）检查安全措施落实情况
2	试验前准备	（1）试验仪器仪表准备、检查。 （2）安全用品准备、检查。 （3）试品进行常规检查。 （4）对互感器一次与二次绝缘，短接互感器二次绕组并接地。 （5）测试互感器末屏绝缘。 （6）检查互感器末屏可靠接地
3	进行试验	（1）保证加压设备及互感器与周围设备的绝对安全距离。 （2）保证试验接线的准确无误。 （3）检查试验仪器与设备的接地线应绝对可靠。 （4）试验操作程序应符合规定。 （5）真实准确记录试验数据
4	试验结束	（1）拆除试验接线。 （2）复查互感器一次与二次绝缘。 （3）复查互感器末屏绝缘，恢复末屏接地。 （4）填写试验记录

局部放电测试仪如图 3-34 所示。

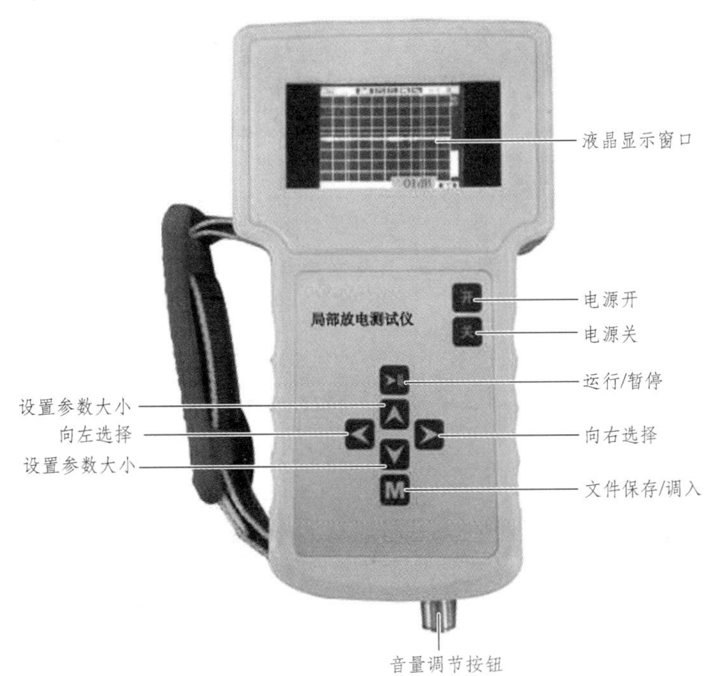

（a）主机正面图

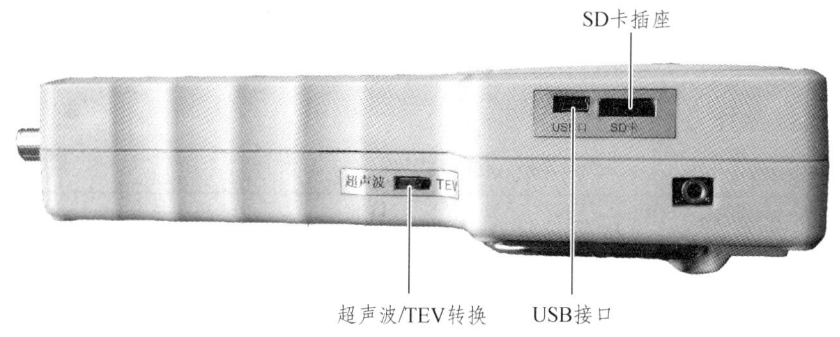

（b）主机侧面图

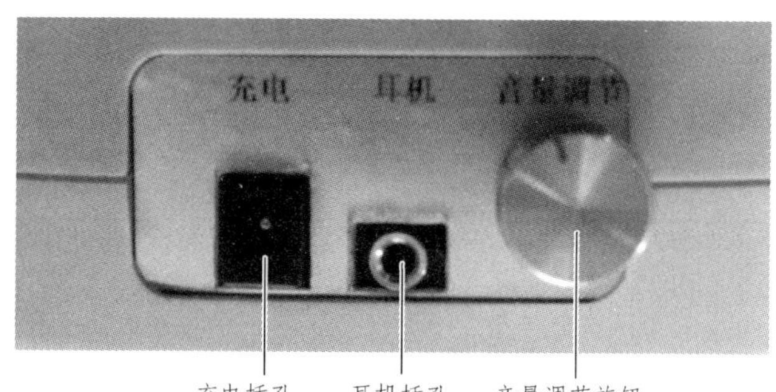

（c）主机底面图

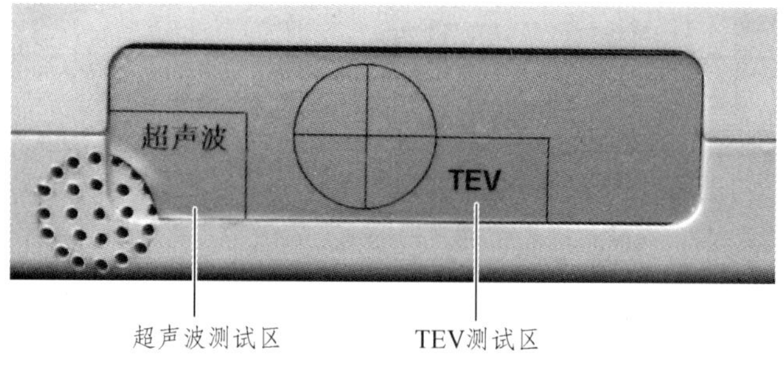

（d）主机顶端图

图 3-34　局部放电测试仪

注：

① TEV 测试区：在 TEV 测试模式下，将此区域对准被测点。

② 超声波测试区：在超声波测试模式下，将此区域对准被测点。

二、局部放电过程

开启仪器，确保 TEV 传感器处在离开金属体的空间中，否则会影响自检。选择 TEV 模式，测量时，应使 TEV 探头垂直地与在其上面要进行测量的金属体接触，如图 3-35 所示。

测量重点在开关柜中每一个面板的电缆盒、电流互感器室、母排室、断路器以及电压互感器等部件的中心位置，测量时记录每一个位置上的第一组读数，如果测到的幅值比背景干扰水平高出 10 dB，本身幅值大于 20 dB，应连续记录三组读数。

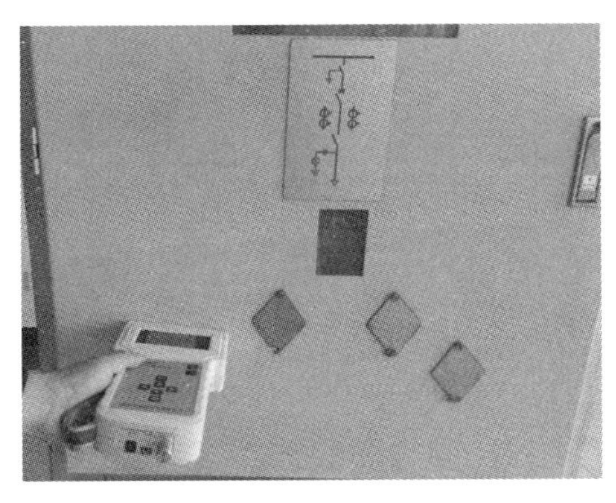

图 3-35　局部放电过程

超声波测量时，先开启仪器，并从菜单中选择超声波模式，插入提供的耳机并调整音量，读数会在显示屏上连续更新。首先测量背景噪声并记录，而当读数变得太大时，则应该减少增益。若要检查开关柜，应该将超声波传感器指向开关柜，尤其是断路器的端口、充气式电缆盒、电压互感器以及母排室上的空气间隙。放电可以根据耳机中发出的嗞嗞声（犹如煎锅中发出的声音）来识别。超声波装有激光瞄准功能，可以检测近处或远处的表面放电。该反射器是透明的，有助于精确地瞄准目标进行测量。

超声波模式显示界面如图 3-36 所示。

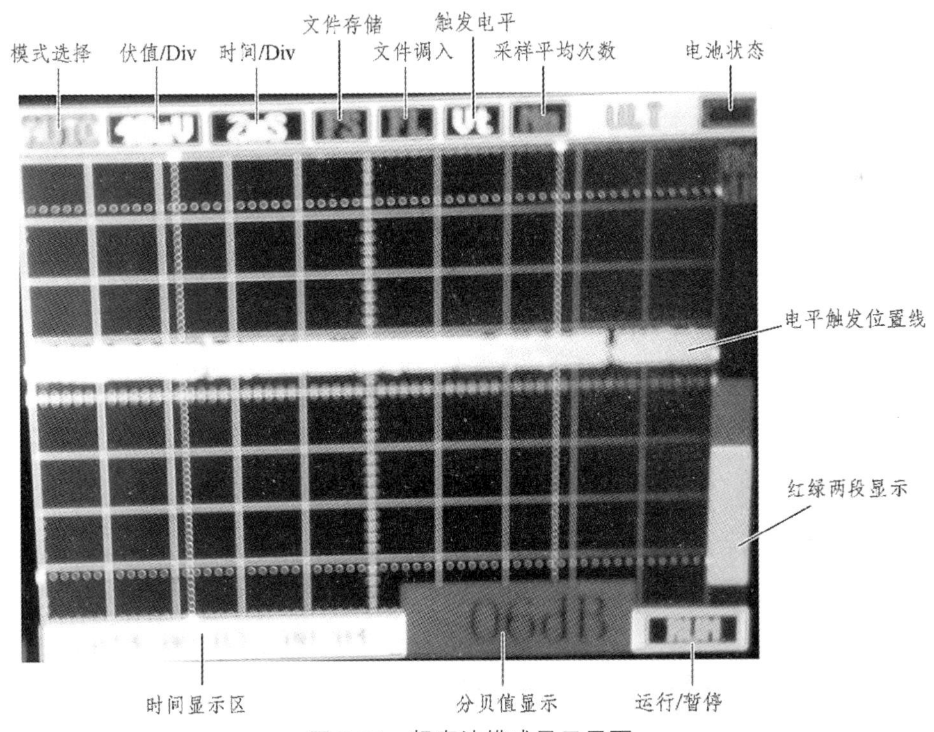

图 3-36　超声波模式显示界面

超声波界面中显示红、绿两段颜色，测量值<6 dB 显示绿色，测量值≥6 dB 显示红色。其中红色默认值：6 dB，其设置范围为 3 ~ 10 dB。

TEV 模式显示界面如图 3-37 所示。

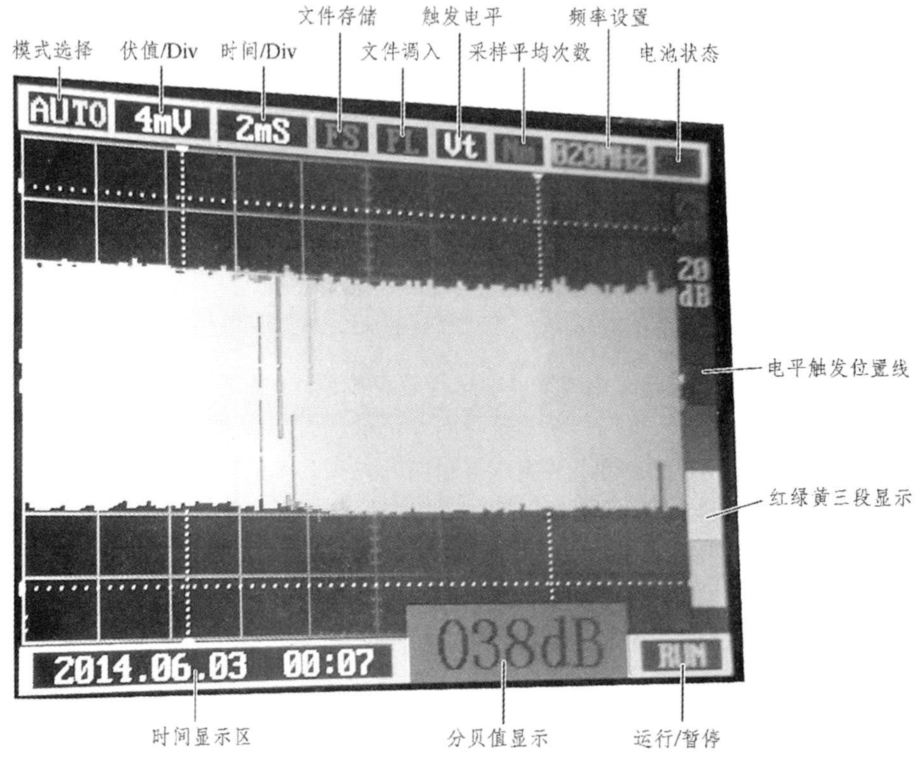

图 3-37 TEV 模式显示界面

TEV 显示红、绿、黄三段颜色，红色默认值为 29 dB（可设置为 25 ~ 34 dB），黄色默认值为 20 dB（可设置为 16 ~ 24 dB），测量值<20 dB 显示绿色，20 dB≤测量值<29 dB 显示黄色，测量值≥29 dB 显示红色。

三、数据分析（见表 3-10）

表 3-10 数据分析

TEV 读数	结 论
（1）高背景读数，即大于 20 dB	（1）高水平噪声可能掩盖开关柜内的放电； （2）可能是外部影响，应该消除外部干扰源再重新测试，或使用局部放电监测仪以识别开关柜中的任何放电
（2）开关柜和背景基准的所有读数都小于 20 dB	无重大放电，每年检查一次
（3）开关柜读数比背景水平高 10 dB，且绝对值读数大于 20 dB(不是比背景高 20 dB）	很有可能在开关柜有内部放电活动。建议用局部放电定位器或局部放电监测仪进一步检查

模块四　我要练

通过局部放电试验可以检测出哪些绝缘问题？它的原理是什么？

____

____

____

评价表

序号	1	2	3	4	5
项目名称	绝缘电阻测试	直流泄漏电流及耐压试验	介质损耗测量	耐压试验	局部放电试验
试验仪器	手动式摇表或电子式兆欧表	直流高压发生器	抗干扰介质损耗自动测试仪	交流耐压试验装置1套或串联谐振耐压试验装置1套	局部放电测量仪1套
试验内容	(1)测量变压器铁心及夹件绝缘电阻； (2)测量变压器绕组绝缘电阻、吸收比、极化指数； (3)测量变压器套管主绝缘及末屏对地绝缘电阻	(1)直流耐压试验； (2)直流泄漏电流	变压器介质损耗测量	交流耐压试验（串联谐振耐压试验）	变压器局部放电试验
项目要求	(1)说明油浸变压器绝缘试验原理； (2)现场就地操作演示并说明试验过程； (3)注意人身安全和设备安全，操作过程符合安全规程； (4)试验完毕后现场整理； (5)编写试验报告	(1)说明直流泄漏电流和直流耐压试验原理； (2)现场就地操作演示并说明试验的绝缘结构及材料； (3)注意人身安全和设备安全，操作过程符合安全规程； (4)被试品清洁； (5)编写试验报告	(1)说明介质损耗试验原理； (2)现场就地操作演示并说明试验的绝缘结构及材料； (3)注意人身安全和设备安全，操作过程符合安全规程； (4)被试品清洁； (5)编写试验报告	(1)说明交流耐压试验原理； (2)现场就地操作演示并说明试验的绝缘结构及材料； (3)注意人身安全和设备安全，操作过程符合安全规程； (4)被试品清洁； (5)编写试验报告	(1)说明局部放电试验原理； (2)现场就地操作演示并说明试验的绝缘结构及材料； (3)注意人身安全和设备安全，操作过程符合安全规程； (4)被试品清洁； (5)编写试验报告
第一步：工具准备	(1)安全工器具：验电器、绝缘杆、接地线、连接导线、放电棒、警戒围栏、警示牌。 (2)绝缘工器具：绝缘手套、绝缘靴、安全帽、安全带、绝缘胶垫、绝缘梯。 (3)工具检查与摆放。 ① 划分试验区域与操作区域，正确摆放试验设备与被试品，并保持两者的安全距离； ② 准备相关测试线、鳄鱼夹、接地线等； ③ 准备其他工器具：万用表、温湿度计等				

续表

第二步：风险控制	（1）试验前做好“两穿三戴”（穿工作服、穿绝缘靴、戴安全帽、戴绝缘手套、戴验电笔）； （2）试验场所设置栅栏，向外悬挂“止步，高压危险”标示牌； （3）如需登高，做好高空防护； （4）测试期间禁止接触设备； （5）试验前试验人员须按“工作票”要求做好安全措施
第三步：试验接线	（1）按试验项目要求接线，所有试验接线必须可靠牢固； （2）试验仪器须可靠接地； （3）人员和设备应保持足够的安全试验距离； （4）试验前后做好安全监护制度和安全防护制度
第四步：试验操作	（1）电气试验必须由两人以上进行，一人操作一人监护。 （2）进入仪器操作界面设置试验参数。 （3）升压必须从零开始缓慢上升，升压速度不能过快，防止突然加压，试验完成后应降至零位。 （4）高压试验中必须执行呼唱制度。 （5）在升压试验过程中，如发现下列不正常情况，应停止试验，查明原因。 ① 电压、电流表指针摆动幅度较大； ② 被试品发出异响； ③ 发现被试品有烧焦或冒烟现象，应立即降压，切断电源，停止试验并查明原因。 （6）变更接线或试验结束后，应先降压、断电并对试验设备接地放电，在确认被试品可靠接地后，方可进入试验区进行拆装试验线
第五步：数据记录	（1）记录仪器设备名称、型号； （2）记录被试品名称、型号； （3）记录试验数据； （4）记录被试品历史试验数据
第六步：结果分析	整理现场，确认工完场清。 （1）试验数据和出厂试验报告对比应符合试验规程； （2）试验数据和交接试验报告对比应符合试验规程； （3）试验数据应符合电力行业或国标试验规程标准

项目四

高压特性试验

工单一　直流电阻测量

模块一　操作工单：直流电阻测量

（一）试验名称及仪器	（二）试验对象
直流电阻测试 直流电阻测试仪	变压器、互感器、发电机、电动机、分流器和导线电缆等
（三）试验目的	**（四）测量步骤**
（1）能有效发现变压器线圈的选材不当，以及焊接、连接部位松动、缺股、断线等制造缺陷。 （2）检查层、匝间有无短路现象。 （3）检查分接开关各个位置接触是否良好。 （4）检查并联支路的正确性，是否存在断裂情况。 （5）检查绕组或引出线有无断裂或接触不良	（1）接线：通过专用测试线将被测设备与当地测试柱连接，并连接相关的地线。 （2）量程选择：打开电源开关，在显示屏上选择相应的量程。 （3）测试：选择好量程后，按确认键开始测试，“充电”数秒后，显示屏显示“正在测试”，表示已充电并进入测量状态。几秒钟后，显示屏将同时显示选定的量程值和测量出的电阻值。 （4）记录测量数值：测量数值稳定后，应记录电阻值。 （5）结束：测试后，按下复位键，仪器电源将从绕组断开，同时有放电、声音报警。然后显示屏回到初始状态，放电后，可重新连接，进行下一次测量，或取下测试线和电源线结束测量

续表

（五）注意事项	（六）技术标准
（1）试验时电力变压器直流电阻测试仪金属外壳一定要可靠接地。 （2）在测无载调压变压器倒分接前一定要复位，被试品需充分放电后，方可进行拆线，以确保人身、设备安全和数据的准确性。 （3）在测量过程中严禁拆接测试线，须等仪器复位并放电后，再进行拆线，以防止对人身和设备产生伤害。 （4）选择合适的量程进行测试，不要超量程或者欠量程使用。超量程时，由于电流达不到预设值，仪器一直处在“正在放电”状态；欠量程时，会显示“电流太小”。 （5）测试夹与变压器绕组的引出端子连接时，要注意引出端长期裸露在空气中，引出端的表面覆盖一层氧化膜，会导致测量结果不准确，在接线时需要清理氧化膜，测试夹与引出端需确保连接良好	（1）1.6 MV·A 以上的变压器，相电阻不平衡应不大于 2%；无中性点引出的绕组，线电阻不平衡应不大于 1%。 （2）1.6 MV·A 以下的变压器，相电阻不平衡应不大于 4%；无中性点引出的绕组，线电阻不平衡应不大于 2%。 （3）测得值与以前（出厂或交接时）相同部位测得值比较，其变化不应大于 2%。 （4）上述判断结果应该换算到同一温度下进行比较，同时也应该校正引线的影响。由公式 $R_2 = R_1 \times (t + t_2) / (t + t_1)$，可以将不同温度下的电阻值换算到相同温度下的电阻值。式中，R_1 和 R_2 分别为温度在 t_1 和 t_2 时的电阻值；t 为计算常数，当导线为铝线时，t 取值为 225，当导线为铜线时，t 取值为 235
（七）结果判断	**（八）数字资源**
（1）测量变压器直流电阻时，由于电感较大，一定要充电到位，将自感效应降到最小，待直流电阻测试仪指针基本稳定后再读取电阻值。 （2）直流电阻测试仪结果判断要进行横向和纵向比较，对温度、湿度、测量仪器、测量方法、相间差、接线方式、分接开关、接触不良、断线等影响因素进行分析。 （3）直流电阻与温度成正比，不同油温下的直流电阻不同，应将不同温度下测量的直流电阻换算成同一温度，方便比较。 （4）直流电阻测试仪结果判断要综合考虑相关因素，具体分析设备测量数据的发展和变化过程。 （5）直流电阻测试仪结果判断重视综合方法的分析判断与验证	GIS 导电回路电阻测试 

模块二　跟我学

直流电阻测试是变压器半成品制造、成品出厂试验、交接试验、大修、更改分接开关时的必测项目。图 4-1 为被雷击坏的中性点抽头的变压器。

图 4-1　被雷击坏的中性点抽头的变压器

一、测量直流电阻的意义

由于变压器安装完成后，其内部结构由绝缘介质密封，通过测量变压器三相的直流电阻能检查以下问题：

① 检查绕组内部导线和引线的焊接质量。

② 检查分接开关各个位置接触是否良好。

③ 检查绕组或引出线有无折断处。

④ 检查并联支路的正确性，测量多条并联绕制成型的绕组是否发生断线情况。

⑤ 检查层、匝间有无短路现象。

二、试验标准

试验标准是依据《电气装置安装工程　电气设备交接试验标准》（GB 50150—2016）规定。变压器等直流电阻和回路电阻合格标准如表 4-1 所示。

表 4-1　直流电阻或回路电阻合格标准

序号	电力设备	合格标准	备　注
1	变压器	（1）1.6 MV · A 以上变压器，各相绕组电阻相互间的差别不应大于三相平均值的 2%，无中性点引出的绕组，线间差别不应大于三相平均值的 1%。 （2）1.6 MV · A 及以下变压器，相间差别一般不大于三相平均值的 4%，线间差别一般不大于三相平均值的 2%。 （3）与以前相同部位测得值比较，其变化不应大于 2%	110 kV 及以下变压器为 6 年；220 kV、500 kV 变压器为 3 年，无载分接开关变换分接位置或者有载分接开关大修后需要进行测量
2	互感器	直流电阻与初始值或者出厂值比较应无明显差别（在 ±3%内）	
3	断路器、隔离开关	断路器测量值不大于出厂值的 120%，隔离开关测量值不大于出厂值的 150%	直流电压降压法测量，电流不小于 100 A

续表

序号	电力设备	合格标准	备　注
4	电抗器	（1）三相绕组间的差别不应大于三相平均值的 4%。 （2）与上次测量值相差不大于 2%	
5	发电机	定子绕组：汽轮发电机各相或各分支的直流电阻值与出厂值相差不得大于最小值的 1.5%（水轮发电机为 1%）。 转子绕组的直流电阻：与初次（交接或大修）所测结果比较，其差别一般不超过 2%	

模块三　我要做

一、变压器直流电阻测试

（一）接　线

单相测量法，以测量变压器 AB 相为例。红色粗线为电流正极接线端，接到仪器 I+上，红色细线为电压正极接线端，接到 V+上，红色线对应的测试钳接到变压器 A 相。黑色粗线为电流负极接线端，接到仪器 I−上，黑色细线为电压负极接线端，接到 V−上，黑色线对应测试钳接到变压器 B 相，如图 4-2 所示。AB 相测量完毕，依次测量 BC 相、CA 相，再依次测量 ab、bc、ca 相。如果变压器有分接开关，每一挡的分接开关对应位置都要测量直流电阻。

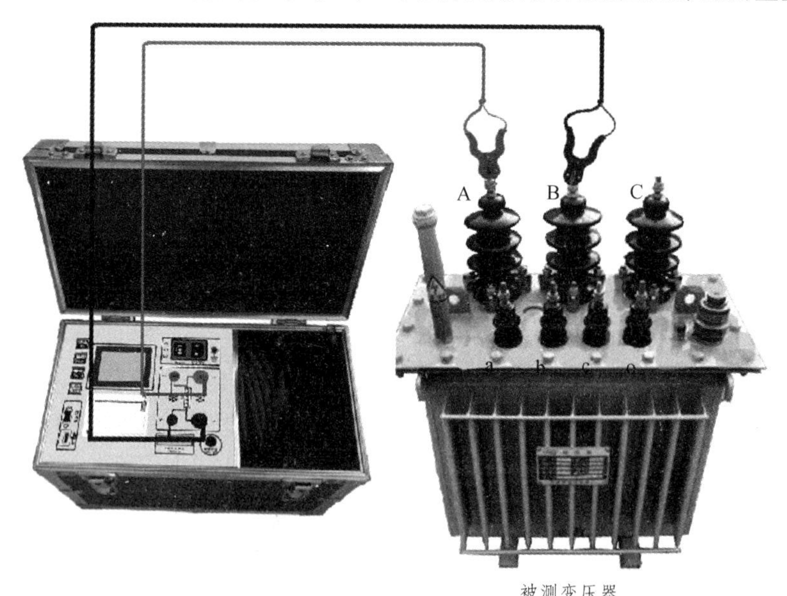

图 4-2　变压器高压侧 AB 相直流电阻测试接线图

（二）直流电阻测试操作步骤

开机后进入主界面进行参数设置，移动光标在选择设置、查询数据、选择电流上进行功

能选择，点击“选择电流”键可以选择不同的待选测试电流值挡位量程（自动、10 A、5 A、1 A、200 mA、40 mA、<5 mA），如图 4-3 所示。

图 4-3　直流电阻测试仪主界面及量程设置

根据变压器容量确定测试电流后，按确认键启动测量。当选择自动测试时，仪器会根据被试品情况自动选择合适的电流进行测试。启动测量后，屏幕在显示充电和测试过程后会显示所测量值，待数值稳定后，记录直流电阻测量值。变压器容量越大，充电时间会越久，稳定时间可能需要 5 ~ 30 min。测量过程如图 4-4 所示。其中，R 为实测电阻，R_t 为折算电阻。测试结果稳定后，仪器自动保存测试数据。折算温度请参考温度设置，如果不进行温度设置，则默认为上一次设定值。显示测试结果后，长按选择键可打印测试结果。

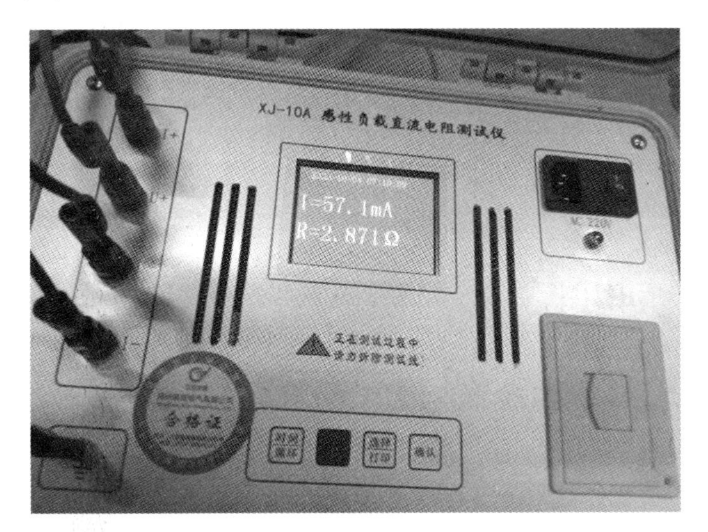

图 4-4　直流电阻测试过程及数值

测试完毕后，按复位键，仪器停止输出电流，屏幕恢复初始状态，放电后根据分接开关更改接线方式，进行下一组试验测量。

直流电阻试验报告见附录二中表 1、表 3、表 5、表 8。

二、试验注意事项

由于不同的测量电流对应一定的电阻测量范围，测量时应选择大小合适的测试电流。电流过大，可能导致绕组发热，使电阻值误差增大，且可能在变压器铁心处造成较大的剩磁；而测试电流过小，则可能使测量时间增长。所以选择测试电流时需综合考虑对应的电阻测试范围、测量时间长短以及可能产生剩磁对变压器的影响等。

禁止在测量过程中断开电流或电压测试线。测试完毕，应先按复位键，仪器及变压器放电后方可断电拆线，否则将有可能导致人员触电。

三通道直流电阻测量可同时测量三相绕组直流电阻、对高压侧有载调压变压器直流电阻，可大大缩短测试时间，但由于三通道测量值中不包括中性点引线电阻，它对变压器中性引线接触等状况的判断不具有确定性，在三通道测量前可事先用单通道测量一至两个分接挡位，以便单/三通道测量值比较和检查中性引线的状况，且在试验报告上应注明三通道测试，以便测试比较和备查。因此，变压器制造过程中不宜采用三通道测量方法。三通道测量对于单一位置 YN 绕组三相电阻测试时间比传统四端法还要长，不具有缩短测试时间的优势，如电厂主变高压侧为无载分接宜采用传统四端法测试。

特别说明的是，对于铁路牵引变压器绕组直流电阻测量，普速铁路三相 Vv 接线变压器（额定电压：110/27.5 kV，接线方式 Vv0/Vv6）或者高铁单相变压器（额定电压：220/2 × 27.5 kV），从外观上看是三相变压器，但其本质上是由两台单相变压器组成，所以在测量时应按单相变压器步骤测量。普速铁路 Vv 接线变压器一次侧分别测量 AB、BC，二次侧测量 T1-x1、T2-x2 的直流电阻值，高铁单相变压器一次侧分别测量 A-X 侧，二次侧测量 a1-x1、a2-x2 的直流电阻值。当使用三通道直流电阻测试仪时，不能用三通道测试，需要使用 AB 和 ab 端的单通道测量，如图 4-5 所示。

（a）铁路三相 Vv 联结牵引变压器

（b）220 kV 组合式三相 Vv 联结牵引变压器

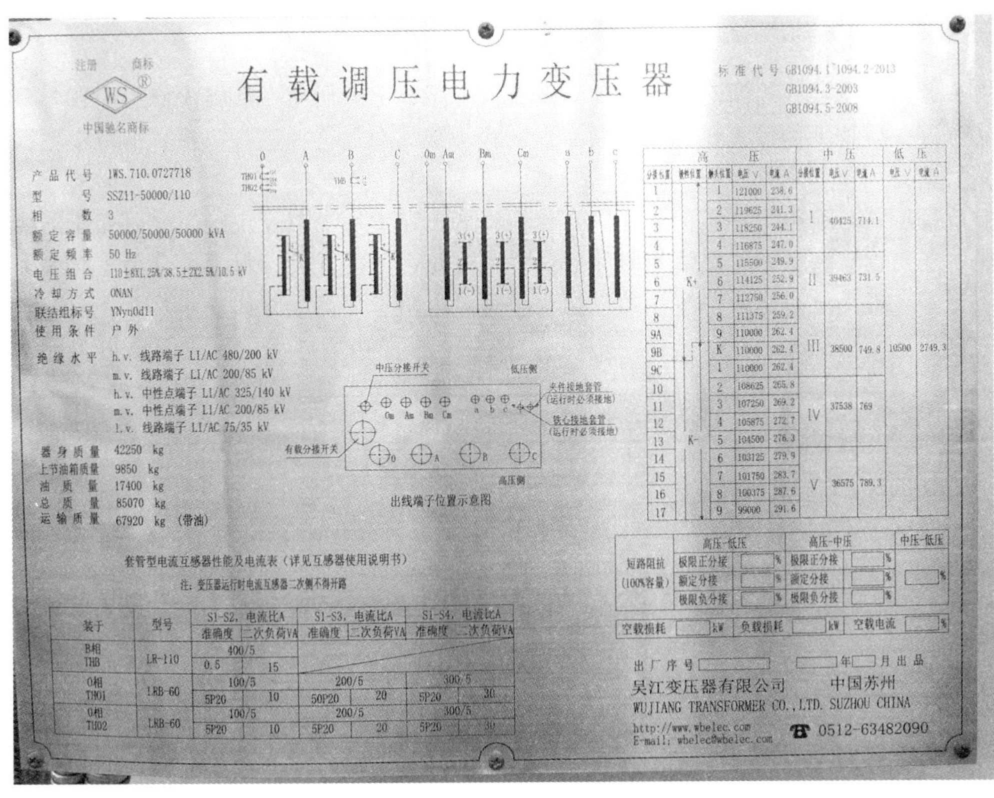

（c）有载调压电力变压器

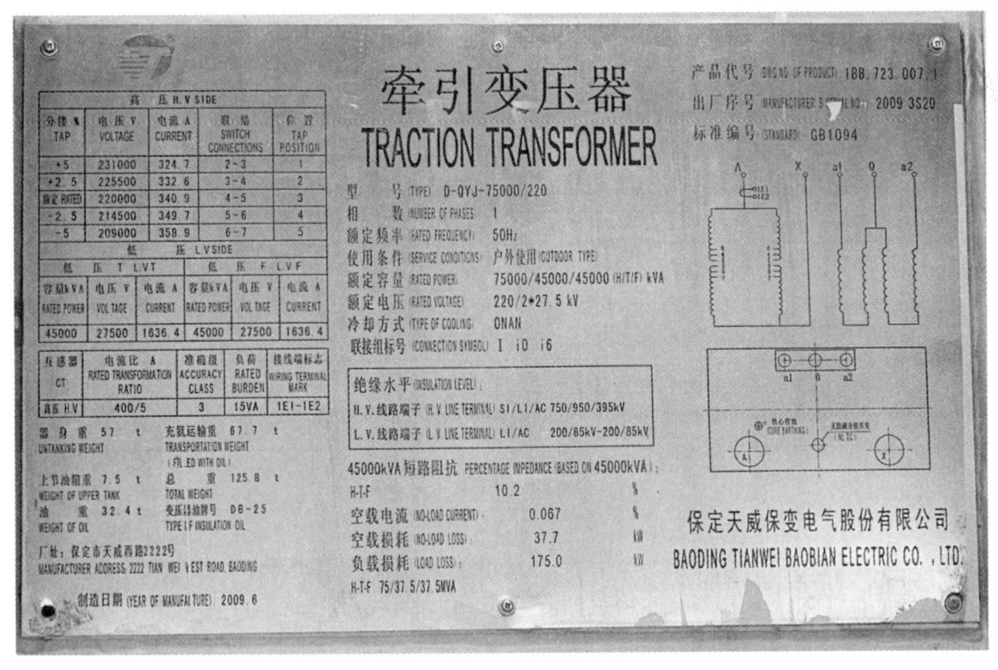

（d）高铁单相变压器

图 4-5　铁路牵引变压器绕组直流电阻测量

三、测试结果判断

有载调压变压器应在所有分接头上测量直流电阻，无载调压变压器大修后应在各侧绕组的所有分接头位置上测量直流电阻，预防性试验一般只在运行挡进行测量，运行中更换分接头位置后，必须重新测量直流电阻。

影响变压器直流电阻测试的一些因素包括：变压器上层油温及绕组温度对变压器绕组直流电阻的测得值有直接影响；测量时非被试绕组开路、分接开关接触不良、测量时线夹接触位置不当等也对测试有影响。变压器三相绕组直流电阻不平衡原因如表 4-2 所示。

表 4-2　变压器三相绕组直流电阻不平衡原因

序号	故障原因	说　明	数据表现
1	绕组匝间短路	（1）YN 绕组：故障相电阻值减小，非故障相电阻值正常； （2）Y 绕组：与故障相相关的相间电阻值减小，非故障相之间电阻值正常； （3）△绕组：三组相间电阻值均减小，两组电阻值基本相同，另一组电阻值最小	电阻偏小
2	分接开关接触不良	主要是分接开关触头不清洁、电镀层脱落、弹簧压力不够等原因造成	三相绕组数据偏差大，不平衡率大
3	焊接不良	引线和绕组焊接处焊接不良，或多股并联绕组其中一两股没有焊上	电阻偏大
4	绕组断线	（1）YN 绕组：故障相无法充电测量，非故障相电阻值正常； （2）Y 绕组：与故障相相关的相间电阻无法充电测量，非故障相之间电阻值正常； （3）△绕组：三组相间电阻值均增大，没有断线的两相线端电阻为正常时的 1.5 倍，断线相线端的电阻为正常值的 3 倍（注：此处是指绕组内部断线而非引出线断线）	断线绕组数据偏大或无法显示
5	接线不当	测量接线与变压器接头连接位置不对，即测量时电压引线在电流引线的外侧或与电流引线在同一位置，致使接触处电阻也包括在测量值之内	接触电阻增大
6	测量方法不当	测量过程中给绕组充电时间不够，或测量某一绕组时，未将其他绕组与接地体断开，或其他绕组短接	读数不准确

模块四　我要练

1. 绝缘电阻与直流电阻的本质区别是什么？直流电阻测试在高压试验中的作用是什么？

____

____

____

2. 除了变压器之外，还可以使用哪些装置来测试直流电阻？

工单二　回路电阻测量

模块一　操作工单：回路电阻测量

（一）试验名称及仪器	（二）试验对象
回路电阻测量 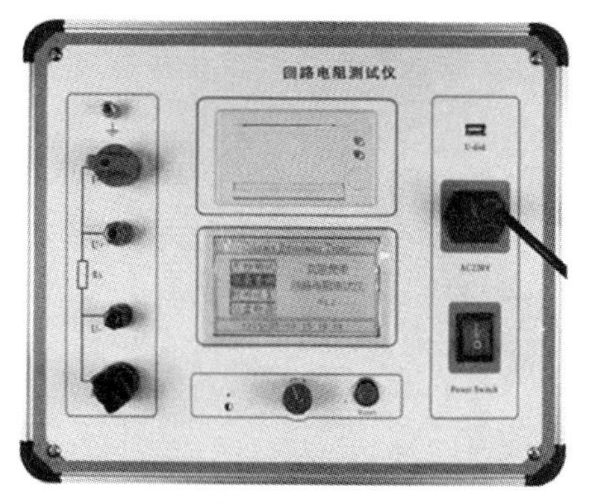 回路电阻测试仪	各种高、低开关设备，导线，电缆等
（三）试验目的	**（四）测量步骤**
测量闭合状态下导电回路的接触电阻，接触面是否存有氧化层。检查回路是否有接触缺陷，接触是否良好	（1）按测量接线图要求接线； （2）打开电源，要求测试电流应不小于 100 A，按下测试键开始测量； （3）测量显示值稳定后，保存数据； （4）测量结束后，待仪器放电完毕后断开仪器电源； （5）挂接好放电棒，拆除高压试验接线； （6）拆除仪器端电压、电流线； （7）最后拆除接地线
（五）注意事项	**（六）技术标准**
（1）回路电阻测试仪器应可靠接地； （2）确保测量线夹面的接触，测试电流应不小于 100 A； （3）清除被试设备接线端子接触面的油漆及金属氧化层，试验前对断路器进行几次分闸、合闸操作，减少导电回路氧化膜对测试结果的影响； （4）为减少测量线的电压降对测试带来的误差，尽量减少测量线的长度和选用导线截面面积足够大的测量线； （5）测量过程中防止断路器突然分闸或测量回路突然断开（如测量线脱落）； （6）测量真空开关主回路电阻时，禁止将电流线夹在开关触头弹簧上，防止烧坏弹簧	《回路电阻测试仪、直阻仪》（JJG 1052—2009）和电力行业标准 DL/T 596，对断路器导电回路电阻采用直流压降法测量，电流不小于 100 A

续表

（七）结果判断	（八）数字资源
（1）大修后及交接时应符合制造厂规定； （2）运行中不大于 1.2 倍出厂值； （3）开关：1 250 A 开关回路电阻技术要求≤42 μΩ，1 600 A 开关回路电阻技术要求≤35 μΩ	（1）开关回路电阻测试 （2）隔离开关导电回路电阻试验

模块二　跟我学

回路电阻和直流电阻的区别在于应用的电气设备和测试电流的范围不同，回路电阻测试仪可以在 100 ~ 600 A 电流条件下测量，而直流电阻测试仪通常在 1/3/5/10/30 A 的位置测量。直流电阻主要应用在变压器检测中，回路电阻主要应用在断路器和隔离开关等设备上。

一、回路电阻测试的目的

高压开关设备的导电回路由若干导体组成，通过导体接触导电。导电回路的直流电阻不仅包括导体本身材料的直流电阻，还包括各种电接触的接触电阻，GIS 的导电回路则更复杂。导体本身的电阻取决于导体材料的电阻率和几何尺寸。

电气开关设备长期运行中触头的接触电阻受化学腐蚀、机械磨损、电磨损、开合时短路触头熔焊等因素的影响。如果接触电阻过大，在长期工作电流下热量将随着电阻的增加而增大，电接触的温度急剧上升，可能造成绝缘材料绝缘性能下降和机械强度下降，接触表面氧化，导致进一步恶化，严重时可能使触头局部熔焊，影响到开关的正常分合。当通过短路电流时，还会影响开关的动、热稳定性能和开断性能。接触电阻受材料性质（铝、铜、银、锡）、接触的形式（点接触、线接触、面接触）、接触压力、接触面的加工工艺 4 个主要因素的影响。因此在高压开关的型式试验、出厂试验、交接试验和预防性试验中，规定了导电回路的电流电阻测量试验项目。电气开关设备每相导电回路电阻值是其安装、检修和质量验收的一项重要数据，通过测量掌握电接触的接触状况，从而保证开关设备的安全运行，如图 4-6 所示。

图 4-6　35 kV 断路器和隔离开关

回路电阻测试是测量开关在合闸状态下导电回路的接触电阻，检查回路有无接触性缺陷，是否接触良好，接触面是否存有氧化层。开关设备导电回路的电阻主要取决于断路器（隔离开关）的动、静触头间的接触电阻。接触电阻的存在，增加了导体在通电时的损耗，使接触处的温度升高，其值的大小直接影响正常工作时的载流能力，在一定程度上影响短路电流的切断能力。

二、高压开关导电回路测试

电气开关设备要求电接触在长期通过额定电流时，温升不超过一定数值，接触电阻要求稳定。在短时通过短路电流时，要求电接触不发生熔焊或触头材料的喷溅现象等。在关合过程中，要求触头能关合短路电流，不发生熔焊或严重损坏；在开断过程中，要求触头在开断电流时电磨损尽可能小。

高压开关的导电回路直流电阻值是通过该产品的型式试验确定的。《高压交流开关设备和控制设备标准的共用技术要求》（GB/T 11022—2020）规定：温升试验前后应进行直流电阻测量，测量应在试品载流导体温度与周围空气温度相同的条件下进行，温升试验前后两次测得的电阻差不得超过温升试验前测得的电阻值的 20%。这个规定就是要求必须通过实际测量来确定直流电阻值，从而保证长期载流和短时通过极限电流的性能。出厂试验时测量直流电阻，要求尽可能在与产品的型式试验相似的条件下（周围空气温度、测量的部位）进行。测得的电阻不应该超过温升试验前测得的电阻的 120%。

测量方法主要采用直流压降法，导电回路通一定的直流电流（一般不小于 100 A），用直流电压表测量导电回路的电压降，然后用欧姆定律计算出导电回路的直流电阻。由于通过试品的电流比较大，足以破坏接触表面的金属氧化膜，从而减少了测量误差。回路电阻仪里的毫伏表测得的数据比较准确。直流压降法原理如图 4-7 所示。

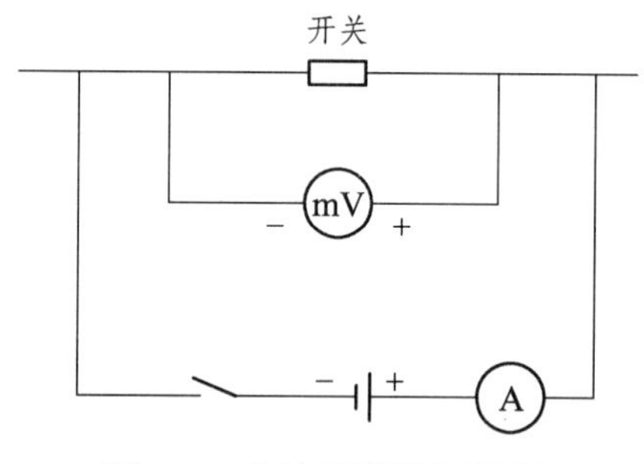

图 4-7　直流压降法原理图

真空断路器、SF_6 断路器、隔离开关等敞开式高压开关设备进行导电回路的直流电阻测量时，注意电压引线接在靠近触头侧，电流引线分别接在电压引线的外侧，电压引线和电流引线要确保接触良好，必要时需用砂子将接触面打磨。在测量前，应先将开关在额定操作电压、额定气压（额定油压）状况下电动分合几次，以使触头能良好地接触，从而使测量结果能够反映真实情况。SF_6 断路器能通过的短路开断电流都比较大，LN2-40.5 型 SF_6 断路器铭牌如图 4-8 所示。

PG 户内高压六氟化硫手车式断路器

型　　号	LN2-40.5/1250A-31.5	编　　号	23110401
额定电压	40.5 kV	额定短路开断电流	31.5 kA
额定电流	1250 A	热稳定时间	4 S
额定频率	50 Hz	SF 额定气压	0.65 MPa
额定操作顺序	O-0.3s-CO-180s-CO		
配用操动机构	ZN93-210	SF6气体重	1.5 kg
重　　量	500 kg		2023 年 11 月

中国·陕西平高智能电气有限公司
China Shanxi Pinggao Smart Electric Co., Ltd.

图 4-8　LN2-40.5 型 SF_6 断路器铭牌

回路电阻试验接线图如图 4-9 所示。

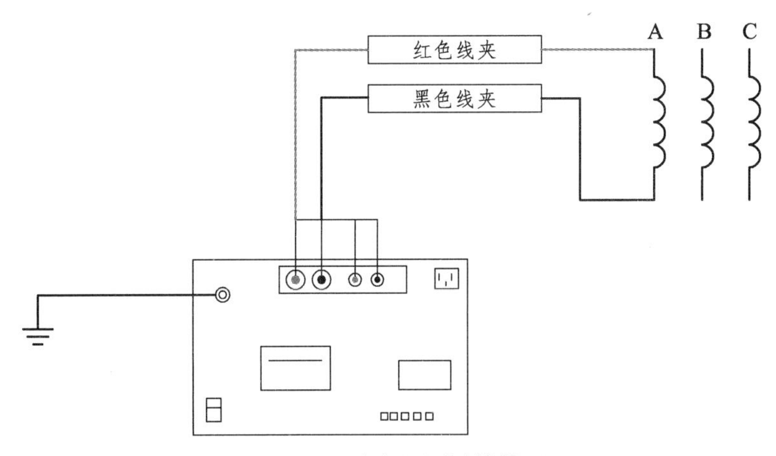

图 4-9　回路电阻测试接线图

试验规程如表 4-3 所示。

表 4-3　导电回路电阻预防性试验规程

导电回路电阻	（1）交接时； （2）每年春季预防性试验时； （3）大修后； （4）必要时	（1）大修后及交接时应符合制造厂规定。 （2）运行中不大于 1.2 倍出厂值。 （3）开关：1 250 A 开关回路电阻技术要求≤42 μΩ，1 600 A 开关回路电阻技术要求≤35 μΩ	如用直流压降法测量，电流应不小于 100 A

注：① 测回路电阻时，触头弹簧不能通过大电流；
② 电流电压线夹应接触良好。

模块三　我要做

一、GIS 主回路电阻测量方法

GIS 主回路电阻测量主要利用接地开关回路进行测量。如果接地开关对外壳的连接处有绝缘，则打开连接处就可测量。如果接地开关对外壳的连接处没有绝缘，则首先测量 GIS 外壳的电阻 R_1，再测量出回路与外壳并联后的电阻值 R_2，然后计算主回路的电阻 $R = R_1R_2/(R_1 - R_2)$。有架空线引入套管的也可以在套管侧注入测量电流，测量点尽可能细密。

如图 4-10 所示为高精度回路电阻测试仪。

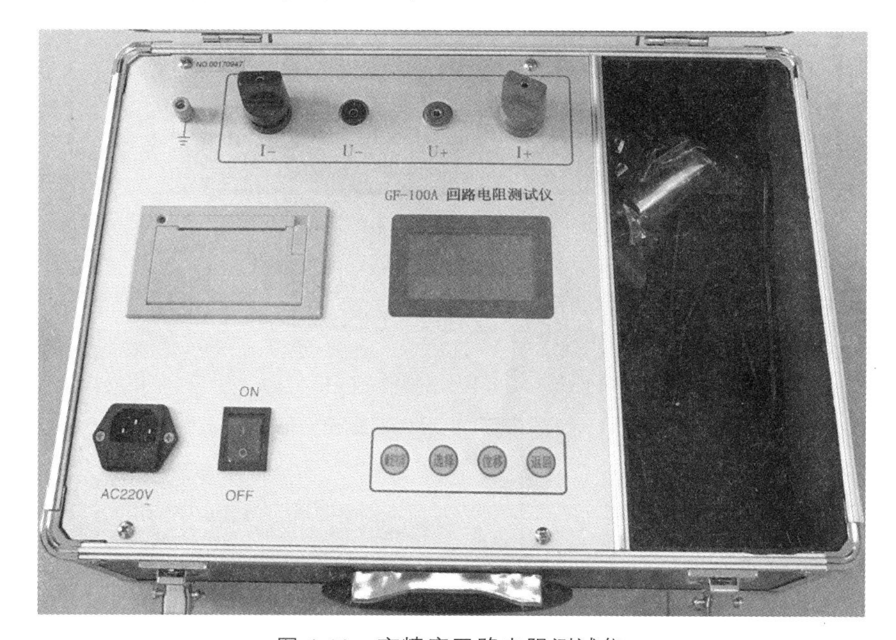

图 4-10　高精度回路电阻测试仪

GIS 回路电阻测量接线原理如图 4-11 所示。

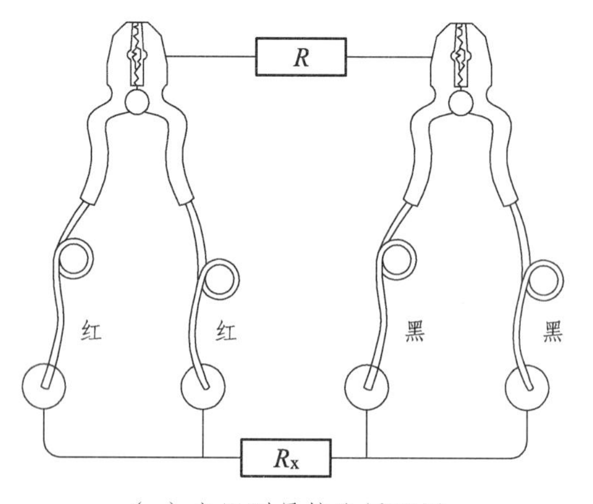

（a）电阻测量接线原理图

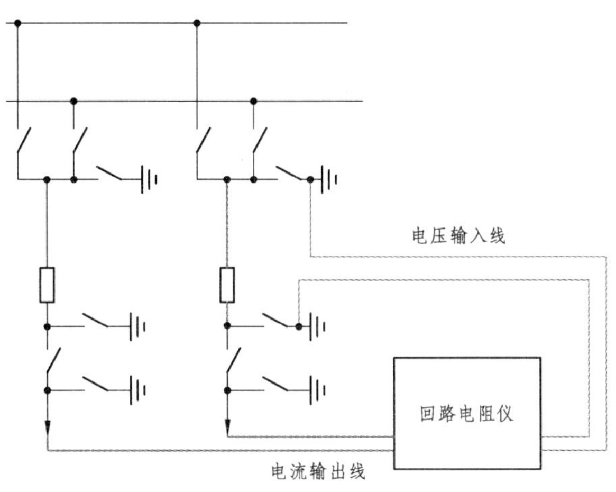

（b）从套管引入电流，从接地开关测量电压接线图

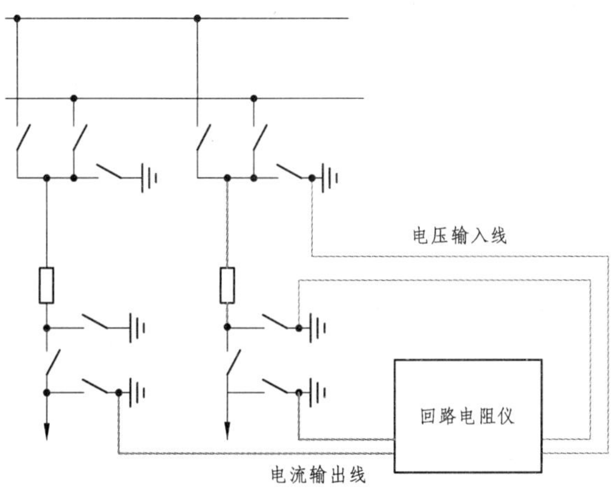

（c）从接地开关引入电流，从接地开关测量电压接线图

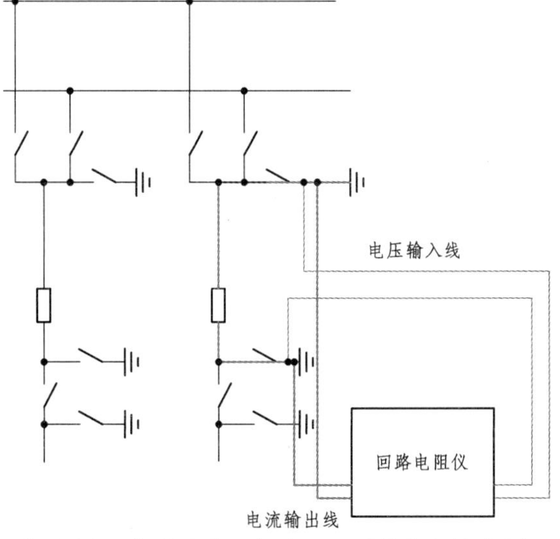

（d）同一位置既引入电流，又测量电压接线图

图 4-11　GIS 回路电阻测量接线图

二、回路电阻测量

正确连线后，开机进入测量主界面，如图 4-12 所示。

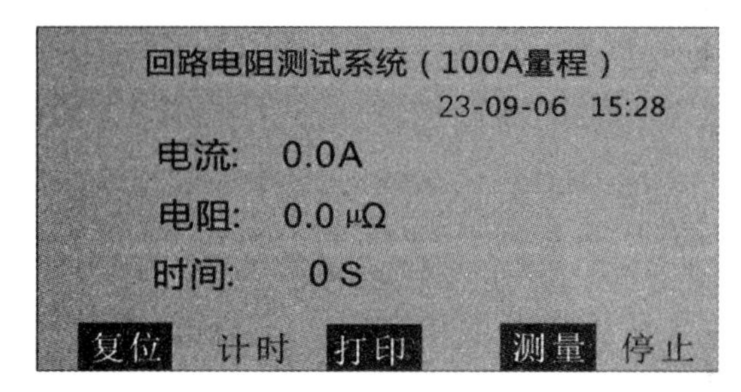

图 4-12　测量主界面

单击“计时”按测量时间设定，如图 4-13 所示。

图 4-13　测量时间设定菜单

单击“测量”键进行测量，测量结果为 20 μΩ，数据合格，如图 4-14 所示。

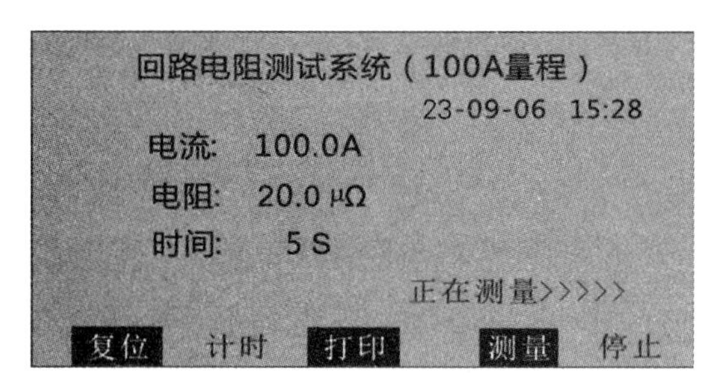

图 4-14　测量结果

回路电阻试验报告见附录二中表 6。

回路电阻试验规程如表 4-4 所示。

表 4-4　回路电阻试验规程

试验项目	例行试验标准（基准周期：3 年）	交接试验标准
主回路电阻测量	与出厂初值之差<30%	测试结果应符合产品技术条件的规定

试验注意事项：

（1）回路通入直流电流值 100 A 到额定电流之间的任一值，并保持 1 min。

（2）测量应选用反映平均值的仪表，测量表计等的精度不低 0.5 级。

（3）电压表接在被测回路内侧，在电源回路接通后通过开关切换接入，以防止测量时断路器突然分闸或测量回路突然开断损坏。

（4）当红外热像显示断口温度异常、相间温差异常，或试验检测后达 100 次以上分、合闸操作，也应进行本项目检测。

（5）回路电阻测试仪应可靠接地，并确保测量电缆的接触表面接触良好，测试电流不应小于 100 A。去除测试设备端子连接接触表面的油漆和金属氧化物层。测试前对断路器进行多次分闸和合闸操作，以最大限度地减少导电电路氧化膜对测试结果的影响。当测试电缆开路时，不允许通电，这可能损坏仪器。为减少测量线的电压降对测试带来的误差，尽量减少测量线的长度和选用导线截面面积足够大的测量线。

（6）测量过程中防止断路器突然分闸或测量回路突然断开（如测量线脱落）。

（7）测量真空开关主回路电阻时，禁止将电流线夹在开关触头弹簧上，防止烧坏弹簧。

测量值超过厂家规定的技术条件或三相比较差别较大时，检查下述原因：

（1）触头表面氧化或有损伤；

（2）触头间残存有机械颗粒或碳化物；

（3）因机构卡涩、触头弹簧断裂、退火等原因造成触头压力下降；

（4）因触头调整不当导致触头有效接触面积减小；

（5）导电回路连接处螺栓松动。

模块四　我要练

1. 通过测试断路器的回路电阻可以发现哪些缺陷？

____

____

____

2. 断路器导电回路电阻测试的目的是什么？

____

____

____

工单三　变比与组别测量

模块一　操作工单：变比与组别测量

（一）试验名称及仪器	（二）试验对象
变比组别试验  多功能变比组别测试仪	测量单相、三相变压器及互感器的变比和接线组别
（三）试验目的	（四）测量步骤
（1）检查变压器绕组分接电压比是否合格。 （2）检查变比是否与铭牌相符。 （3）判定绕组各分接的引线和连接是否正确。 （4）变压器故障后，检查绕组匝间是否存在匝间短路。 （5）判断变压器是否满足并联运行	（1）按要求接好高、低压绕组测试线。 （2）开机后将仪器测试参数设置好。 （3）按测试键，完成测试后，记录测试数据。 （4）保存或打印数据，然后切断电源。 （5）被测量设备充分放电。 （6）拆除测试线
（五）注意事项	（六）技术标准
（1）接测试线前应对变压器进行充分放电。 （2）按试验要求接测试线，试品和仪器接线应牢固可靠。 （3）在测量过程中，严禁触摸试品	电压 35 kV 以下，电压比小于 3 的变压器电压比允许偏差为 ±1%；其他所有变压器额定分接电压比允许偏差 ±0.5%，其他分接的电压比应在变压器阻抗电压值的 1/10 以内，但允许偏差不得超过 ±1%
（七）结果判断	（八）数字资源
变压器各分接头的电压比与铭牌值相比，不应有显著差别，变比大于 3 时，误差需小于 0.5%；变比不大于 3 时，误差需小于 1%	（1）变压器变比和组别测试  （2）变压器全自动变比测试 

模块二　跟我学

一、变压器简介

变压器铭牌上的变比和连接组别是变压器的重要参数之一，是变压器并联运行的重要条件，若并列运行的变压器接线组别不一致，运行后的两台变压器之间将出现环流。在变压器生产制造、出厂、交接和大修后都应测量绕组的接线组别与铭牌值是否相符。铁路 220 kV 电力变压器及铭牌如图 4-15、图 4-16 所示。

图 4-15　三相 220 kV 铁路电力变压器外观

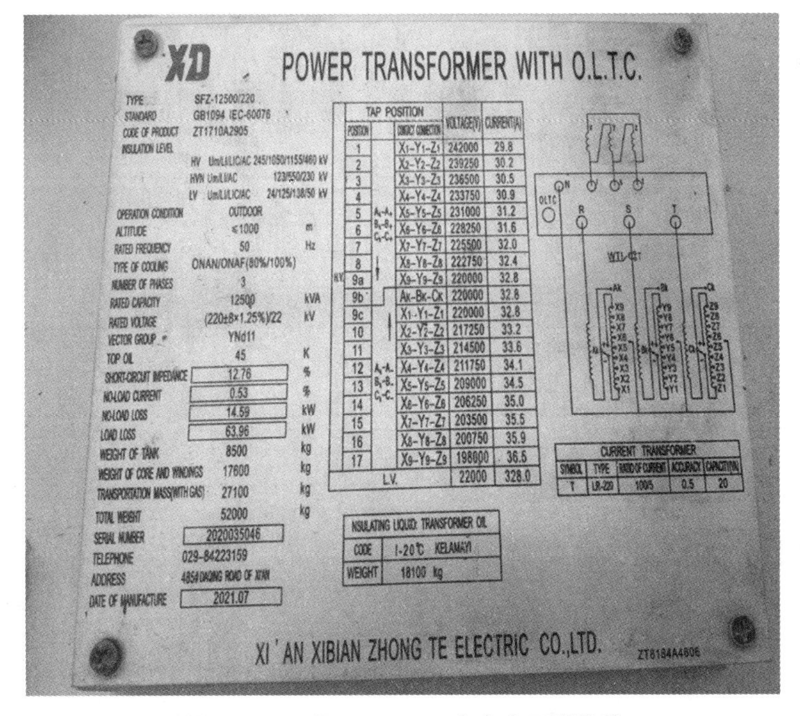

图 4-16　三相 220/20 kV 电力变压器铭牌

二、变压器变压比试验

变压比是变压器的一个重要的性能指标，测量变压器变压比的目的如下：

（1）保证绕组各个分接的电压比在技术允许的范围之内。

（2）检查绕组匝数的正确性，检查变比是否与铭牌相符，以保证对电压的正确变换。

（3）判定绕组各分接的引线和分接开关连接是否正确。

（4）判断变压器绕组是否存在层、匝间金属性短路等现象。

（5）为变压器能否投入运行或并联运行提供依据。

在变压器空载运行的条件下，高压绕组 AX 侧的电压 U_1 和低压绕组 ax 侧的电压 U_2 之比（见图 4-17）称为变压器的变压比：

$$K=\frac{U_1}{U_2}$$

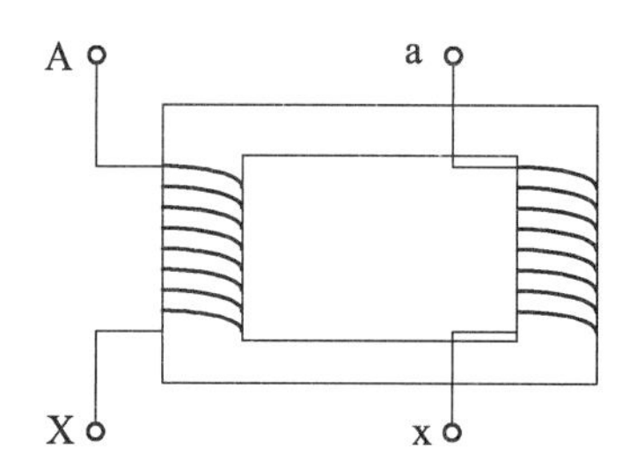

图 4-17　变压器一次绕组和二次绕组的电压之比原理图

变压比合格标准如表 4-5 所示。

表 4-5　变压比合格标准

序号	电力设备	合格标准
1	变压器	电压 35 kV 以下，变压比小于 3 的变压器变压比允许偏差为 ±1%；其他所有变压器额定分接变压比允许偏差 ±0.5%，其他分接的变压比应在变压器阻抗电压值的 1/10 以内，但允许偏差不得超过 ±1%
2	互感器	互感器接头的变压比与铭牌值相比，不应有显著差别，变压比大于 3 时，误差需小于 0.5%；变压比小于等于 3 时，误差需小于 1%

三、变压器的组别

变压器接线组别就是指二次侧绕组线电势和一次侧绕组对应线电势的相位差，与绕组的绕线方式、绕组线端的标志方向、三相绕组的接线方式有关，如图 4-18 所示。

三相变压器一、二次侧线电压间的夹角取决于线圈的连接法，二次线电压落后一次线电压的角度有 30°、60°、90°、120°、150°、180°、210°、240°、270°、300°、330°、360°十二种，分别对应为 1、2、3、4、5、6、7、8、9、10、11、12 点十二种接线。

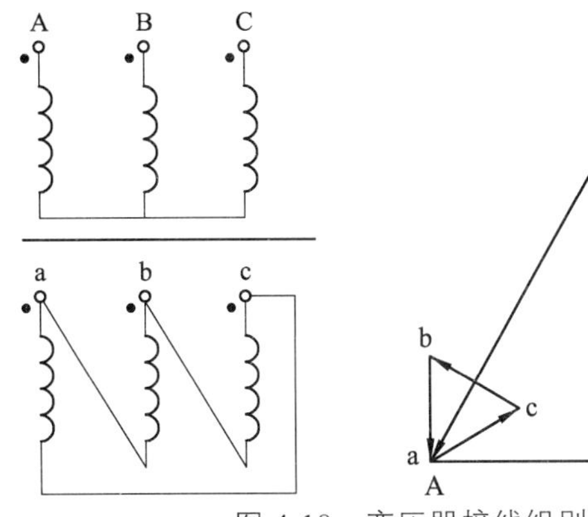

图 4-18 变压器接线组别

变压器接线组别有两种接法，即“三角形接线”和“星形接线”，用“D”表示三角形接线，Y 表示星形接线，n 表示带中性线，如“Yn”表示为星形带中性线的接线。根据组合，变压器接线方式有 4 种基本连接方式，“Yy”“Dy”“Yd”“Dd”，我国规定只使用“Yy”“Yd”两种。其中 Y 连接分为带中性线和不带中性线两种。Yy 联结的三相变压器，共有 Yy0、Yy2、Yy4、Yy6、Yy8、Yy10 六种偶数的联结组别标号，Yd 联结的三相变压器，共有 Yd1、Yd3、Yd5、Yd7、Yd9、Yd11 六种奇数的联结组别标号。常用的标准组别有：Yyn0 组别的三相电力变压器，用于三相四线制配电系统中，供电给动力和照明的混合负载；Yd11 组别的三相电力变压器，用于低压高于 0.4 kV 的线路中；YNd11 组别的三相电力变压器，用于 110 kV 以上的中性点需接地的高压线路中；YNy0 组别的三相电力变压器，用于原边需接地的系统中；Yy0 组别的三相电力变压器，用于供电给三相动力负载的线路中。

常用的主要接线组别如表 4-6 所示。

表 4-6 几种常用的线圈连接的特点和适用范围

连接法	特点与适用范围
Y/Y	（1）线圈导线截面大，线圈的空间利用率高，适用于配电变压器，也可用于联络变压器或三相负载对称的特种变压器。 （2）中性点可引出，可供三相四线制负载，但对于单相变压器组成的三相组（以下简称单相组）或三相三柱旁轭式铁心的变压器（以下简称三柱旁轭式），其一次侧中性点必须与电源中性点连接，否则不能采用此种连接法。 （3）对于三相三柱式铁心的变压器（以下简称三柱式），其一次侧中性点不能与电源中性点连接。而二次侧供三相四线制负载时，中线电流应加以限制
△/△	（1）线圈导线截面小，线圈的空间利用率低，只适用于低电压大电流变压器。 （2）允许三相负载不对称，一相发生故障时，其余两相按 V 接法可继续运行，此时三相输出容量减为原来的 $1/\sqrt{3}$（对于三相变压器，故障相的线圈须与其余两相断开并开路，如故障是由于匝间短路，则不能改接成 V 接法继续运行）。 （3）无三次谐波电压，但不能供三相四线负载，也不适用于高电压变压器
Y/△或△/Y	（1）无三次谐波电压，适用于各类大、中型变压器。△/Y 连接法用于配电变压器时，允许三相负载不对称程度比 Y/Z 连接法大些，中性线电流允许达到额定电流的 75%左右，但引线结构较复杂，△接法的缺点同△/△连接法的第一点。 （2）Y 接法的中性点可引出。 （3）任意一相的一个线圈发生故障，变压器必须停止运行

续表

连接法	特点与适用范围
Y/Z	（1）中性点可引出，可供三相四线制负载，适用于配电变压器或特种变压器，允许三相负载不对称的程度可比 Y/Y 连接法大些，中性线电流允许达到额定电流的 40%左右。 （2）Z 接法相电压中无三次谐波分量。 （3）与 Z 接法线圈比较，Z 接法线圈的导线多用 15.5%，且只宜用于低压线圈
△/Y	（1）同△/Y 连接法第（1）及（3）点，但只适用于配电变压器或特种变压器。 （2）同 Y/Z 连接法第（3）点

依据《电气装置安装工程　电气设备交接试验标准》（GB 50150—2016），当变压器分接开关引线拆装后或更换绕组后须检测变比与组别。

（1）检查所有分接头的电压比，与制造厂铭牌数据相比应符合“无明显差别”规程，且符合规律。“无明显差别”规程：电压 35 kV 以下，电压比小于 3 的变压器电压比允许偏差为 ± 1%；其他所有变压器，额定分接电压比允许偏差 ± 0.5%，其他分接的电压比应在变压器阻抗电压值的 1/10 以内，但允许偏差不得超过 ± 1%。

（2）检查变压器的三相接线组别和单相变压器引出线的极性，必须与设计要求及铭牌上的标记和外壳上的符号相符。

（3）输变电设备绕组各分接位置电压比状态检修试验规程：

① 初值差不超过 ± 0.5%（额定分接位置）；± 1.0%（其他）（警示值）。

② 对核心部件或主体进行解体性检修之后，或怀疑绕组存在缺陷时，进行本项目。结果应与铭牌标识一致。

220 kV 三相有载调压电力变压器的铭牌如图 4-19 所示。

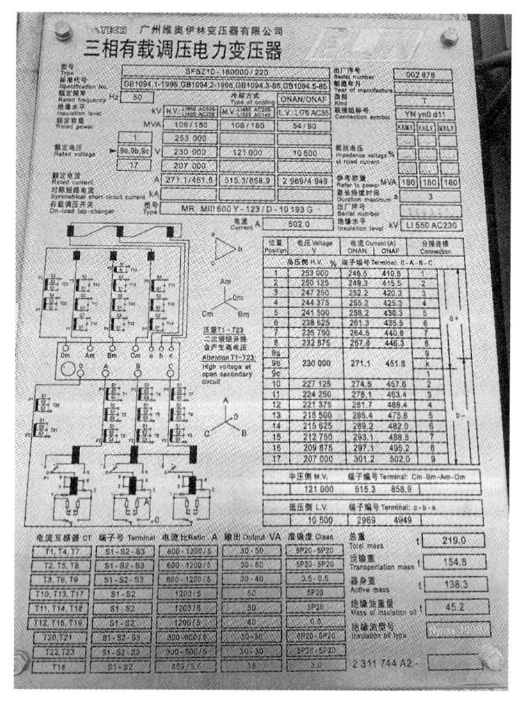

图 4-19　220 kV 三相有载调压电力变压器铭牌

模块三　我要做

一、变压器变比组别测试

（一）变压器变比接线图（见图 4-20）

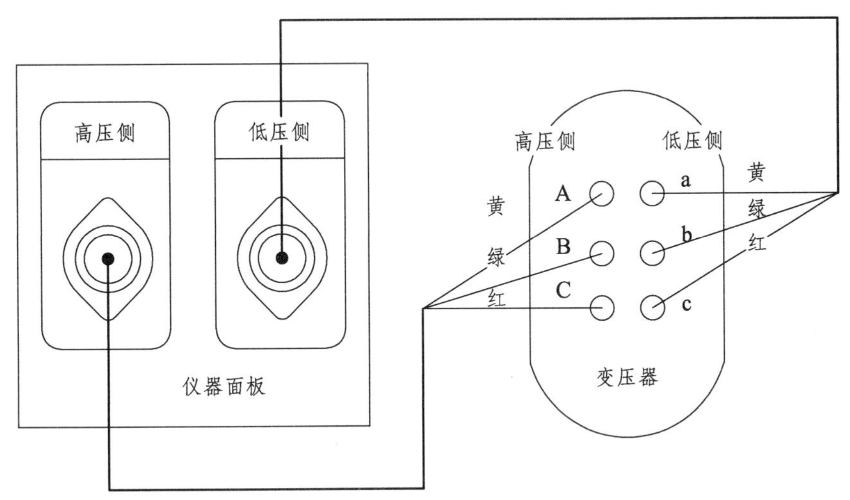

图 4-20　变压器变比试验仪器接线图

（二）试验步骤

（1）拆除变压器的一次、二次接线。

（2）将变压比自动测试仪的高压输出 A、B、C 接变压器的一次端 X、Y、Z，低压输出 a、b、c 接变压器的二次端子 x、y、z，如图 4-20 所示。

（3）先接接地端，后接仪器端，将变比测试仪接地。

（4）在变比测试仪上分别输入“变压器组别”“总分接数”“级差”和“额定变比”。

（5）测试完成后，记录测试数据。

（6）变压器充分放电后，拆除变压器测试线。

（7）恢复变压器一次、二次接线。

（8）出清现场。

全自动变比组别测试仪如图 4-21 所示。

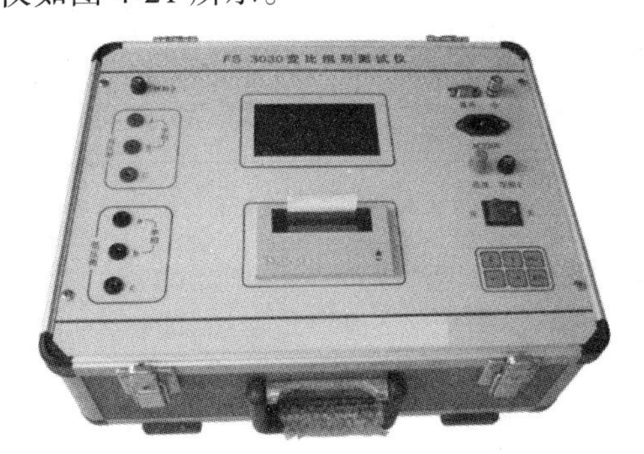

图 4-21　全自动变比组别测试仪

二、试验操作方法

（1）连线。

关掉仪器的电源开关，仪器的 A、B、C 接变压器的高压端，a、b、c 接低压端。单相和三相接线方式如表 4-7 所示。

表 4-7　单相和三相接线方式

单相变压器		三相变压器	
仪器端	变压器端	仪器端	变压器端
A	A	A	A
B	X	B	B
C	不接	C	C
a	a	a	a
b	x	b	b
c	不接	c	c

变压器的中性点不接仪器，也不接大地。接好仪器地线。

（2）打开仪器的电源开关，进入接线方法设置后，根据变压器实际铭牌情况选择：单相变压器或者三相变压器中的 Yy、Yd、Dd、Dy，测量三相变压器时，不知道接线方法时选择 Dy。根据变压器实际铭牌设置变比，例如 10 kV/0.4 kV 的变压器，可以输入变比为 25，按确认保存数据退出。按测量键开始测量，测量完成后，显示测量结果如图 4-22 所示。

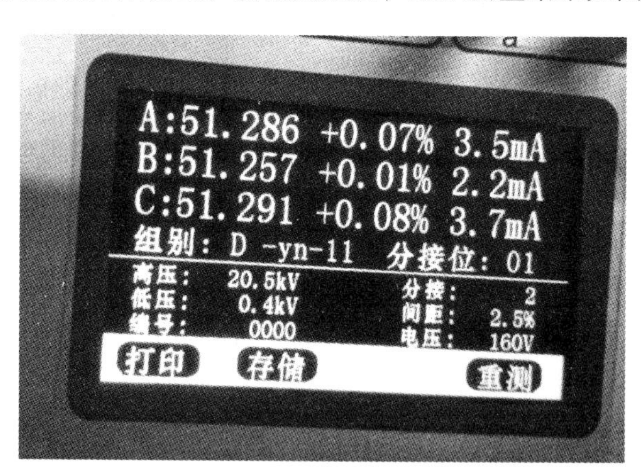

第 3 次	共 3 次
组别：12 点	
AB：25.007	0.03%
BC：25.009	0.04%
CA：25.000	0.00%
↑：翻页　→：打印	确认：返回

图 4-22　变比组别测试结果

如图 4-22 所示，左边为 AB 相的变比（数值为 25.007、25.009、25.000），右边为 AB 相的相对误差（数值为 0.03%、0.04%、0.00%），如果实测变比的相对误差大于 10%，则显示“>10%”。如果实测变比的相对误差小于−10%，则显示“<−10%”。

变比试验报告见附录二中表 2、表 3、表 4、表 5。

三、试验结果分析

根据试验结果，结合有关标准《电力设备预防性试验规程》（DL/T 596—2021）和出厂数据，以及同类设备的试验数据进行比较。

四、注意事项

为了正确使用测试仪器，得出准确的变压比误差，在测试中应注意以下问题：

变压器与测试仪接线中，高、低压侧不能接反。在测试中，测试仪的“高、低压侧接反”指示灯亮，应及时关机，检查并更改接线后再测试，否则高压将会进入桥体。测试过程中，不允许接触变压器和测试仪的接线端子。在试验前根据铭牌值输入变压器组别，仪器自动将实际测量值与铭牌值计算出相对误差比值。

变压器的变压比应该在每一个分接下进行测量，对于所有的分接开关挡位，都需要分别对应测量，根据铭牌值注意分接开关接头位置是否错误。检查仪器设置挡位与变压器的实际挡位是否一致。带有载调压装置的，采用电动操动装置更改分接开关位置后测量。

在测量组别时，对于变压比大的变压器，应选择较高的电压和小量程的直流毫伏表、微安表或万用表；对于变压比小的变压器，选用较低的电压和较大量程的毫伏表、微安表或万用表。

模块四　我要练

变压器变比合格的标准是什么？

____

____

____

工单四　变压器油色谱分析

模块一　操作工单：油色谱分析

（一）试验名称及仪器	（二）试验对象
变压器油色谱分析 变压器油色谱分析仪器	充油电力设备
（三）试验目的	（四）测量步骤
对油中溶解气体的色谱进行分析，能早期发现充油设备内部潜伏性故障的性质、程度和部位，避免事故的发生	（1）从变压器本体和有载调压开关取样口取出油样。 （2）接通油色谱分析仪电源。 （3）选用分析方法并设置仪器参数。 （4）开始测量样品。 （5）测量结束后，记录或保存数据
（五）注意事项	（四）技术标准
（1）取油样应在空气干燥的晴天进行。 （2）装油样的容器，应刷洗干净，并经干燥处理后方可使用。 （3）油样应从注油设备底部的放油阀来取，擦净油阀，放掉污油，待油干净后取出油样。 （4）取油样过程中应尽可能减少与外界空气的接触，确保油样中无气泡，取完油样后尽快将容器封好，严禁杂物混入容器。 （5）取完油样后，应将油阀关好，以防漏油。 （6）试验前检查氮气、空气、氢气气瓶是否有足够压力	（1）《绝缘油中溶解气体组分含量的气相色谱测定法》（GB/T 17623—2017）。 （2）《变压器油中溶解气体分析和判断导则》（DL/T 722—2014）

续表

（七）结果判断	（八）数字资源
（1）分析气体产生的原因及变化。 （2）判断有无故障及故障类型，如过热、电弧放电、火花放电和局部放电等。 （3）判断故障的状况，如热点温度、故障回路严重程度及发展趋势等。 （4）提出相应的处理措施，如能否继续进行，以及运行期间的技术安全措施和监视手段，或是否需要吊芯检修等。若需加强监视，则应缩短下次试验的周期	（1）气相色谱测试仪  （2）自动张力测试仪 

模块二　跟我学

一、变压器油分析气相色谱法

（一）变压器油分析意义

电力系统主要是采用气相色谱法检测充油电气设备油中是否溶解气体；正常情况下电气设备内的绝缘油及有机绝缘材料，在热和电的作用下，会逐渐老化和分解，产生少量的各种低分子烃类及二氧化碳和一氧化碳等。这些气体大部分溶于油中，当设备存在潜伏性过热或放电故障时，就会加快这些气体的产生速度。随着故障发展，分解出的气体形成气泡，在油里经对流、扩散，不断溶解在油中。采用气相色谱法在设备运行过程中定期分析溶于油中的气体，就能尽早发现设备内部存在的潜伏性故障，并随时掌握故障的发展情况和采取必要的措施。

（二）变压器油气体的产生

充油的电力设备（如变压器、电抗器、电流互感器、充油套管和充油电缆等）的绝缘主要是由矿物绝缘油和浸在油中的有机绝缘材料（如电缆纸、绝缘纸板等）所组成的。其中矿物绝缘油即变压器油，是石油的一种分馏产物，其主要成分是烷烃（C_nH_{2n+2}）、环烷族饱和烃（C_nH_{2n}）、芳香族不饱和烃（C_nH_{2n-2}）等化合物。有机绝缘材料主要由纤维素（$C_6H_{10}O_5$）构成。在正常运行状态下，由于油和固体绝缘会逐渐老化、变质，会分解出极少量的气体（主要有 H_2、CH_4、C_2H_6、C_2H_4、C_2H_2、CO、CO_2 等 7 种）。当电力设备内部发生过热性故障、放电性故障或受潮情况时，这些气体的产量会迅速增加。这些气体大部分溶解在绝缘油中，少部分上升到绝缘油的油面上，例如变压器有一部分气体从油中逸出进入气体继电器（瓦斯继电器）。油中气体的各种成分含量的多少和故障的性质及程度直接有关。因此在设备运行过程中，定期测量溶解于油中的气体组织成分和含量，能及早发现充油电力设备内部存在的潜伏性故障。

（三）特征气体产生的原因

油中各种气体成分可以从变压器中取油样经脱气后用气相色谱分析仪分析得出。根据这些气体的含量、特征、成分比值（如三比值）和产气速率等方法判断变压器的内部故障。实际应用中不能仅根据油中气体含量简单作为划分设备有无故障的唯一标准，而且应结合各种

可能的因素进行综合判断，变压器内部故障时产生的气体及产生原因如表 4-8 所示。

表 4-8　变压器内部故障时产生的气体及产生原因

气体	产生的原因	气体	产生的原因
H_2	电晕放电、油和固体绝缘热分解、存在水分	CH_4	油和固体绝缘热分解、放电
CO	固体绝缘受热及分解	C_2H_6	固体绝缘热分解、放电
CO_2	固体绝缘受热及分解	C_2H_4	高温热点下油和固体绝缘热分解、放电
烃类气体		C_2H_2	强弧光放电、油和固体绝缘热分解

二、电力变压器的油色谱判别及分析

目前，在电力变压器的故障诊断中，单靠电气试验的方法往往很难发现某些局部故障和发热缺陷，而通过变压器中气体的油色谱分析这种化学检测的方法，对发现变压器内部的某些潜伏性故障及其发展程度的早期诊断非常灵敏而有效。

当变压器内部发生过热性故障、放电性故障或内部绝缘受潮时，这些气体的含量会逐渐增加。对应这些故障所增加含量的气体成分见表 4-9。

表 4-9　不同绝缘故障气体成分的变化

故障类型	主要增加的气体成分	次要增加的气体成分	故障类型	主要增加的气体成分	次要增加的气体成分
油过热	CH_4、C_2H_4	H_2、C_2H_6	油中电弧	H_2、C_2H_2	CH_4、C_2H_4、C_2H_6
油纸过热	CH_4、C_2H_4、CO、CO_2	H_2、C_2H_6	油纸中电弧	H_2、C_2H_2、CO、CO_2	CH_4、C_2H_4、C_2H_6
油纸中局放	H_2、CH_4、C_2H_2、CO	C_2H_6、CO_2	受潮或油有气泡	H_2	
油质中火花放电	C_2H_2、H_2				

根据色谱分析进行变压器内部故障诊断时，应包括：

（1）分析气体产生的原因及变化。

（2）判断有无故障及故障类型，如过热、电弧放电、火花放电和局部放电等。

（3）判断故障的状况，如热点温度、故障回路严重程度及发展趋势等。

（4）提出相应的处理措施，如能否继续运行，以及运行期间的技术安全措施和监视手段，或是否需要吊芯检修等。若需加强监视，则应缩短下次试验的周期。

三、特征气体变化与变压器内部故障的关系

（一）变压器油故障判断标准

《规程》对变压器中溶解的气体含量进行了规定，只要其中的任何一项超过标准规定，则

应引起注意，查明气体产生的原因，或进行连续检测，对其内部是否存在故障或故障的严重性及其发展趋势进行评估。变压器中溶解气体含量的标准如表 4-10 所示。

表 4-10　变压器油中气体含量规定值

气体组分	总烃（甲烷、乙烷、乙烯、乙炔）	乙炔	氢气
含量/（μL/L）	150	5	150

注：500 kV 变压器乙炔含量的注意值为 5 μL/L。

《规程》规定，烃类气体总的产气速率大于 0.25 mL/h（开放式）和 0.5 mL/h（密封式）时，或相对产气速率大于 10%/min 时，可判断为变压器内部存在异常。

变压器纤维绝缘材料在高温下分解产生的气体主要是 CO、CO_2，而碳氢化合物很少。当油纸绝缘遇电弧作用时，还会分解出更多的乙炔气体。由于 CO、CO_2 气体的测量结果分散性很大，目前还没有规定相应的标准。

《规程》规定了变压器油中气体含量的劣化判定标准，利用该标准可以判定变压器油是否劣化，但不能判定故障性质和状态。

（二）变压器油故障定性分析

利用特征气体分析法可以进行变压器故障原因的判断。油中溶解的气体可反映故障点引起的周围油、纸绝缘的电、热分解本质。气体特征随故障类型、故障能量及其涉及的绝缘材料的不同而不同，即故障点产生烃类气体的不饱和度与故障源的能量密度之间有密切关系。利用特征气体分析法可以比较直观、方便地分析判断故障的大致类型。特征气体成分定性分析及故障部位如表 4-11 所示。

表 4-11　特征气体成分定性分析及故障部位

故障类型	主要成分	特征气体描述	故障可能部位
局部放电	H_2、CH_4	总烃不高、H_2>100 μL/L、CH_4 为总烃的主要成分	绕组局部放电、分接开关触点间局部放电
火花放电	H_2	总烃不高、C_2H_2>10 μL/L、H_2 含量高	绕组短路、分接开关接触不良、绝缘不良
电弧放电	H_2、C_2H_2	总烃高、C_2H_2 高并且是构成总烃的主要成分、H_2 含量高	绕组短路、分接开关闪烙、弧光短路
一般过热	CH_4、C_2H_4	总烃不高、C_2H_2<5 μL/L	导体过热、分接开关故障
严重过热	CH_4、C_2H_4	总烃高、C_2H_2>5 μL/L 但未构成总烃的主要成分、H_2 含量较高	金属导体过热（温度达 1 000 °C 以上）

当 H_2 含量增大，而其他气体组分不增加时，有可能是由于设备进水或有气泡引起水和铁的化学反应，或在高电场强度作用下，水或气体分子的分解或电晕作用所致。

乙炔含量是区分过热和放电两种故障性质的主要指标。但大部分过热故障，特别是出现高温热点时，也会产生少量乙炔。例如，1 000 °C 以上时，会有较多的乙炔出现，但 1 000 °C

以上的高温既可以由能量较大的放电引起，也可以由导体过热引起。分接开关过热时，会出现乙炔。低能量的局部放电，并不产生乙炔，或仅产生很少量的乙炔。

电弧作用下变压器油和固体绝缘分解出气体百分比如表4-12所示。

表4-12　电弧使变压器油及固体绝缘分解出气体百分比（%）

气体	H_2	C_2H_2	CH_4	C_2H_4	CO	CO_2	O_2	N_2
变压器油	57～74	14～24	0～3	0～1	0～1	0～3	1～3	2～12
油浸纸板	40～58	14～21	1～10	1～11	13～24	1～2	2～3	4～7
油-酚醛树脂	41～58	4～11	2～9	0～3	24～35	0～2	1～3	2～6

（三）变压器故障诊断三比值法

三比值法是用五种气体的三对比值，用不同的编码表示不同的三对比值和不同的比值范围来判断变压器的故障性质。三比值法的编码规则如表4-13所示，判断故障性质的三比值法如表4-14所示。

表4-13　三比值法的编码规则

特征气体的比值	比值范围编码			说　明
	C_2H_2/C_2H_4	CH_4/H_2	C_2H_4/C_2H_6	
<0.1	0	1	0	$C_2H_2/C_2H_4=1\sim3$ 时，编码为1； $CH_4/H_2=1\sim3$ 时，编码为2； $C_2H_4/C_2H_6=1\sim3$ 时，编码为1
0.1～1	1	0	0	
1～3	1	2	1	
>3	2	2	2	

表4-14 判断故障性质的三比值法

序号	故障性质	比值范围编码			典型例子
		C_2H_2/C_2H_4	CH_4/H_2	C_2H_4/C_2H_6	
0	无故障	0	0	0	正常老化
1	低能量密度的局部放电	0	1	0	含气空腔中的放电，这种空腔是由于不完全浸渍、气体过饱和、空吸作用或高湿度等原因造成的
2	高能量密度的局部放电	1	1	0	同上，但已导致固体绝缘的放电痕迹或穿孔
3	低能量的放电	1→2	0	1→2	不同电位的不良连接点间或者悬浮电位体的连续火花放电。固体材料之间油的击穿
4	高能量放电	1	0	2	有工频续流的放电。线圈、线匝之间或线圈对地之间的油的电弧击穿，有载分接开关的选择开关切断电流

续表

序号	故障性质	比值范围编码			典型例子
		C_2H_2/C_2H_4	CH_4/H_2	C_2H_4/C_2H_6	
5	低于 150 °C 的热故障	0	0	1	通常是包有绝缘的导线过热
6	150 ~ 300 °C 低温范围的热故障	0	2	0	由于磁通集中引起的铁心局部过热，热点温度以下述情况为顺序而增加：铁心中的小热点，铁心短路，由于涡流引起的铜过热，接头或接触不良（形成焦炭），铁心和外壳的环流
7	300 ~ 700 °C 中等温度范围的过热	0	2	1	
8	高于 700 °C 高温范围的热故障	0	2	2	

当变压器内部存在高温过热和放电性故障时，绝大部分情况下 $C_2H_2/C_2H_4>3$，于是可选用三比值法中其余两项构成直角坐标，CH_4/H_2 作纵坐标，C_2H_2/C_2H_6 作横坐标，形成 T（过热）D（放电）分析判断图，如图 4-23 所示。

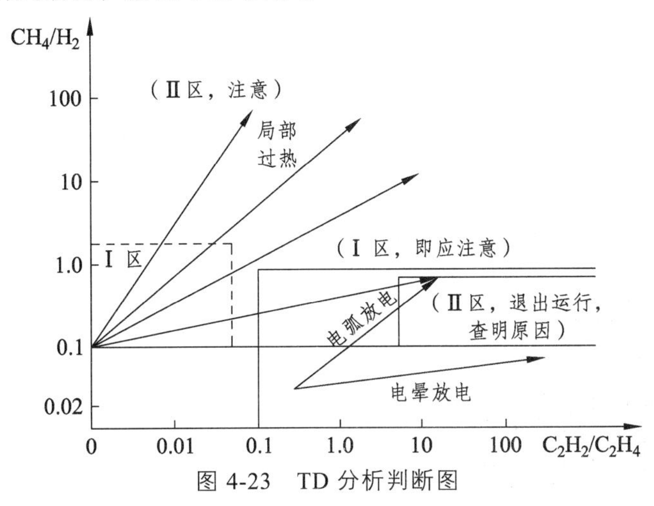

图 4-23　TD 分析判断图

用 TD 图法可以区分变压器是过热故障还是放电故障，按其比值可划分出局部过热、电晕放电和电弧放电区域。用这个方法能迅速、准确地判断故障性质，起监控作用。通常变压器的内部故障，除悬浮电位的放电性故障外，大多以过热状态开始，向过热Ⅱ区或放电Ⅱ区发展，以产生过热故障或放电故障引起直接损坏而告终。放电Ⅱ区属于要严格监控并及早处理的重大隐患，当 CH_4/H_2 比值趋近于 3 时，就可能出现变压器轻瓦斯动作，发出信号。

以油中溶解气体为特征量的比值法能判断变压器故障，油中溶解特征气体 H_2、CH_4、C_2H_6、C_2H_4、C_2H_2 作为变压器状态特征量数据。电力变压器在运行中产生的基本故障模式有高温过热、中温过热、局部放电、电弧放电等。例如当变压器发生高温过热故障（温度>700 °C）时，特征气体主要是乙烯，其次是甲烷，两者之和一般占总烃的 80%以上。而高能放电时，故障特征气体主要是乙炔和氢气，其次是乙烯和甲烷，乙炔一般占总烃量的 20% ~ 70%，氢气占氢烃总量的 30% ~ 90%，一般乙烯含量高于甲烷含量。根据大量故障变压器检测结果的统计分析，将变压器状态分为九类，分别为：变压器正常运行序列、低能放电故障序列、高能放电故障序列、中温过热故障序列、高温过热故障序列、围屏树枝状放电序列、变压器匝间/层间故障序列、分接开关故障序列、铁心两点或多点接地故障序列。每一故障序列以一标准故障模式描述，变压器故障诊断的变压器标准故障模式如表 4-15 所示。

表 4-15 九类变压器标准故障模式

故障模式	H_2 含量/%	CH_4 含量/%	C_2H_6 含量/%	C_2H_4 含量/%	C_2H_2 含量/%	备 注
X1	46.1	21.5	61.5	15.8	1.2	正常
X2	58.0	44.9	11.0	20.6	23.5	低能放电
X3	43.7	30.2	3.7	46.6	19.4	高能放电
X4	15.3	26.2	21.0	52.8	0	中温过热
X5	11.3	24.6	12.7	59.9	2.8	高温过热
X6	58.6	30.5	4.9	26.2	38.4	围屏树枝状放电
X7	28.8	28.2	3.9	34.4	33.4	变压器匝间、层间故障
X8	13.6	21.3	10.8	58.1	9.5	分接开关故障
X9	11.2	30.8	11.6	56.2	1.4	铁心接地故障

四、变压器油在线监测系统

变压器油在线监测系统，适用于变压器等电力设备，如图 4-24 所示。

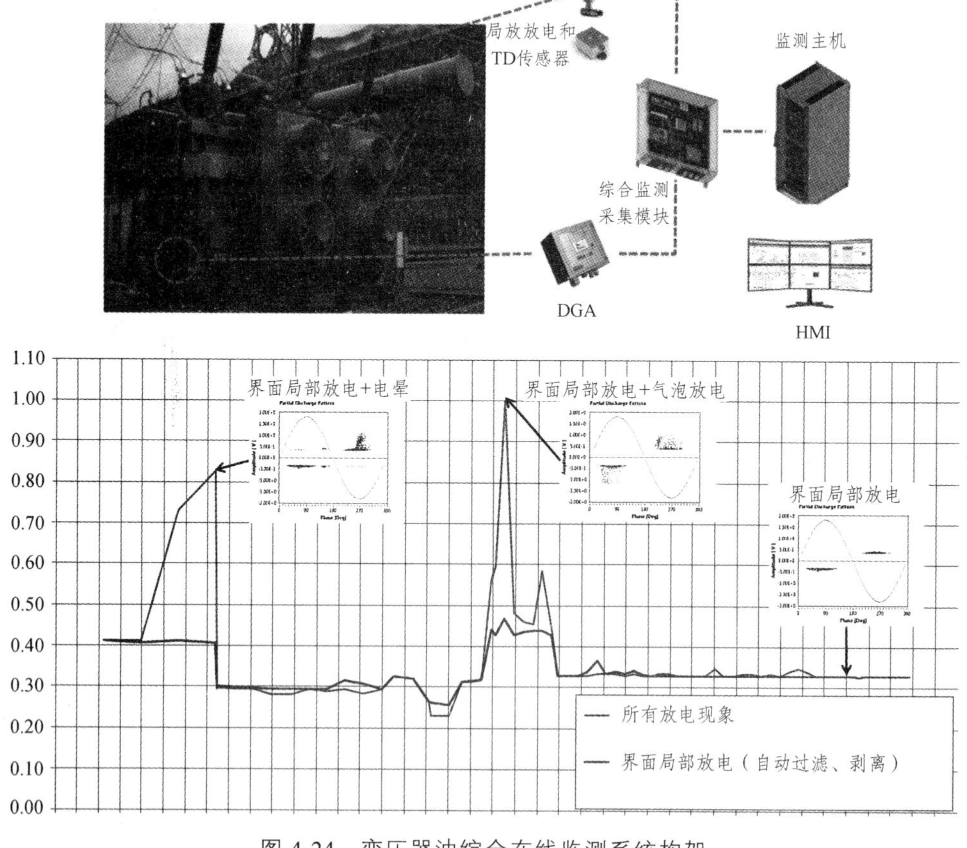

图 4-24 变压器油综合在线监测系统构架

监测系统应有能力区分不同放电的类型，并针对有危险性的局部放电现象报警。

案例分析：

某发电厂 1 号主变压器为 SFP7-240000/220 型变压器，1 月 8 日发现油中溶解气体超过《变压器油中溶解气体分析和判断导则》中规定的注意值，总烃为 894 μL/L，此后一段时间内，总烃及 CO、CO_2 均有明显增长的趋势，该厂采取了限制 6 号发电机出力、缩短变压器油色谱监测周期等措施，一周后总烃最高达到 1 827 μL/L。变压器油气相色谱检测数据如表 4-16 所示。

表 4-16　变压器油气相色谱检测数据　　单位：μL/L

时间	CH_4	C_2H_6	C_2H_4	C_2H_2	总烃	H_2	CO	CO_2
1 月 8 日	292.7	118.2	483.1	0	894	31.9	612.2	5 344.6
3 月 19 日	425.7	177.5	779.1	0	1 381.8	47.5	668.7	7 152.3
3 月 23 日	440	179.5	789.6	0	1 408	47.7	696	6 707.5
3 月 25 日	664	181	898	0	1 743	43	635	8 287
3 月 29 日	707	169.2	914.3	0	1 790.5	48	677.8	8 299.9
4 月 1 日	734	185	908	0	1 827	50.9	677	8 386
4 月 8 日	466.3	217.9	956.7	0	1 640.9	53.7	675.1	7 794.2
4 月 15 日	507.1	210.4	960.2	0	1 643.7	55.2	664.4	7 756.2
4 月 22 日	507.1	208.6	923.4	0	1 639.5	53.6	664.4	6 751.9
5 月 4 日	236.7	186.1	713.3	0	1 136.1	8.7	182.2	4 677.4
5 月 12 日	236.9	174.3	684.9	0	1 096.2	12.6	215.1	5 293.6
5 月 19 日	250.4	172.8	707.9	0	1 131.1	18	235.2	5 700.3

应用三比值法分析，依据 1 月 8 日的数据得出：

$$C_2H_2/C_2H_4 = 0/483.1 = 0 < 0.1 \text{ ---------------}0$$

$$CH_4/H_2 = 292.7/31.9 = 9.175 \geqslant 3 \text{ -------------}2$$

$$C_2H_4/C_2H_6 = 483.1/118.2 = 4.087 \geqslant 3 \text{ --------}2$$

对 1 月 8 日至 5 月 19 日的数据进行三比值分析，其比值范围编码均为 0、2、2，根据编码确定为高于 700 °C 高温过热故障。对于油浸式变压器，变压器油气相色谱试验能很好地反映变压器的潜伏性故障，色谱分析法是判断变压器内部故障性质的重要方法，再结合变压器内部构造、制造工艺及其检修、运行状况，往往可以很准确地判明故障性质，特别是过热、电弧和绝缘破坏等性质的故障。

模块三　我要做

一、取油样

（1）取样容器应先后用蒸馏水或去离子水及经过清洁处理的异丙醇或高清洁乙醇冲洗容器后烘干备用。

（2）变压器运行油取样应对取样阀进行清洁处理，一般用异丙醇或高清洁乙醇清洗并自然干燥或用甲级纱布擦净；在取样时为避免将阀体内滞留油混入样品中，需先将变压器油从阀门中自然流出 1 ~ 2 L，在冲洗和取样的过程中阀门开度要保持一致。

（3）取样设备应放置妥当，防止运输过程中玻璃器材间发生碰撞导致破裂。

二、开机步骤

（1）检查氮气、空气、氢气气瓶是否有足够压力，总压低于 2 MPa 时进行更换；检查减压阀低压侧压力表，一般在 0.3 MPa 左右；检查气路系统是否存在泄漏，尤其关注氢气，如发现泄漏，应立即查找漏点并采取相应措施，确认解决后再开启气瓶。

（2）针管清洗：取样前玻璃针管应用设备内变压器油进行充分清洗，按照少量多次的原则，每次冲洗用油量不少于 100 mL，冲洗次数应不少于 3 次。

（3）取样时应保持针头与胶管连接紧密，减少与外界空气接触，确保油样中无气泡，取好的每一支油样针管上都贴好与设备名称对应的标签。

（4）打开氢气、氮气、空气罐的阀门，调压阀氢气压力 0.2 MPa，氮气、空气压力 0.3 MPa 左右。

（5）打开色谱分析仪，确认色谱分析仪左侧表计示数正确，试验条件设定温度正确。如果色谱分析仪长时间未工作（大于半年），还须设定老化温度（老化多长时间），如表 4-17 ~ 表 4-19 所示。

表 4-17　色谱分析仪表计正常示数

载气Ⅰ：0.21	载气Ⅱ：0.06
氢气Ⅰ：0.08	氢气Ⅱ：0.11
空气Ⅰ：0.03	空气Ⅱ：0.03

表 4-18　试验条件设定温度

柱室：60 °C	热导：90 °C
氢焰：120 °C	转化：360 °C
汽化：70 °C	

表 4-19 老化温度

柱室：150 °C	热导：120 °C（最少）
氢焰：220 °C	转化：390 °C（重要）
汽化：220 °C	

（6）确定表计示数和设定温度后，按运行键，加热灯亮。加热至恒温灯亮后按点火键，会发出“啪啪”两声响声，可用小扳手确定火已点燃，再将桥流打开，确定桥流灯亮，然后打开计算机，接着打开工作站。确定色谱分析仪参数正确，如表 4-20 和表 4-21 所示。

表 4-20 检测参数

灵敏度 Ⅰ：4	灵敏度 Ⅱ：4
衰减：2	桥流：90

表 4-21 时间参数

T_1：0:20	t_1（自动跟随变化）
T_2：7:40	t_2（自动跟随变化）

三、标样的设定方法

打开软件，双击分析方法，设定方法文件名，设定设备编号，选择振荡法、220 kV 及以下、设备状态（运行中状态），停止时间定为 8 min，打印项目按需要自己选择，选择打印色谱分析、打印分析结果数据、打印判断分析结果后点击完成，方法设定完成。

选择该分析方法，确定使用该分析方法。点击新建校正曲线，双击组分名，选择组分名（按顺序选择氢气、一氧化碳、二氧化碳、甲烷、乙烯、乙烷、乙炔）分别输入标准气浓度并确认。

在样品类型中选择标准样，标样号设为浓度 1（来回切换标样和检测样，以达到上述对应效果）。之后注射一针标准样品，曲线出现后赋予文件名，并确认。点击校正曲线，查看有无校正因子（应该有），校正曲线上的红色差号应变为对号。

四、设定平齐

设定完分析方法后，注射一针标准气体，出现谱图后设定平齐。点击系统选项，确定双通道开始进行采样，诊断时采用合并图谱计算模式。点击文件设置，选择采样完毕后自动合并图谱，B 通道合并到 A 通道。此时平齐设好，校正曲线前面图标应该变为对号。现在就可以注入检测样气进行诊断了。

仪器停机顺序：关闭计算机、关闭工作站、关闭色谱分析仪、关闭气体。其中，关闭色谱分析仪时先按停止按钮，待其转化温度降到 100 °C 以下时方可关闭色谱分析仪电源。注意开关机顺序不能变，且关闭色谱分析仪电源前必须等温度降到 100 °C 以下。色谱分析仪在运

行时不要碰与色谱分析仪有关的任何东西，不要在这期间取氮气等。如果做出的检测样品的气体中存在氢气、甲烷、乙烯、乙烷、乙炔 5 种气体，可以通过三比值来判断油的情况。

样品检测取样时，用针管取 40 mL 待检测油，用胶帽堵住针管针头部分，尽量不要让油中存有气体。用取氮气针管取 5 mL 氮气（要清洗针管）注入待检测油中。将待检测油平稳放在振荡器内，按确定键选择振荡 20 min/静止 10 min 模式，振荡器开始加热，待其加热到 50 °C 恒温时开始振动，振动完毕自动报警。振荡完毕后，用取检测样的针管取出油中脱出的气体，记录好脱气量，一般在 3 mL 左右。做检测前，点样品图标，设定油样体积为 40 mL，填入记录好的脱气量。再将脱出的气体用打样针取 1 mL，打进进气口。待其分析完毕后打印结果，试验完毕。

模块四　我要练

变压器油色谱分析的意义：____

____

____

____

工单五　绝缘油介电强度测试

模块一　操作工单：绝缘油介电强度测试

（一）试验名称及仪器	（二）试验对象
绝缘油介电强度试验  绝缘油介电强度试验仪器	变压器、油断路器、充油电缆、电力电容器和油套管等高压电气设备
（三）试验目的	（四）测量步骤
检查绝缘油绝缘性能是否下降、老化、被水分污染和其他悬浮物质污染的程度。对绝缘油进行击穿试验是检查绝缘油性能好坏的主要方法	（1）取油样； （2）清洗油杯； （3）将油杯置于仪器高压电极间； （4）将油杯注入油样； （5）设置仪器参数； （6）按运行键，开始加压试验； （7）测量完毕，记录结果
（五）注意事项	（六）技术标准
（1）严格按要求清洗油杯； （2）确保仪器良好接地； （3）通电前试验舱盖上高压罩； （4）试验进行中，严禁打开和触动高压罩	采用国家标准《绝缘油　击穿电压测定法》（GB/T 507—2002）、《石油液体手工取样法》（GB/T 4756—2015）、《电工流体　变压器和开关用的未使用过的矿物绝缘油》（GB 2536—2011）
（七）结果判断	（八）数字资源
在试验中，绝缘油的放电有四种变化： （1）第一火花放电电压极低。第一次测试可能有一些外部因素，因为油样在喷油前被注入油杯或油杯电极的表面，使得第一次测试值出现偏差，在这一点上，平均可以采取 2 ~ 6 次。 （2）火花放电电压值逐渐增大，通常出现在未经清洗或处理且具有吸湿性的油样中。这是由于火花放电后油湿度增加所致。 （3）六种火花放电电压值逐渐减小，它通常出现在纯油测试中。这是因为自由带电的颗粒、气泡和碳屑逐一增加，破坏了油的绝缘性能，同时还有自动的油测试，在连续六次测试中都没有搅拌，电极间碳粒逐渐增多，导致火花放电电压降低。 （4）火花放电电压两端低、中间高，这是正常现象	（1）全自动绝缘油耐压试验测试仪  （2）自动闭口闪点测试仪  （3）自动水溶性酸测试仪 

模块二　跟我学

一、绝缘油介电强度测试原理

绝缘油介电强度测试是一种常用的测试方法，是用于评估绝缘油绝缘性能重要的手段之一。绝缘油作为绝缘材料的一种，其绝缘性能对电力设备的安全运行至关重要。绝缘油介电强度测试可以确定绝缘油在高电场下的耐压能力，从而判断其是否适合在高压设备中使用。

绝缘油介电强度测试的原理主要基于电场的作用。在测试过程中，通过在绝缘油中施加高电压，形成一个强电场。绝缘油的绝缘性能决定了其在电场下的耐压能力，即所谓的介电强度。测试时，将两个电极插入绝缘油中，分别作为正负极，然后施加高电压。在电极之间形成的电场会对绝缘油进行击穿测试，以评估其绝缘能力。

绝缘油介电强度测试的过程需要注意一些关键要点。首先，测试时应确保电极与绝缘油的接触良好，并且电极之间的距离要符合测试要求。其次，测试时应确保电极与绝缘油之间的电场均匀分布，避免出现局部过高的电场强度。此外，测试时还需考虑温度的影响，因为绝缘油的介电强度与温度有一定的关系。图 4-25 为全自动绝缘油介电强度测试仪。

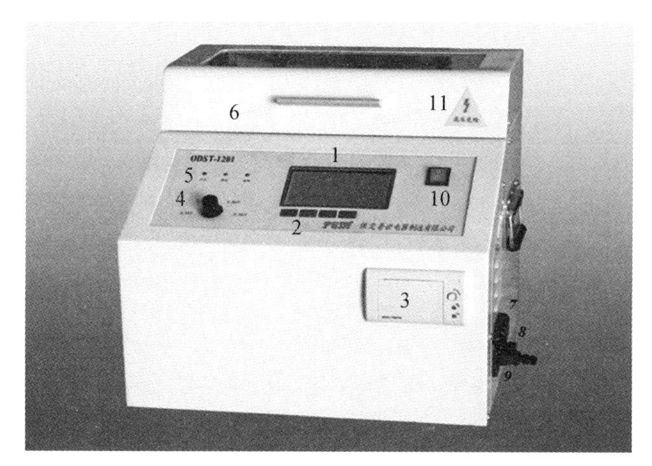

1—液晶显示屏；2—功能键；3—打印机；4—升压速率切换开关；5—指示灯；6—油杯舱盖；7—温、湿度传感器；8—地线柱；9—电源插口；10—电源开关；11—高压安全标志。

图 4-25　全自动绝缘油介电强度测试仪

二、绝缘油概述

绝缘油广泛应用于变压器、互感器、开关设备、充油电缆、电力电容器和油套管等高压电气设备中。在运行中，绝缘油由于受到氧气、高温度、高湿度、阳光、强电场和杂质的作用，性能会逐渐变坏，致使它不能充分发挥绝缘作用。

为了确认油绝缘性能是否满足，必须定期对绝缘油进行有关性能试验。依照国家标准《绝缘油　击穿电压测定法》（GB/T 507—2002）的要求，绝缘油介电强度（Electrial Strength of Insulating Oil）是绝缘油击穿电压、击穿强度、耐电压的统称，是绝缘油的重要质量指标，用于表示绝缘油耐电压的能力，是绝缘油在规定试验条件下（即交流场作用下）逐渐升高电压至被击穿

失去绝缘性所能承受的最高电压，以平均击穿电压除以电极间距（kV/cm）表示。介电强度越高，绝缘性能越好。

变压器油是石油的一种分馏产物，它的主要成分是烷烃、环烷族饱和烃、芳香族不饱和烃等化合物，是石油中的润滑油馏分经酸碱精制处理得到纯净、稳定、黏度小、绝缘性好、冷却性好的液体天然碳氢化合物的混合物。变压器油俗称方棚油，为浅黄色透明液体，相对密度为 0.895，凝固点<−45 °C。变压器油是在油浸式变压器中起绝缘和冷却作用的润滑介质；通常变压器油的使用寿命为 10 ~ 15 年。

（一）绝缘油的要求

（1）具有较高的介电强度，以适应不同的工作电压；

（2）具有较低的黏度，以满足循环对流和传热需要；

（3）具有较高的闪点温度，以满足防火要求；

（4）具有足够的低温性能，以抵御设备可能遇到的低温环境；

（5）具有良好的抗氧化能力，以保证油品有较长的使用寿命。

（二）变压器油电气、物理及化学性能

从外观判断油的质量，新油的颜色一般为浅黄色，氧化后颜色变为深暗红色。运行中油的颜色迅速变暗，表示油质变坏；正常的变压器油无色无味，如有别的气味，说明油质变坏（见图 4-26）。例如，烧焦味表示油干燥时过热，酸味表示油严重老化，乙炔味表示油内产生过电弧。新油的透明度很好，在玻璃瓶中是透明的，并带有蓝紫色的荧光，如果失去荧光和透明度，说明有水分、机械杂质和游离碳。

图 4-26　变压器油样品

（三）变压器油电气、物理及化学性能试验

变压器油的击穿电压与新油的纯净程度、运行油劣化状况有着密切的关系，变压器油电气、物理及化学性能试验如表 4-22 所示。

表 4-22　变压器油电气、物理及化学性能试验

序号	特征指标	正常油质量指标	试验意义
1	击穿电压	① 电压 35 kV 及以下：新油不小于 35 kV，运行油不小于 30 kV；② 66～220 kV：新油不小于 40 kV，运行油不小于 35 kV；③ 330 kV：新油不小于 50 kV，运行油不小于 45 kV；④ 500 kV：新油不小于 60 kV，运行油不小于 50 kV	检测变压器油性能，是否有杂质
2	介质损耗	不大于 0.005（90 °C），330 kV 及以下：新油不小于 0.01，运行油不小于 0.04；500 kV：新油不小于 0.007，运行油不小于 0.02	检测变压器劣化程度
3	油颜色	透明，无悬浮物和机械杂质	检测油老化
4	酸值	新油不大于 0.03 mg KOH/g，运行油不大于 0.1 mg KOH/g	酸值的大小反映了油的精制深度和氧化程度
5	界面张力	25 °C 下，新油不小于 35 mN/m，运行油不小于 19 mN/m	反映绝缘油质劣化产物和从固体绝缘材料中产生的可溶性极性杂质
6	水分含量	① 电压 110 kV 及以下：新油不小于 20 μL/L，运行油不小于 35 μL/L；② 220 kV：新油不小于 15 μL/L，运行油不小于 25 μL/L；③ 330 kV 及以上：新油不小于 10 μL/L，运行油不小于 15 μL/L	检测绝缘油的电性能和理化性能
7	闪点	10 和 25 号新油不低于 140 °C（闭口），45 号新油不低于 135 °C（闭口），运行油比新油测定值相比不低于 10 °C	由于设备内部故障使绝缘油分解产生易挥发、可燃的低分子烃类，导致闪点降低。闪点检测绝缘油着火的难易程度以及油中轻质馏分的多少，反映油在高温情况下的保护性能
8	水溶性酸	新油 pH 值>5.4； 运行油 pH 值⩾4.2	由于变压器油氧化时会产生有机酸和无机酸，油中含水时，酸的水溶性好而溶解于水，使固体绝缘材料和金属产生腐蚀，破坏设备绝缘。新油不含酸性物质，酸值低，检测 pH 值，判断绝缘油中水溶性酸的含量变化

三、变压器油的性能

变压器油作为电气设备内部的一种介质，必须具备良好的电气性能，才能充分发挥其绝缘与冷却作用。新油的主要电气性能包括绝缘强度和介质损耗因数。

（一）绝缘强度

绝缘强度是指变压器油的介电强度或击穿电压，是衡量油在电气设备内部能耐受电压的能力，也就是检验变压器油性能好坏的主要手段之一。绝缘油的击穿过程与其纯净度有关，纯净的绝缘油有很高的击穿强度（可达 106 kV/cm），其击穿过程主要由电击穿引起。设备中的油往往含有各式各样的杂质，如气体、水分、固体颗粒及油老化产生的聚合物等。

（二）介质损耗因数

介质损耗因数主要反映油中泄漏电流引起的功率损失。介质损耗因数的大小对判断变压器油的劣化与污染程度是很敏感的。介质损耗因数只能反映出油中是否含有污染物质和极性杂质，而不能确定存在油中的是何种杂质。但当油氧化或过热而引起劣化时，或混入其他杂质时，随着油中杂质或充电的胶体物质含量增加，介质损耗因数也会随之增大，甚至高达10%以上。介质损耗试验主要用于判断油是否脏污或劣化，它只能判定油中是否含有极性物质，而不能确定是何种极性物质。当油进一步氧化，可能使油的溶解水分能力增强，因而此种类型油的油泥并不能在介损中反映出来。如果油的介损超过0.7%，则需要进行检查，若100 °C下的介损为25 °C时介损的7～10倍，则表明油已脏污，而不是含有水分。

（三）物理及化学性能试验

（1）油的外观与颜色。

良好的油应该是清洁而透明的，如果模糊不清，表明油中含有水分、碳粒或油泥。如果发现有碳粒,则可能是变压器内部存在有电弧或局部放电现象,则有必要进行油的色谱分析。油的颜色若有明显的改变，则应注意油的老化是否加速，或监控油的运行温度。

（2）酸值。

酸值是指1 g被试油中含有的酸性组分，以mgKOH/g表示，是变压器油检测的一项重要指标，反映油的精制深度和氧化程度。酸值的上升是油初始劣化的标志，酸性物质的存在将不可避免地产生油泥。如果油中同时存在水分的话，则可使铁等金属生锈，同时也会破坏纸绝缘。

（3）界面张力试验。

界面张力试验对反映油劣化产物和从固体绝缘材料中产生的可溶性杂质是相当敏感的。油中氧化产物含量越大，则界面张力越小。如果油中界面张力值为27～30 mN/m，则表明油中已有油泥产生的趋势；如果张力值达到18 mN/m，则表明油已老化严重，应予以更换。

（4）水分含量。

水分在油中与绝缘纸中为一个平衡状态。油在不同温度下有不同的饱和水分溶解量，这一饱和溶解量随着温度的升高而增大，因而在高温下绝缘纸中水分即进入油中；当油温下降时，油中水分有一部分将向纸中扩散，使油中的含水量下降。

（5）闪点。

闪点指被试油在规定的条件下加热，直到油蒸气与空气的混合气体接触火焰发生闪火时的最低温度，是在一定温度、时间及火焰大小条件下的闪点和着火点。油品的挥发性实际与变压器油在使用环境条件下的安全性有一定的内在联系，可以用闪点来衡量。闪点和着火点不是一个等同的概念。闪点是指当油品加热到足够的油气产生，并在其中外加一个火焰，使油气在一瞬间就着火的最低温度；着火点则是当油品加热到足够的油气连续产生，外加火焰于其上能维持5 s燃烧时的最低温度。试样在连续搅拌下，用很慢的恒定速度加热。在规定的温度间隔，同时中断搅拌的情况下，将一小火焰引入杯内，试验火焰引起试样上的蒸气闪火时的最低温度为闭口闪点。

（6）水溶性酸。

水溶性酸是指油品加工及储存过程中造成油中的水溶性矿物酸，主要是硫酸及其衍生物。变压器油在氧化初级阶段一般易生成低分子有机酸，如甲酸、乙酸等，因为这些酸的水溶性较好，当油中水溶性酸含量增加（即 pH 值降低），油中又含有水时，会使固体绝缘材料和金属产生腐蚀，并降低电气设备的绝缘性能，缩短设备的使用寿命。

以等体积的蒸馏水和被试油混合摇动，取其水抽出液，注入指示剂，观察其变色情况，判断被试油中是否含水溶性酸及水溶性碱，结果用 pH 值表示。

四、油质判断标准（见表 4-23）

表 4-23　运行中变压器油质量（GB/T 7595—2017）

<table>
<tr><th rowspan="2">序号</th><th rowspan="2">项　目</th><th rowspan="2">设备电压等级/kV</th><th colspan="2">质量指标</th><th rowspan="2">检验方法</th></tr>
<tr><th>投入运行前的油</th><th>运行油</th></tr>
<tr><td>1</td><td>外观</td><td></td><td colspan="2">透明、无杂质或悬浮物</td><td>外观目测</td></tr>
<tr><td>2</td><td>水溶性酸（pH 值）</td><td></td><td>>5.4</td><td>≥4.2</td><td>GB/T 7598</td></tr>
<tr><td>3</td><td>酸值/（mgKOH/g）</td><td></td><td>≤0.03</td><td>≤0.1</td><td>GB/T 264</td></tr>
<tr><td>4</td><td>闪点（闭口）/°C</td><td></td><td>≥140（10 号、25 号），≥135（45 号）</td><td>与新油原始测定值相比不低于 10</td><td>GB/T 261</td></tr>
<tr><td>5</td><td>水分/（μL/L）</td><td>330～500
220
≤110 及以下</td><td>≤10
≤15
≤20</td><td>≤15
≤25
≤35</td><td>GB/T 7600</td></tr>
<tr><td>6</td><td>界面张力（25 °C）/（mN/m）</td><td></td><td>≥35</td><td>≥19</td><td>GB/T 6541</td></tr>
<tr><td>7</td><td>介质损耗因数/°C</td><td>500
≤330</td><td>≤0.007
≤0.010</td><td>≤0.020
≤0.040</td><td>GB/T 5654</td></tr>
<tr><td>8</td><td>击穿电压/kV</td><td>500
330
66～220
35 及以下</td><td>≥60
≥50
≥40
≥35</td><td>≥50
≥45
≥35
≥30</td><td>GB/T 507 或 DL/T 429.9</td></tr>
<tr><td>9</td><td>体积电阻率（90 °C）/Ω · m</td><td>500
≤330</td><td>$\geqslant 6\times10^{10}$</td><td>$\geqslant 1\times10^{10}$
$\geqslant 5\times10^{9}$</td><td>GB/T 5654 或 DL/T 421</td></tr>
<tr><td>10</td><td>油中含气量/%（体积分数）</td><td>330～500</td><td>≤1</td><td>≤3</td><td>DL/T 423 或 DL/T 450</td></tr>
<tr><td>11</td><td>油泥与沉淀物/%（质量分数）</td><td></td><td colspan="2"><0.02（以下可忽略不计）</td><td></td></tr>
<tr><td>12</td><td>油中溶解气体组分含量色谱分析</td><td></td><td colspan="2">按 DL/T 596—2021 中第 6、7、9 章</td><td>GB/T 17623</td></tr>
<tr><td colspan="6">（1）取样油温为 40～60 °C。
（2）DL/T 429.9 方法采用平板电极；GB/T 507 方法采用圆球、球盖形两种形状电极。三种电极所测的击穿电压值不同，这将影响测试结果。其质量指标为平板电极测定值</td></tr>
</table>

模块三　我要做

一、绝缘油介电强度试验步骤及注意事项

使用绝缘油介电强度测试仪进行试验时，需要按照如下流程进行操作：

（1）将仪器可靠接地。

（2）断电状态下，将磁振子置于验油杯中。

（3）“被试油样”必须在不破坏原有储装密封的状态下，于试验室内放置一段时间，待油温和室温相近后方可揭盖试验。在揭盖前，将被试油轻轻摇荡，使内部杂质均匀，但不得产生气泡，在试验前，用被试油将油杯洗涤2～3次。

（4）断电状态下，将被试油注入油杯时，应徐徐沿油杯内壁流下，以减少气泡。在操作中，不允许用手触及电极、油杯内部和被试油。被试油盛满后必须静置10～15 min，方可开始升压试验。

（5）断电状态下，罩上电极罩，盖好高压舱。

（6）合上电源开关，仪器出现欢迎界面后，自动转入主界面。

（7）通过移动鼠标可以选择进行击穿试验、耐压试验、查看历史数据、时间设定和PC通信等操作项目。

二、绝缘油介电强度试验方法

（一）击穿试验的操作方法

（1）进行试验参数设置，设置的项目包括初始静置时间、试验次数、静置时间、搅拌时间、油杯选择，如图4-27所示。初始静置时间的范围是0 s～9 min 59 s，静置时间的设置范围是0 s～9 min 59 s，搅拌时间的设置范围是0 s～99 s，三个油杯状态可以是“已选”或“未选”。

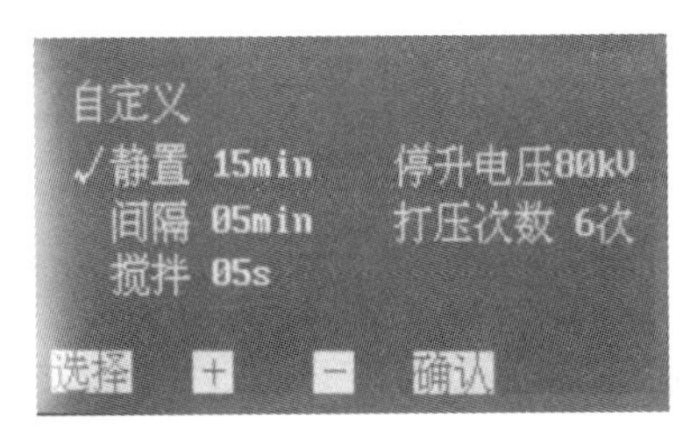

图4-27　试验仪器参数设置界面

① 静置时间：默认值15 min，范围1～15 min（增量Δ＝1 min）。

② 间隔时间：默认值5 min，范围1～10 min（增量Δ＝1 min）。

③ 搅拌时间：默认值10 s，范围5～90 s（增量Δ＝5 s）。

④ 停升电压：默认值80 kV，范围10～80 kV（增量Δ＝10 kV）。当仪器升压到“停升电压”以后将停止升压，并进入保持状态。若持续50 s无击穿，仪器将默认当前停升电压为绝缘油击穿电压。

⑤ 打压次数：默认值为6次，可选范围1～6次（增量Δ＝1次）。

设置好后按“确认”键返回开始页面，按“开始”键进行测试。

（2）选择开始试验，点击运行后仪器按照先升压至击穿、搅拌、静置，再升压至击穿的顺序循环进行，直至达到设定的试验次数为止试验停止。

（3）击穿试验完成后，仪器的显示画面如图 4-28 所示，显示的试验结果包括击穿电压、击穿电压平均值。

（4）操作人员还可以根据需要将试验结果保存和打印。

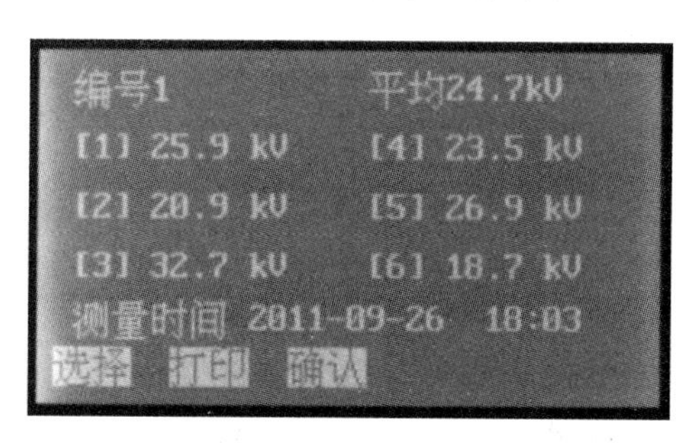

图 4-28　耐压试验结果

（二）耐压试验的操作方法

（1）进行试验参数设置，设置的项目包括电压、耐压时间和油杯选择。

（2）选择开始试验，点击运行后仪器升压直至耐压值，如果升压过程中发生击穿现象，则试验直接结束，如果升压过程中没有发生击穿，则在耐压值电压停留“耐压时间”所设定的时间长度。

（3）耐压试验完成后，显示的试验结果包括耐压值、耐压时间和试验结果（合格为 OK/不合格为 NO）。

（4）操作人员还可以根据需要将试验结果保存和打印。

画面中显示的内容有当前所保存的试验总组数、当前所选择组的序号和存储时间等。历史数据查看的操作：将光标移至确认，则会进入试验结果查看画面，试验结果画面如图 4-28 所示，在这些界面中可以选择打印、保存或删除该组数据。

三、绝缘油介电强度试验注意事项

介电强度的测试对试样的轻微污染相当敏感，取样时很容易吸收水分，因此取样要用清洁干燥的取样器，并严格按照电力用油取样方法取样。被试油必须在不破坏原有储装密封的状态下，于试验室内放置一段时间，待油温与室温相近方可揭盖试验（仲裁试验应在 15 ~ 20 °C 进行）。在揭盖前，将被试油轻轻摇荡，使内部杂质混合均匀，但不得产生气泡。

1. 油杯清洗方法

（1）用洁净的绸布反复擦拭电极表面和电极杆；

（2）用标准规调整好电极间隙；

（3）用无水乙醇清洗 3 ~ 4 次，然后用吹风机吹干，再用测试油样清洗 2 ~ 3 次即可。

2. 清　洁

在将原来盛装的被试油倒掉时,注意用干燥清洁无污染的镊子或带磁力玻棒夹出搅拌浆。用被试油将油杯洗涤 2 ~ 3 次，洗涤时，将被试油从电极板上倒下，然后左右轻轻摇荡，润洗油杯的杯壁。润洗油杯时，用镊子夹住搅拌浆同样在润洗液里润洗。

3. 接　地

在升压操作前，必须仔细检查线路的连接情况（各连接处和插头）、地线的接地情况。

4. 温度和湿度

试验在湿度不高于 75%的条件下进行，冷却油温和室温相近方可试验。

5. 加　油

试验油注入油杯时，应徐徐沿油杯内壁流下，避免空气泡的形成。在操作中，不允许用手触及电极、油杯内部和试验油，防止对试验油造成污染；在试验油装入油杯后，将试验油沿套筒玻璃盖静置 10 ~ 15 min。

6. 加压试验

加压须从零开始加，升压时间约 2 s，加压至油隙值，重复 6 次，取平均值为测定值（第 1 次不计算在内）。

7. 击穿时的电流限制

为减少油击穿后产生碳粒、击穿时杂质的影响,对电极间的油进行充分搅拌,并静置 5 min 后再重复试验。

模块四　我要练

绝缘油介电强度试验中油杯的清洁方法：

____

____

____

工单六　开关特性测试

模块一　操作工单：开关特性测试

（一）试验名称及仪器	（二）试验对象
开关特性测试 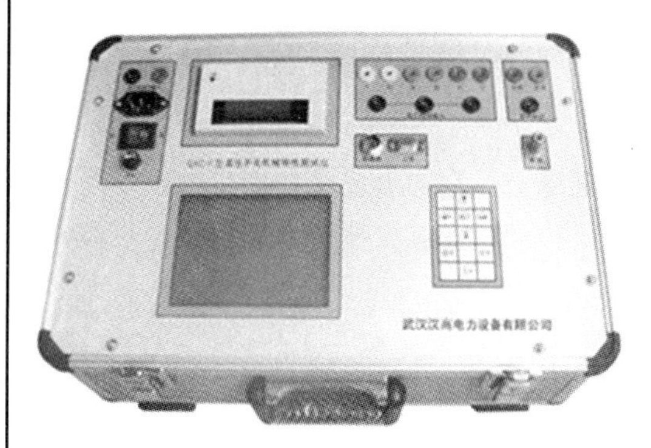 开关特性测试仪	用于各种电压等级的真空开关，SF_6开关，油开关，隔离开关，GIS组合电器的机械、电气特性测试
（三）试验目的	（四）测量步骤
高压开关机械特性试验包括分合闸时间、三相同期性、弹跳次数、行程等，目的是检测高压开关的可靠性，根据试验结果判断高压开关是继续使用、维修或更换	（1）测量并记录环境温度和湿度。 （2）按要求连接测试仪与GIS断路器并安装传感器。 （3）接通电源，设置仪器相关参数。 （4）按要求调节高压开关机械特性测试仪电源输出电压至额定操作电压，对真空断路器进行分合闸操作。 （5）记录各相分合闸时间、三相同期性、速度以及合闸弹跳时间
（五）注意事项	（六）技术标准
（1）仪器必须可靠接地。 （2）合、分闸控制线接线可靠。 （3）测试前应确认开关处于分闸状态。 （4）测试时，操作人员应站在安全位置，不得触及高压开关。 （5）测试后，应及时断开电源，以避免带电进行其他工作	（1）断路器的分、合闸同期性应满足下列要求：相间合闸不同期不大于5 ms；相间分闸不同期不大于3 ms；同相各断口间合闸不同期不大于3 ms；同相各断口间分闸不同期不大于2 ms，厂家另有规定除外。 （2）并联合闸脱扣器应能在其交流额定电压的85%～110%范围或直流额定电压的80%～110%范围内可靠动作；并联分闸脱扣器应能在其额定电源电压的65%～120%范围内可靠动作，当电源电压低至额定值的30%或更低时不应脱扣

续表

（七）结果判断	（八）数字资源
（1）合、分闸时间与合、分闸不同期应符合制造厂的规定。 （2）合闸弹跳时间除制造厂另有规定外，应不大于 2 ms	（1）断路器合分闸时间测试 （2）断路器合分闸速度测试 （3）断路器同期性测定 （4）断路器动作电压测定

模块二　跟我学

一、断路器机械试验含义及目的

断路器的机械试验主要包括机械操作试验和机械特性试验两部分。

机械操作试验指断路器处于空载（即主回路没有电压、电流）情况下进行的各种操作性试验，是验证断路器机械性能及操作可靠性的试验。

机械特性试验指断路器触头动作时间和运动速度，主要包括断路器的分合闸时间、分合闸速度、主辅触头分合闸的同期性、分合闸电磁铁的动作电压及分合闸弹跳时间、行程、开距等试验参量和试验项目。

二、高压开关的动作特性试验

断路器的分合闸速度、分合闸时间、分合闸不同期程度，以及分合闸线圈的动作电压直接影响断路器的关合和开断性能。断路器只有保证适当的分合闸速度，才能充分发挥其开断电流的能力，减小合闸过程中预击穿造成的触头电磨损及避免发生触头烧损、喷油，甚至发生爆炸。如果合闸速度降低，当短路故障合闸时，由于阻碍触头关合电动力的作用，将引起触头振动或使其处于停滞状态，特别是在自动重合闸不成功情况时容易引起爆炸。反之，合闸速度过高，将使运动机构受到过度的机械应力，造成个别部件损坏或使用寿命缩短。同时由于强烈的机械冲击和振动，还将使触头弹跳时间加长。断路器分合闸严重不同期，将造成线路或变压器的非全相接入或切断，从而可能出现危害绝缘的过电压，所以输电线路首末端需要安装氧化锌避雷器限制过电压，如图 4-29 所示。LW25A-252 高压 SF_6 断路器参数如图 4-30 所示。

图 4-29　线路首（末）端安装氧化锌避雷器限制过电压

中国西电 CHINA XD　高压六氟化硫断路器

型号	LW25A-252	额定电压	252 kV
额定雷电冲击		额定电流	4000 A
耐受电压	1050 kV	额定频率	50 Hz
额定短路开断电流	50 kA	额定操作顺序	
额定线路充电开断电流	160 A	O-0.3s-CO-180s-CO	
额定合闸电压 DC	220 V	额定气体压力（20℃）	0.6 MPa
额定分闸电压 DC	220 V	气体重量	30 kg
储能电机额定电压DC	220 V	总重	3400 kg
操动机构型号	液压机构	出厂日期 2018.6	编号0106180021

西安西电高压开关有限责任公司
XIAN XD HIGH VOLTAGE APPARATUS CO.,LTD.

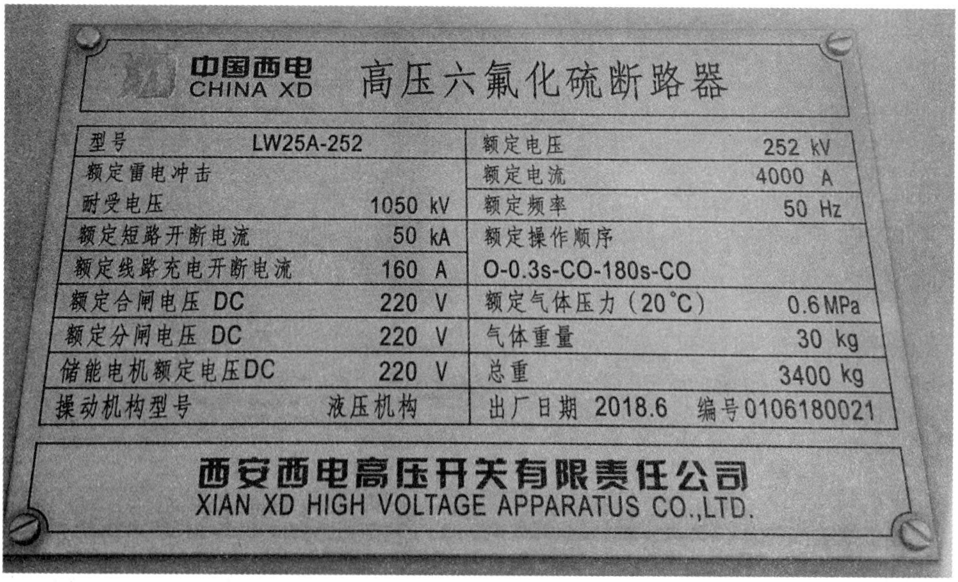

图 4-30　LW25A-252 高压 SF_6 断路器

断路器机械特性的某些方面是用触头动作时间和运动速度作为特征参数来表示的，在机械特性试验中一般最主要的是刚分速度、刚合速度、最大分闸速度、分闸时间、合闸时间、合-分时间、分-合时间以及分、合闸同期性等。断路器分闸、合闸时，触头运动速度是断路器的重要特性参数，影响断路器工作性能最重要的是刚分、刚合速度。根据断路器合闸、分闸时间及触头的行程，计算得出的是触头运动的平均速度，断路器速度在整个运动过程中有很大的变化，因此必须对断路器触头运动速度进行实际测量。

三、部分时间参量的定义（见表 4-24）

表 4-24　时间参量的定义

序号	时间参量	定义	测量意义	要求
1	分闸时间	从开关接到分闸指令起始瞬间到所有极的触头分离瞬间为止的时间间隔	减少合闸时的电弧能量，防止电弧使触头熔焊	应符合制造厂规定
2	合闸时间	处于分闸位置的开关从合闸回路通电起到所有极触头都接触瞬间为止的时间间隔	合闸时间太短，则系统短路时直流分量过大，可能引起合闸困难。合闸时间太长，则影响系统的稳定性	应符合制造厂规定
3	分-合时间	开关在自动重合闸时，从所有极触头分离瞬间起至首先接触极接触瞬间为止的时间间隔	反映开关处理故障电流的性能和能力	应符合制造厂规定，一般合闸时间小于等于 100 ms，分闸时间小于等于 80 ms。小的范围可以控制在：合闸时间 35～70 ms，分闸时间 20～60 ms
4	合-分时间	开关在不成功重合闸的合分过程中或单独合分操作时，从首先接触极的触头接触瞬间起到随后的分操作时所有极触头均分离瞬间为止的时间间隔	检验开关是否在规程要求的范围内，如果不满足要求，则在操作过程中易引发系统过电压（操作过电压），影响电能质量和电力系统的稳定性	应符合制造厂规定，一般电压为 126 kV、252 kV，不大于 60 ms；363 kV、550 kV，不大于 50 ms
5	分闸与合闸操作同期性	开关在分闸和合闸操作时，三相分断和接触瞬间的时间差，以及同相各灭弧单元触头分断和接触瞬间的时间差，前者称为相间同期性，后者称为同相各断口间同期性	不同期程度越小越好，断路器分合闸严重不同期，将造成线路或用电设备的非全相接入或切除，可能产生危及设备绝缘的过电压	除制造厂另有规定外，断路器的分合闸同期性应满足下列要求：相间合闸不同期不大于 5 ms、相间分闸不同期不大于 3 ms、同相各断口间合闸不同期不大于 3 ms、同相各断口间分闸不同期不大于 2 ms
6	触头刚分速度	指开关分闸过程中，动触头与静触头分离瞬间的运动速度	刚分速度的降低将使燃弧时间增长，造成触头烧损甚至熔焊。断路器灭弧室内部压力增大后切断短路故障时可能引发爆炸事故	根据不同厂家和型号，无规定时，取刚分后 10 ms 内平均速度作为刚分点的瞬时速度

续表

序号	时间参量	定义	测量意义	要求
7	触头刚合速度	指开关在合闸过程中，动触头与静触头接触瞬间的运动速度	刚合速度的降低由于存在阻碍触头关合电动力的作用，将使触头振动或运动停滞，合闸短路故障时可能爆炸	根据不同厂家和型号，无规定时，取刚合前 10 ms 内平均速度作为刚合点的瞬时速度
8	最大分闸速度	指开关分闸过程中区段平均速度的最大值	断路器最大分闸速度过大，会引起强烈振动，降低断路器的机械寿命，造成继电保护误动作，过小则使刚分速度达不到要求	按 10 ms 计算

四、试验项目依据标准（见表 4-25）

表 4-25　高压试验测试仪器的应用及依据标准

试验项目	生产标准	依据试验标准	试验周期
高压开关特性测试	《高电压测试设备通用技术条件 第 3 部分：高压开关综合特性测试仪》（DL/T 846.3—2017）	（1）依据《电气装置安装工程　电气设备交接试验标准》（GB 50150—2016）。 （2）油断路器的试验项目应包括下列内容：测量油断路器的分、合闸时间；测量油断路器的分、合闸速度；测量油断路器主触头分、合闸的同期性。 （3）真空断路器的试验项目应包括下列内容：测量断路器主触头的分、合闸时间，测量分、合闸的同期性，测量合闸时触头的弹跳时间。 （4）SF_6 断路器试验项目应包括下列内容：测量断路器的分、合闸时间；测量断路器的分、合闸速度；测量断路器主、辅触头分、合闸的同期性及配合时间。 （5）依据《电力设备预防性试验规程》（DL/T 596—2021），SF_6 断路器和 GIS 的试验项目、周期和要求：大修后测量断路器的速度特性、断路器的时间参量；多油断路器和少油断路器的试验项目、周期和要求：大修后测量断路器的合闸时间和分闸时间、断路器分闸和合闸速度、断路器触头分合闸同期性；真空断路器的试验项目、周期、要求：大修后测量断路器的合闸时间和分闸时间，分、合闸的同期性，合闸时的弹跳过程	断路器在交接试验和大修后试验，相关标准都要求进行机械特性试验

模块三　我要做

一、机械特性测试接线

接线分为仪器接线和控制线连接。仪器接线时，首先将仪器保护地“⏚”与现场大地连接，方可进行其他接线与操作；试验完后，关掉仪器电源，再拆其他线，最后拆除地线。本机断口线为四芯护套线，颜色为黄绿红黑四色，分别对应 A 相、B 相、C 相和公共端。连接方式如图 4-31 所示。

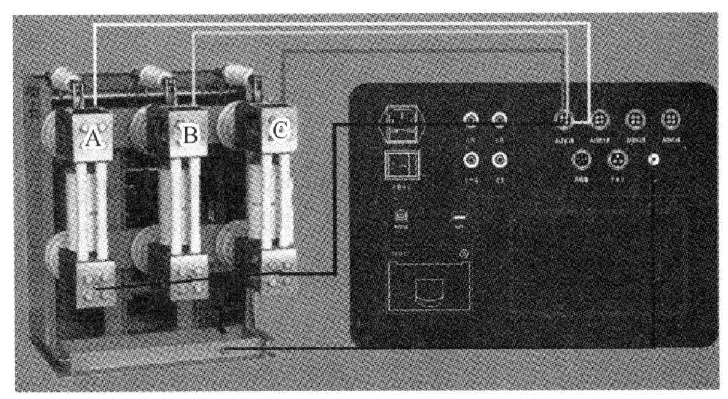

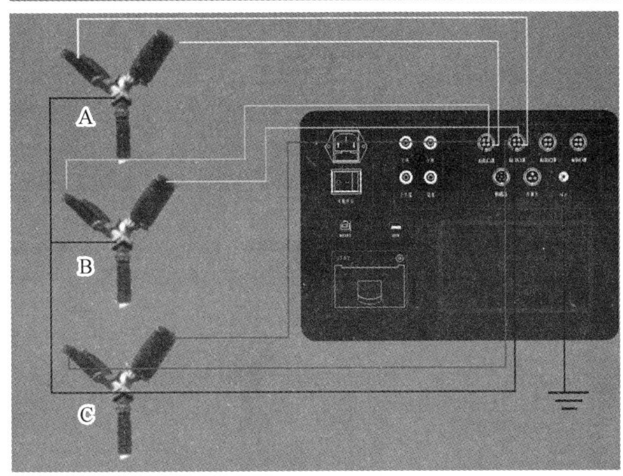

图 4-31 断路器机械特性测试仪器接线图

控制线连接时，本机提供 3 芯护套线作为内部电源输出导线（红色为合闸导线，绿色为分闸导线，黑色为电源公共端）和 3 芯护套线作为外部动作电压采集导线。当分合闸控制电源由仪器内部提供时，断开被测开关控制箱内的控制电源（通常是将控制箱内控制电源与控制母线相连的保险拔掉），但不能切断开关机构的储能电源，接线如图 4-32 所示。仪器内部只能提供直流电流，使用仪器内部电源用“内触发”方式，接线如图 4-33 所示。若现场开关是交流操作机构，应使用“外触发”方式。

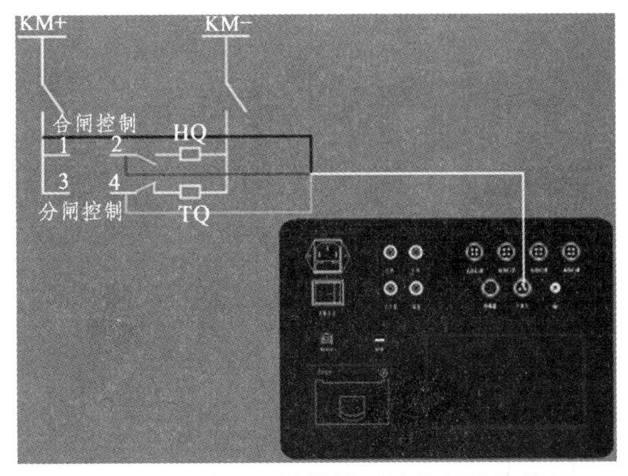

图 4-32 断路器机械特性测试控制线接线图

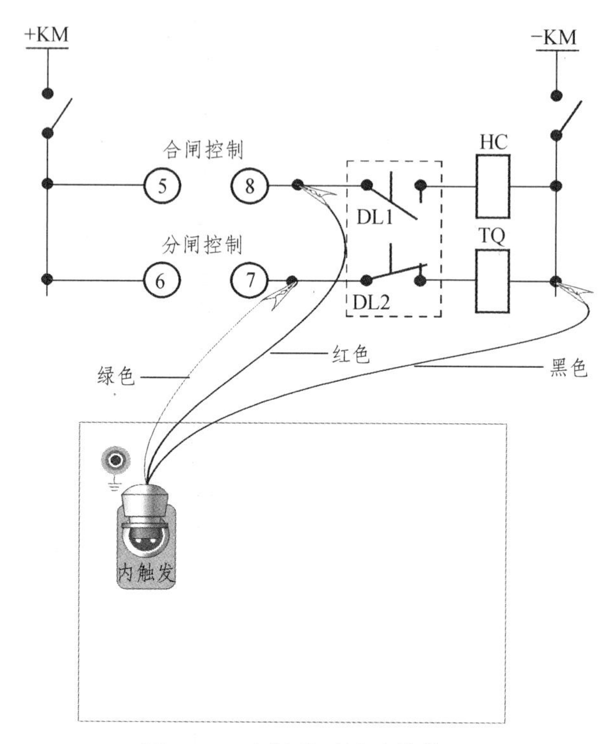

图 4-33　内触发时试验接线图

当使用外部现场电源作分合闸控制时，“内部电源”不接线。开关做单合试验时，“外触发”两根线并接合闸线圈两端；开关做单分试验时，“外触发”两根线并接分闸线圈两端。使用外部电源操作时，用“外触发”方式。外触发方式对交、直流开关都适用。

传感器的安装如图 4-34 所示。

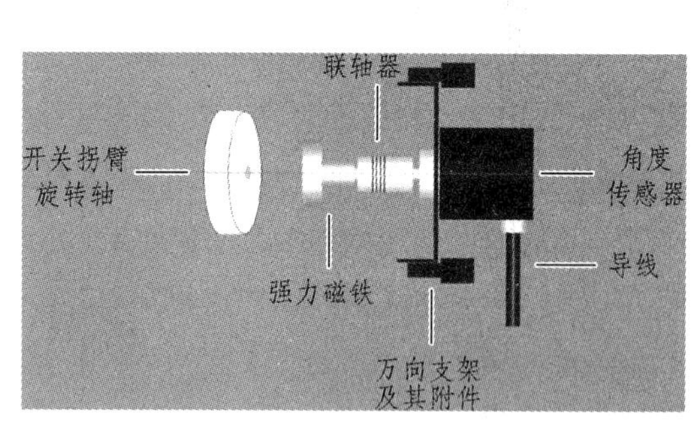

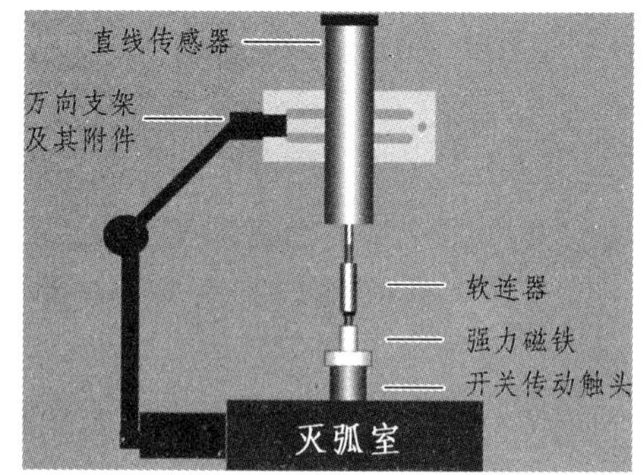

图 4-34　传感器的安装

二、开关特性测试仪器操作方法

打开电源，进入菜单操作界面，如图 4-35 所示。

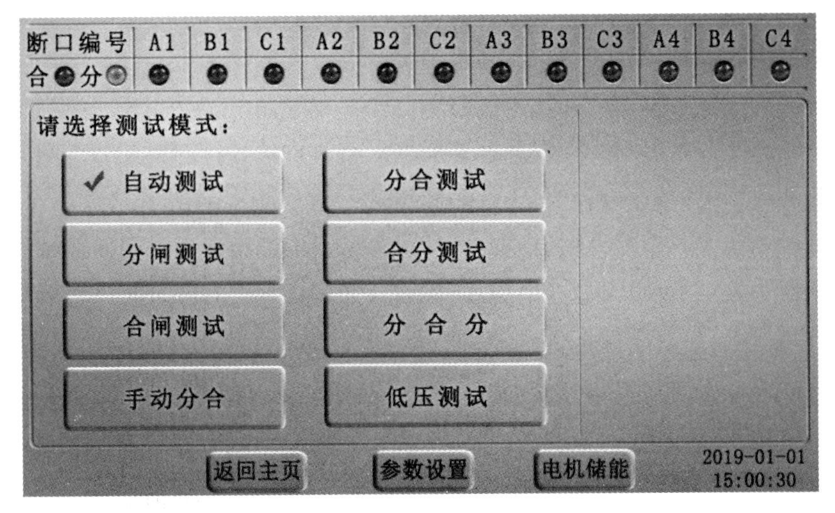

图 4-35　开关特性测试仪人机界面

高压开关特性测试仪提供了 8 种测试模式，分别为“自动测试”“分闸测试”“合闸测试”“手动分合”“分合测试”“合分测试”“分合分”和“低压测试”。自动测试模式是仪器根据当前的端口状态自动选择分闸测试或者合闸测试（12 路断口有 1 路为合闸状态时即进行分闸测试）。低压测试模式是仪器根据当前各断口的状态自动判断进行合闸低跳或者分闸低跳（12 路断口有 1 路为合闸状态时即进行分闸低跳）。可根据测试需求及当前的断口状态选择相应的测试模式。点击模式按钮后，自动跳转到相应的操作界面。

（一）测试设置

设置传感器类型：直线电阻、旋转电阻以及加速度传感器和光电传感器几项。根据所用的传感器进行相应设定即可。若无传感器，选择“无”。

1. 传感器安装

安装一个传感器三相联动机构，选择三相联动；安装三个传感器，选择三相同测。

2. 速度测试

如不需要速度试验，将此项关闭，可以缩短试验时间，减轻试验强度。

速度定义：一般取“合前分后 10 ms”测出“时间-行程特性曲线”，再在曲线上进行相应分析得到相应速度值。

3. 行程测试

用直线传感器或光电传感器测试时，可以将此项开启测试行程。用其他传感器或者不想测试行程时，此项设置关闭。

4. 标程设定

用旋转传感器和加速度传感器测速时，输入开关的总行程值。用直线传感器和光电传感器测试时，输入传感器的标注行程值。

5. 触发方式

（1）内电源内触发：用仪器内部直流电源进行分、合闸操作。

（2）外电源外触发：仪器内部直流电源不工作，用现场电源（交流、直流均可）操作开关动作。仪器做合（分）闸时，仪器的“外触发”接线直接并接到合（分）闸线圈上，开关动作时，仪器从线圈上取电压信号作为计时起点。

（3）辅助触点触发：没有线圈上电的信号，可采用辅助触点方式触发测试。

（4）传感器触发：手动开关，没有电控机构，无法作为计时起点。传感器动作时可作为计时起点进行测量。

（5）手动开关：手动开关的测量。只需要接上断口线，然后做合分闸测试。仪器处于等待状态，再手动分合开关即可。

6. 测试时长

测试时长指内部电源输出操作电压的时间长度。

（1）200 ms：一般常规开关的单分、单合试验，选 250 ms 时长。

（2）2 000 ms：一般开关做重合闸操作（合—分，分—合，分—合—分）时，选此测试时长。

（3）20 000 ms：一般接触开关、分合闸前有预动作的，分合闸所需要时间很长。

7. 开关类型

（1）金属触头：常规金属触头开关，设置为关闭。

（2）合闸电阻：对于带合闸电阻的开关，若要测试合闸电阻，设置为合闸电阻，若不测试合闸电阻，则设置为关闭。

（3）石墨触头：对于西门子石墨触头开关，测试时，必须设置石墨触头。

8. 预分合时长

有需要预先分合的开关，设置此项，一般选择无。

提示：所有选项完成后，将光标移至屏幕最下方的确定上，再按确定键，即完成所有设置。

（二）电源设置

根据开关需要设置合闸、分闸、重合闸的输出电压值。设置好后按确认键。

（三）状态检测

检测传感器工作是否正常，安装是否合理，以及开关分合位状态是否正确；确保接线正确；删除用户自己定义的速度定义。

（四）数据分析

如图 4-36 为合闸、分闸、合-分闸测试图形与数据。

合闸测试图形

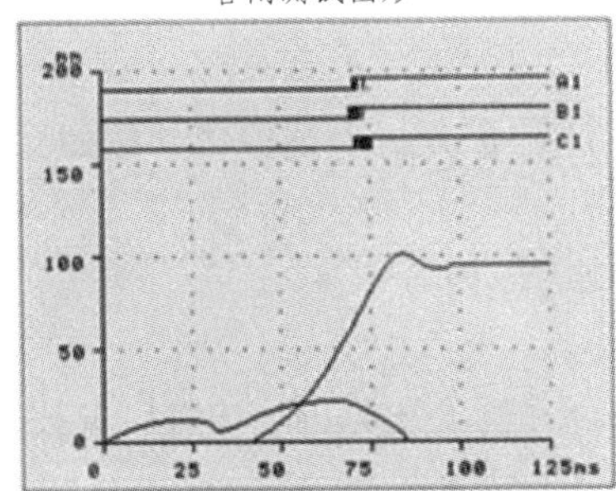

合闸测试数据

合闸数据	A相	B相	C相	
1. ms	37.12	36.90	37.02	
2. ms				相间
3. ms				同期
4. ms				
同相同期				0.22
行 程mm	14.2	14.0	14.3	
开 距mm	10.7	10.7	10.7	
超 程mm	3.5	3.3	3.6	
反弹幅值	0.2	0.1	0.3	
过冲行程	0.4	0.3	0.3	
刚合速度	0.86	0.85	0.83	
最大速度	1.02	1.12	1.08	
线圈电流	1.86 A	线圈电阻 118		欧

分闸测试图形

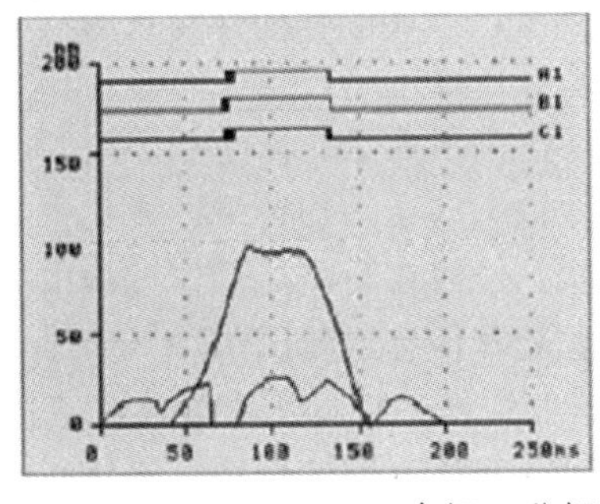

分闸测试数据

分闸数据	A相	B相	C相	
1. ms	20.11	20.23	20.63	
2. ms				相间
3. ms				同期
4. ms				
同相同期				0.52
行 程mm	14.2	14.5	14.3	
开 距mm	10.5	10.6	10.5	
超 程mm	3.7	3.9	3.8	
反弹幅值	4.2	4.5	4.3	
过冲行程	0.5	0.6	0.7	
刚分速度	1.08	1.10	1.09	
最大速度	1.44	1.48	1.10	
线圈电流	1.92 A	线圈电阻 112		欧

合-分闸测试图形

合-分闸测试数据

断口	分闸	合闸	分闸	金 短	无电流
A1		74.2	54.4	60.3	
B1		72.0	54.9	63.0	
C1		73.9	55.6	61.6	
A2					
B2					
C2					
A3					
B3					
C3					
A4					
B4					
C4					

图 4-36　合闸、分闸、合-分闸测试图形与数据

开关特性试验报告见附录二中表 9。

三、高压开关动特性测试仪试验数据分析与处理

（1）测试结果应与断路器说明书给定值进行比较，应满足厂家规定要求。

（2）若测试项目中存在不符合厂家要求的测试数据时，应首先检查接线情况、参数设置、仪器状况等是否符合测试要求。

（3）当分闸时间不满足规范要求时，可能造成的原因有：

① 分闸电磁铁顶杆与分闸掣子位置不合适；

② 分闸弹簧疲劳；

③ 开距或超程不满足要求。

应综合分析上述原因，按照厂家技术要求，对分闸电磁铁、分合闸弹簧、机构连杆进行调整。

（4）当合分时间不满足规范要求时，可能造成的原因有：

① 单分、单合时间不满足规范要求；

② 断路器操动机构的脱扣器性能存在问题，应综合分析上述原因，按照厂家技术要求，对单分、单合时间进行调整或者对脱扣器进行调节。

（5）当不同期值不满足规范要求时，可能造成的原因有：

① 三相开距不一致；

② 分相机构的电磁铁动作时间不一致，应综合分析上述原因，按照厂家技术要求，对分闸电磁铁、分合闸弹簧、机构连杆进行调整。

四、机械特性测试注意事项

（1）使用绝缘拉杆挂断口测试线时，应多人扶持，防止绝缘拉杆倾倒。

（2）接断口线之前，必须先将仪器机壳做好接地，以便接断口线时能够释放断口上的感应电压，保护仪器及人身安全。

（3）控制回路线应接在分、合闸线圈辅助接点侧，严禁直接接在分、合闸线圈上，以防烧毁线圈。

（4）实际运行中所有断路器都是在控制电压为额定电压时动作的，所以当外加控制电压保持为额定电压时，测得的断路器的动作时间才是正确的。一般加在分闸回路上的电压越高，断路器的分闸时间越短，反之越长。为防止测试误差，应保证施加在分合闸线圈上的电压为额定工作电压。

（5）安装传感器时，应把断路器的分、合闸动作销子插上，防止安装时断路器误动，造成人员的机械伤害；尽量把传感器安装在最靠近动触头的运动拐臂侧，以免中间转换部分的间隙或非线性影响测试准确度；传感器安装应牢固，任何在断路器动作过程中的晃动都会影响到测试数据的准确性（对于旋转式传感器，注意避开传感器死区）。

（6）断路器机械特性试验应在额定 SF_6 压力、额定操动机构压力的情况下进行。

（7）断路器进行分合闸操作时，作业人员应保持互唱，做好监护，严禁断路器的机构箱处有人工作，防止人员受到机械伤害。

（8）各种操动机构的断路器，其时间、速度的调整是相互影响的，调整一个参数的同时，会改变其他参数的数值，因此，调整完毕后，应对断路器的其他参数进行测试。

模块四　我要练

高压开关的特性测试包括哪些内容？

____

____

____

工单七　电缆故障综合测试

模块一　操作工单：电缆故障综合测试

（一）试验名称及仪器	（二）试验对象
电缆故障查找 电缆故障综合测试仪	各种型号、不同电压等级的电力电缆
（三）试验目的	（四）测量步骤
查找电缆的高阻闪络故障，高低阻性的接地、短路和电缆的断线、接触不良等故障	（1）诊断电缆故障性质，确定电缆故障类型。 （2）电缆故障点测距（粗测）。 （3）电缆故障路径查找。 （4）故障点定位（精测）
（五）注意事项	（六）技术标准
（1）了解电缆的基本信息。 （2）确保故障电缆断电。 （3）测试前先放电。 （4）电缆高压试验应严格遵守《电业安全工作规程》	电缆中间连接头与终端是电缆最容易出现故障的地方，一般情况下，电缆故障的表现有以下几种： （1）电缆生产工艺有问题，使杂质、气隙等进入电缆头内。电缆运行时就会遭受强电场，杂质出现游离现象，导致电缆故障。 （2）电缆接头的金属被屏蔽，与地不能有效接触，使电缆接地电阻变大，击穿电缆绝缘，引发故障
（七）结果判断	（八）数字资源
（1）被测电缆一芯或几芯对地存在绝缘电阻，或者绝缘电阻小于 100 Ω时，可判断为低电阻接地或者短路缺陷。 （2）被测电缆一芯或几芯对地存在绝缘电阻，或者绝缘电阻与正常值相差很大，且大于 100 Ω时，可判断为高电阻接地缺陷。该现象表现为闪络延续多次存在，时间为几秒或者几分钟。 （3）被测电缆的电芯对地绝缘电阻值较高时，要停止进行导体延续性试验，检查是否有断线，如果有，即可判断为断线缺陷。 （4）闪络性缺陷常见于电缆预防耐压性试验，部位常见在电缆的终端以及中间接头。进行电缆故障查找可以使用兆欧表测量各相的绝缘电阻	（1）电缆综合测试仪 （2）电缆故障探测 （3）电缆振荡波局部放电测试仪 （4）电缆路径探测

模块二　跟我学

一、电缆故障概述

电力电缆以其供电安全、可靠、有利于美化城市等优点，获得了越来越广泛的应用。电力电缆多埋于地下，环境恶劣复杂，影响因素较多，一旦发生故障，寻找起来十分困难，往往要花费数天或更久的检测时间，浪费了大量的人力、物力，而且会造成难以估量的停电损失。所以如何准确、迅速地查询电缆故障便成了日益关注的问题。

电缆故障情况及埋设环境比较复杂，变化多，测试人员应熟悉电缆的埋设走向与环境，确切地判断出故障性质，选择合适的仪器与测量方法，按照一定的程序工作，才能顺利地测出电缆的故障点。

二、电力电缆基本结构示意图

电力电缆的基本结构由线芯（导体）、绝缘层、屏蔽层和保护层四部分组成。线芯是电力电缆的导电部分，主要用来输送电能，是电力电缆的主要部分。绝缘层是将线芯与大地以及不同相的线芯间在电气上彼此隔离，以对触电起保护作用的一种安全措施，保证电能输送，是电力电缆结构中不可缺少的组成部分。屏蔽层将电场或磁场控制在电缆内部，防止其对外部设备产生干扰，也防止外部电场或磁场进入电缆内部。15 kV 及以上的电力电缆一般都有导体屏蔽层和绝缘屏蔽层。保护层的作用是保护电力电缆免受外界杂质和水分的侵入，并防止外力直接损坏电力电缆。电力电缆按绝缘层材料主要分成油浸纸电缆、橡胶电缆和塑料电缆，其中塑料绝缘材料主要有聚氯乙烯绝缘、聚乙烯绝缘、交联聚乙烯绝缘、聚丙烯绝缘等。其中应用最为广泛的是交联聚乙烯（Cross Linked Polyethylene，XLPE），如图4-37 所示。

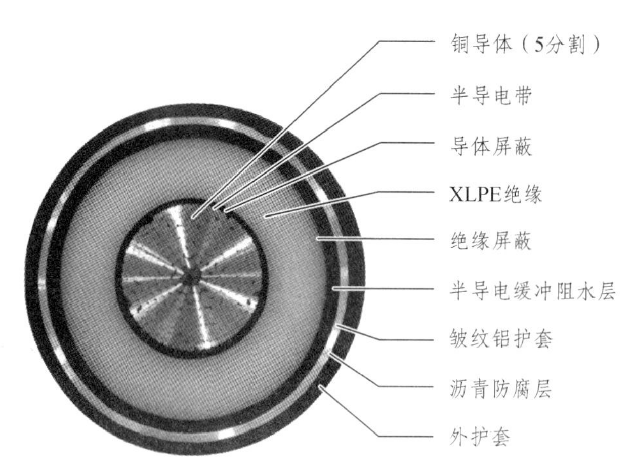

图 4-37　交联聚乙烯电缆结构图

三、电力电缆故障原因

不同的原因会导致电力电缆产生各种各样的故障，而熟悉电缆故障的原因有助于快速判定故障点位置。故障原因主要有以下 8 种，如图 4-38 所示。

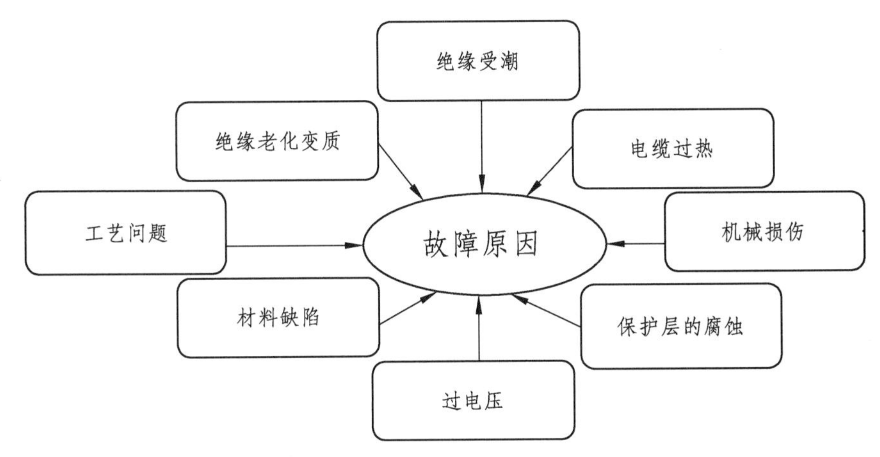

图 4-38　电缆常见 8 种故障类型

（一）机械损伤

机械损伤是电缆故障的主要原因，在各种故障中占比最大。在电缆施工和维护时，导致电缆机械损伤主要有以下三个因素。

（1）外力破坏因素，主要是在电缆路径附近打桩、挖土等施工作业或者重型列车运行振动所导致。例如公路、铁路或者地铁敷设的地下电缆，由于列车行驶中的剧烈振动或冲击性负荷，电缆的外皮会产生弹性疲劳而裂损。

（2）安装损伤因素，主要是电缆接头安装敷设工艺差，容易使电缆在牵引力下过度拉伸或者弯曲，造成电缆绝缘层和屏蔽层的损坏；电缆剥切尺寸过大或者刀痕过深等也会造成安装损伤。

（3）自然损坏因素，主要是电缆运行过程中受自身重力或建筑物沉降使得电缆垂直受力过度导致变形甚至折断，造成电缆接头处断裂、电缆内部绝缘胶膨胀等，破坏电缆绝缘层及外护套，从而造成电缆故障。

（二）绝缘受潮

绝缘受潮也容易引发电缆故障，电缆中间接头或终端接头在制作时工艺质量差，造成密封性不好、绝缘破损、裂纹，从而造成绝缘内部有水分受潮，或者金属护套因腐蚀、外物刺伤产生孔洞或者裂缝，容易引发电缆绝缘受潮故障。

（三）绝缘老化变质

电缆绝缘性能在长时间运行过程中会受到自身和环境的电和热的持续作用而发生老化，表现为绝缘强度降低，介质损耗增大。

1. 化学变化

电缆在电场的持续作用下，其绝缘介质内部的气隙在电游离时发生化学变化，产生的腐蚀性化学物质影响电缆的绝缘性能。电缆绝缘受潮，绝缘也会因为水分的作用导致内部纤维水解，降低绝缘强度。

2. 材料疲劳

电缆绝缘和护层在内外部循环应力作用下，逐渐产生局部累积损伤，绝缘降低，护层也会出现微小的裂纹、孔洞，导致电缆故障的产生。

3. 局部过热

电缆运行时，各种损耗会使电缆升温。电缆在过负荷使用时，电缆升温速度增加，因为局部过热而使绝缘加速损坏，导致断电或者火灾。

4. 过电压

大气过电压和电力系统内部过电压使电缆绝缘所承受的过电压超过允许值而造成击穿。大气过电压包括直击雷过电压、感应过电压和反击过电压等。电力系统内部过电压包括电力系统操作过电压或电网参数配合不当造成的危害性过电压等。大多数户外电缆终端头的故障是由于大气过电压引起的，内部过电压会加剧电缆本身的缺陷进一步扩大。

5. 设计和制作工艺不良

电缆因防水性、机械强度、绝缘材料等质量问题导致电缆内部电场分布不合理，另外机械强度和裕度不够等也会影响电缆质量。电缆接头制作过程中，封铅不严、导线连接不牢、芯线弯曲过度、绝缘材料受潮或有气隙等工艺质量问题等都会导致电缆故障的发生。

6. 保护层的化学腐蚀

在有酸碱作业的地区，电缆铠装、铅包或者外护层在土壤中的酸、碱化学作用下往往会大面积腐蚀损坏。

7. 电缆过热

造成电缆过热的原因是多方面的。内因主要是电缆绝缘内部气隙游离造成局部过热，从而使绝缘碳化。外因是电缆过负荷或散热不良，安装于电缆密集地区、电缆沟及电缆隧道等通风不良处，穿在干燥管中或热力管道附近，都会因过热而使电缆绝缘加速损坏。

8. 材料缺陷

材料缺陷主要表现在以下三个方面：

（1）电缆制造问题，主要有包铅（铝）留下的缺陷，在包缠绝缘过程中，纸绝缘上出现褶皱、裂损、破口和重叠间隙等缺陷。

（2）电缆附件制造缺陷，如铸铁件有砂眼、瓷件的机械强度不够，其他零件不符合规格或组装时不密封等。

（3）对绝缘材料维护管理不善，造成制作电缆中间接头和终端头绝缘材料受潮、脏污和老化，影响中间头和终端头的质量。

四、电缆故障性质的判断

电缆常见故障有漏电接地、短路（俗称电缆“放炮”）、断线等，主要原因是电缆老化或受到外力碰、砸、挤压，接线工艺不合格以及保护失灵等，如表 4-26 所示。电缆故障的查找与处理程序是：先判断故障性质，后查找故障点，再根据情况按规定进行处理。

表 4-26　电缆故障类型及原因

序号	电缆故障类型		故障原因
1	漏电故障		芯线相间或对地绝缘电阻达不到要求；芯线之间或对地泄漏电流过大，导致电缆的绝缘水平降低，出现漏电现象
2	接地故障	完全接地（“死接地”）	电缆某相线芯接地，如用摇表（或万用表）测量两者之间的绝缘电阻为零
3		低阻接地	电缆一相或几相芯线对地的绝缘电阻值低于 300 Ω，由于不同厂家设备入射波参数不同，低压脉冲波形检测 100~300 Ω 判为低阻性故障（低阻性波形形态朝下）
4		泄漏性高阻接地	电缆一相或几相芯线对地的绝缘电阻值在 1 kΩ 以上，工程上往往 1 kΩ~几十 MΩ 定义为泄漏性高阻接地（高阻性波形形态朝上）
5	短路故障		有完全短路、低电阻或高电阻短路；有两相同时接地短路或两相直接短路；有三相短路或接地
6	断线开路故障		电缆一相或几相线芯断开，或者一相导电线芯断开一部分
7	闪络性高阻故障		当电缆的电压达到某一定值时，芯线间或芯线对地发生闪络性击穿；当电压降低后，击穿停止。在某些情况下，即使再次提高电压，击穿也不出现，经过若干时间后又会发生。这种故障有自动封闭故障点的特点
8	电缆着火		发生相间短路故障后，熔断器、过电流继电器等保护失灵，强大的短路电流产生的高温点燃了橡胶套电缆的胶皮，引起火灾
9	电缆破损龟裂		以低压橡胶套电缆发生为主，由于长期过负荷运行，造成绝缘老化，芯线绝缘与线芯黏连，则容易出现相间短路事故。产生的故障原因，除电缆的型号和截面选择不当、施工工艺质量不好、电缆质量有问题外，许多故障都与电缆的管理、运行和维护有关

五、电缆故障测试步骤（见图 4-39）

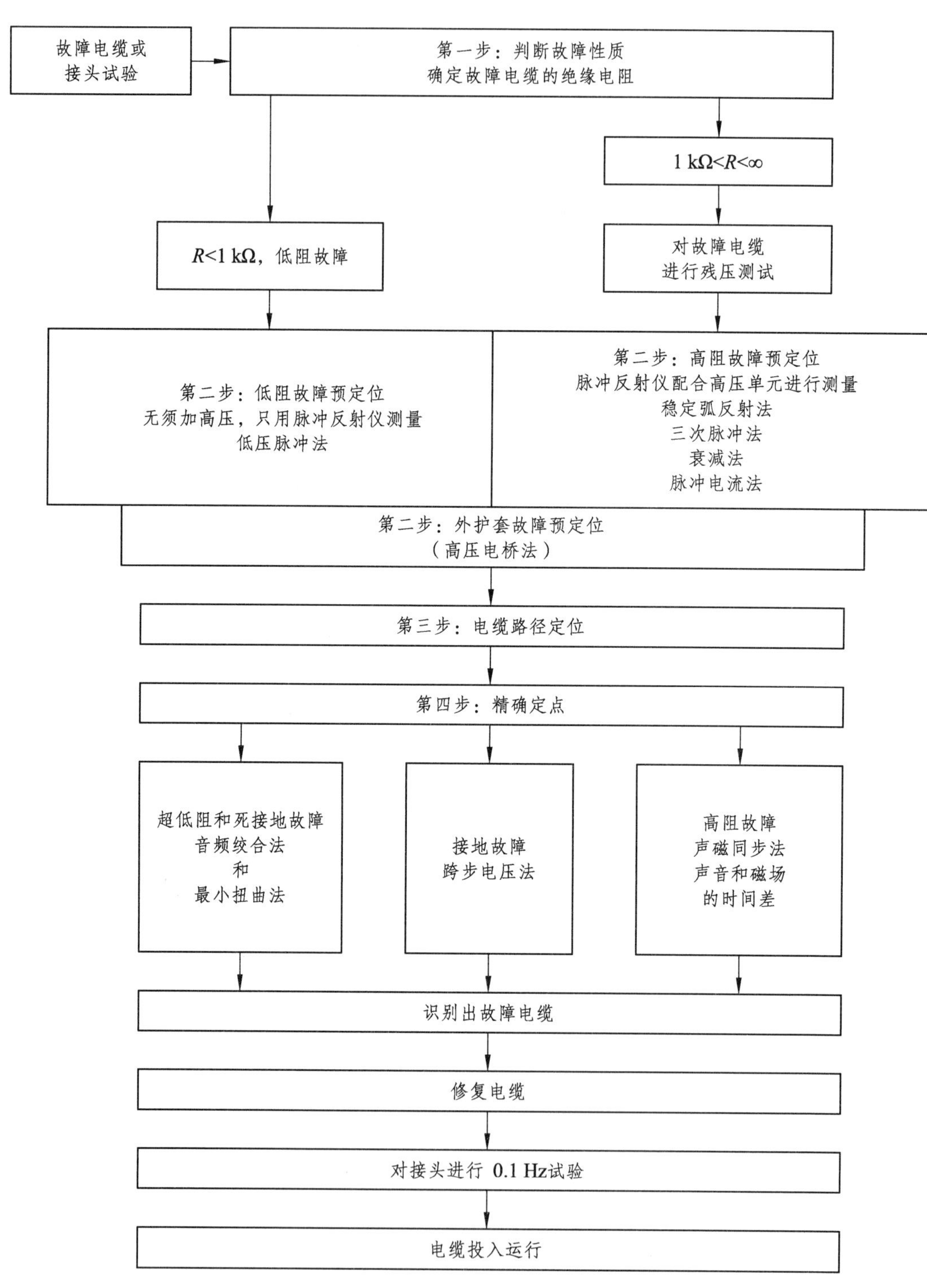

图 4-39　电缆故障测试步骤

六、电缆故障点的查找

电缆故障查找接线原理图如图 4-40 所示。

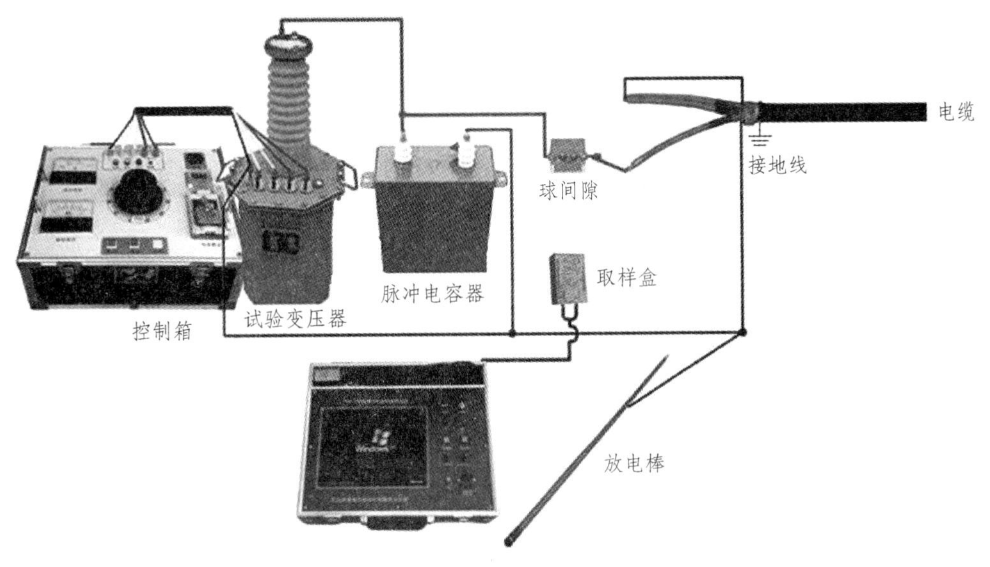

图 4-40　电缆故障查找接线原理图

（一）声测定点法

1. 应用范围

声测定点法是查找电缆故障的主要定点方法，主要用于测量高阻与闪络性故障，对于低阻故障（金属性短路除外），也可使用该方法。

2. 利用故障放电声音定点

使用与冲闪法测试相同的高压设备，使故障点击穿放电，故障间隙放电时产生的机械振动传到地面，便听到“啪、啪”的声音，利用这种现象可以十分准确地对电缆故障进行定点。

对于电缆护层已被烧穿的故障，在地面上通过耳机可以直接听到故障点的放电声。对于护层未烧穿的电缆故障或电缆埋设较深时，地面上能听到的放电声太小，要应用高灵敏度的声电转换器（拾音器或压电晶片），将地面微弱的地震波变成电信号，进行放大处理，用耳机还原成声音。

传统的电缆故障定点仪用耳机监听或观察机械式指针的摆动来判断是否有故障点放电产生的声音信号。

记录故障点放电产生的声音波形信号，分析判断信号的强度、频率、衰减、持续时间等，正确地识别出故障点放电产生的声音信号。

在地面上接收到的电缆故障点放电产生的声音信号的波形取决于故障间隙的大小、护层是否烧穿、埋设深度及电缆周围介质等因素，精确分析起来比较困难。一般来说，电缆故障点放电产生的声音信号波形是一个衰减的余弦信号，频率在 200～400 Hz 之间，信号持续数个毫秒的时间，图 4-41 给出了一个仪器记录下来的电缆故障点放电有代表性的声音波形。

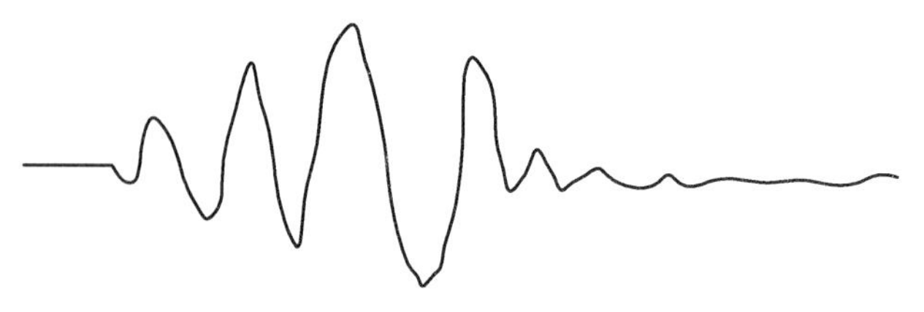

图 4-41　故障点放电声音波形

智能化的定点仪器有波形记忆及比较功能，在同一地点进行多次测量，对多次由故障放电产生的磁场触发而记录下的声音波形信号进行观察比较，如果是故障点放电产生的声音信号，必然有比较好的一致性。

利用这一特点，可以较好地排除环境噪声干扰的影响，特别是在故障点放电产生的声音信号比较小时，这一办法十分有效。

3. 不同形式故障接线

（1）接地故障。接地故障的冲击高压是加在故障相与电缆外皮之间的，故障间隙放电产生的振动，通过外皮传到地面上，容易被接收下来。

（2）相对相故障。相对相故障时，冲击高压加到两故障相之间（其中一相接外皮），故障间隙放电产生的振动被电缆绝缘和护层屏蔽，地面受到的地震波较弱。

（3）断线故障。断线故障点测试接线如图 4-42 所示，其中故障相要在远端接地，以构成放电回路。因为电缆绝缘和护层阻隔了断线处间隙放电的机械振动，地面上接收的地震波较弱。

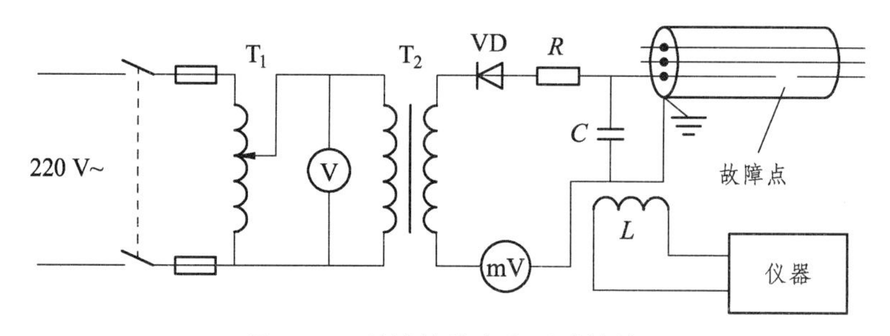

图 4-42　断线故障定点测试接线

4. 注意事项

（1）故障点处的放电能量与放电电流和接地电阻的大小有关，故障点电阻不能太低，否则将因放电能量小，而使定点仪听不到放电声，这就是声测法特别适用于高阻故障的原因。

（2）选用容量大的储能电容（2 ~ 9 μF），以及提高冲击电压均有利于加大故障点放电产生的地震波的强度，便于寻找故障点。

（3）球间隙放电时间间隔一般取 2 ~ 10 s，放电太快，试验设备易损坏，太慢则不易区别外界干扰。放电时间一般靠改变调压器的电压及球间隙大小来确定。专用高压信号发生器的放电时间间隔由时间继电器来控制。

（4）声测法放电时，若接地不够好，则可能在电缆线路的护层与接地部分间有放电现象而造成误判断。因此，特别在电缆裸出部分的金属夹子处，要仔细辨别真正的故障点。

一般在故障点除了能听到声音外，还会有振动，用手触摸振动点时，应戴绝缘手套。

在电源端与故障点间的电缆线路上（包括穿于铁管中的过桥电缆），声测法定点时在管上和电缆护层上会出现感应电压而对地有轻微的放电声，应与真正的故障点加以区别，一般真正的故障点声音较响，而且有振动。

（5）定点人员和操作高压设备的人员通过步话机等手段保持联络，可方便地控制高压设备的启停及间隙放电时间间隔，有利于排除环境噪声干扰，缩短故障定点时间。

（二）声磁信号同步接收定点法

1. 声磁信号同步接收提高抗干扰能力

实际测试中，往往由于环境噪声的干扰，使人很难辨认出真正的故障点放电声音。采用声磁同步接收法，可以提高识别能力。

在向电缆施加冲击高压信号使故障点放电时，会在电缆的外皮与大地形成的回路中感应出环流来，这一环流在电缆周围产生脉冲磁场。由于一般环境电磁干扰与电缆故障放电的脉冲磁场相比弱得多，仪器能够可靠地检测出磁场信号。如在监听到声音信号时接收到脉冲磁场信号，即可判断该声音是由故障点放电产生的，故障点就在附近，否则可认为是干扰。

2. 脉冲磁场波形的识别

现代智能故障定点仪器在记录声音信号的同时也可以记录下电缆故障点放电产生的脉冲磁场信号，通过识别脉冲磁场的特征可以更好地排除干扰的影响。比较磁场波形的初始极性，可以在定点的同时确定电缆的埋设路径。电缆故障点放电产生的脉冲磁场一般是一衰减的余弦信号，信号的周期与电缆的长度、电缆周围的介质等因素有关，持续的时间长度大约是电缆上高压信号存在的时间。图 4-43 给出了一典型的故障点放电产生的脉冲磁场信号。

图 4-43　故障点放电产生的脉冲磁场信号

3. 利用脉冲磁场的异常变化进行故障定点

在地面上接收到的磁场主要是由电缆外皮与大地之间的环流产生的，在故障点前后脉冲磁场没有明显变化，所以一般不能从脉冲磁场的波形变化来确定故障点的位置。但个别情况下，如在电缆故障点护层存在严重烧穿或故障点在接头位置时，故障点放电电流产生的地面磁场可能有较明显的异常变化，可以根据磁场的这一异常变化来确定故障点的位置。

4. 利用磁、声时间差估计故障点位置

现场测试时，往往已听到故障点放电声音，但仍然不能精确地断定故障点在何处，特别是当电缆敷设在钢管或管道里面时，难度更大。通过检测磁、声信号的时间差，可以解决这一问题。由于磁场信号传播速度快，一般从故障点传播到仪器探头放置处所用的时间是微秒级，可忽略不计；而声音传播速度慢，传播时间在毫秒级；因此，可根据探头检出的磁、声

信号的时间差，判断故障点的远近，测出时间差最小的点，即故障点。应该指出，由于很难知道声音在电缆周围介质中的传播速度，所以不可能根据磁、声信号的时间差，准确地知道故障点与探头之间的距离。

图 4-44 给出了仪器探头在故障点附近两点检测到的故障点放电声音信号，仪器在被脉冲磁场信号触发后开始记录声音信号。从图中可以明显看出磁、声信号出现的时间差 Δt_1 与 Δt_2，由于第二个点靠近故障点，所以 $\Delta t_1 > \Delta t_2$。

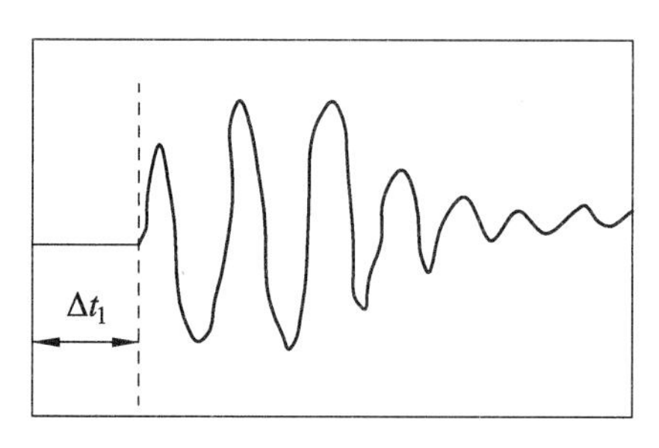

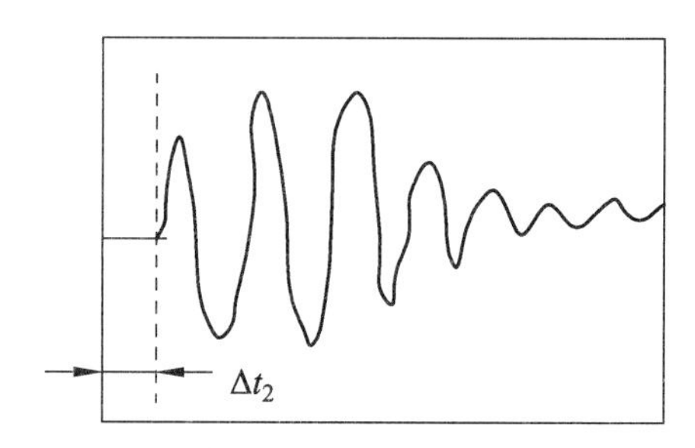

图 4-44　仪器记录下的放电声音信号

（三）音频感应法

1. 应用范围

音频感应法一般用于探测故障电阻小于 10 Ω的低阻故障。在电缆接地电阻较低时，故障点放电声音微弱，用声测法进行定点比较困难，特别是金属性接地故障的故障点根本无放电声音而无法定点。这时，便需要用音频感应法进行特殊测量。

用音频感应法对两相短路并接地故障，以及三相短路或三相短路并接地故障进行测试，都能获得较满意的效果，一般测量所得的故障点位置的绝对误差为 1 ~ 2 m。

其他类型的故障，如一相或两相断线、单相接地等故障位置，若采用特殊探头，也能用音频感应法准确地测出来。

2. 音频感应法定点的基本原理

音频感应法定点的基本原理，与用音频感应法探测埋地电缆路径的原理一样。探测时，用 1 kHz 的音频信号发生器向待测电缆通音频电流，发出电磁波；在地面上用探头沿被测电缆路径接收电磁场信号，并将之送入放大器进行放大；而后，将放大后的信号送入耳机或指示仪表，根据耳机中声响的强弱或指示仪表指示值的大小定出故障点的位置。

3. 测寻故障的方法

（1）电缆相间短路（两相或三相短路）故障的测寻方法。用音频感应法探测相间短路（两相或三相短路）的故障点位置时，向短路线芯通以音频电流，在地面上将接收线圈垂直或平行放置接收信号，并将其送入接收机进行放大。地面上的磁场主要是两个通电导体的电流产生的，并且随着电缆的扭矩而变化；因此当探头在故障点前沿着电缆的路径移动时，会听到声响有规则的变化，当探头位于故障点上方时，一般会听到声响增强，再从故障点继续向前移动时，音频信号即明显变弱甚至中断，如图 4-45 所示。因此，声响明显变弱或中断的点即是故障点。

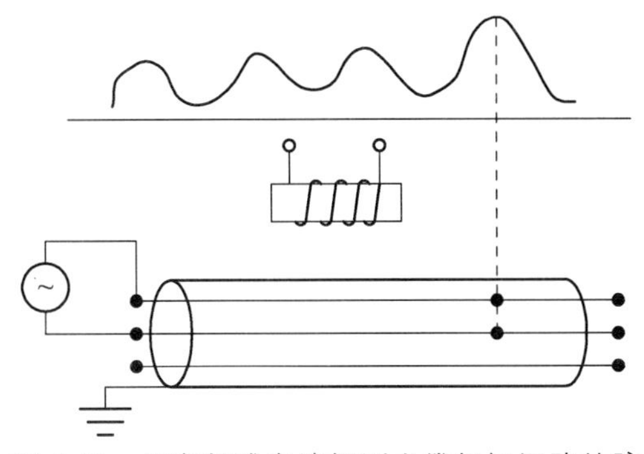

图 4-45　用音频感应法探测电缆相间短路故障

相间短路及相间短路并接地故障的故障点位置，用音频感应法测寻比较灵敏。

（2）单相接地故障测寻方法。测寻单相接地故障点位置时，将音频信号发生器接在故障相导体与地之间。由前面的介绍可以知道，电缆周围的磁场可以看成是由在导体与外皮之间流动的电流 I 产生的磁场，以及金属外皮与大地之间的电流 I' 产生的磁场叠加形成的，回路电流 I' 在地面上产生的磁场远大于回路电流 I 的磁场。这样，若用一般的电感线圈接收信号，则在电缆全长上任一点听测到的信号声响基本上没有变化，从而无法测出故障点。这时，应采用特殊的差动探头。差动探头有两个线圈，两个线圈的信号相减后送入仪器。当使用差动探头沿电缆路径探测时，电流 I' 在两个线圈里产生的感应电压是相同的，因而探头送入仪器内的信号没有电流 I' 产生的磁场成分，它只反映导体与外皮之间流动的电流 I 产生的磁场。在故障点前，由于导体沿电缆是扭绞前进的，磁场沿电缆是变化的，差动探头在故障点前能接收到一个较弱的沿电缆变化的信号；而在故障点之后，由于没有导体电流 I 存在，差动探头接收到的信号为 0；电缆导体的电流在故障点消失，因而在紧靠故障点前后的位置上，磁场的分布出现明显变化，差动探头接收到较强的信号，据此可能测出故障点，如图 4-46 所示。

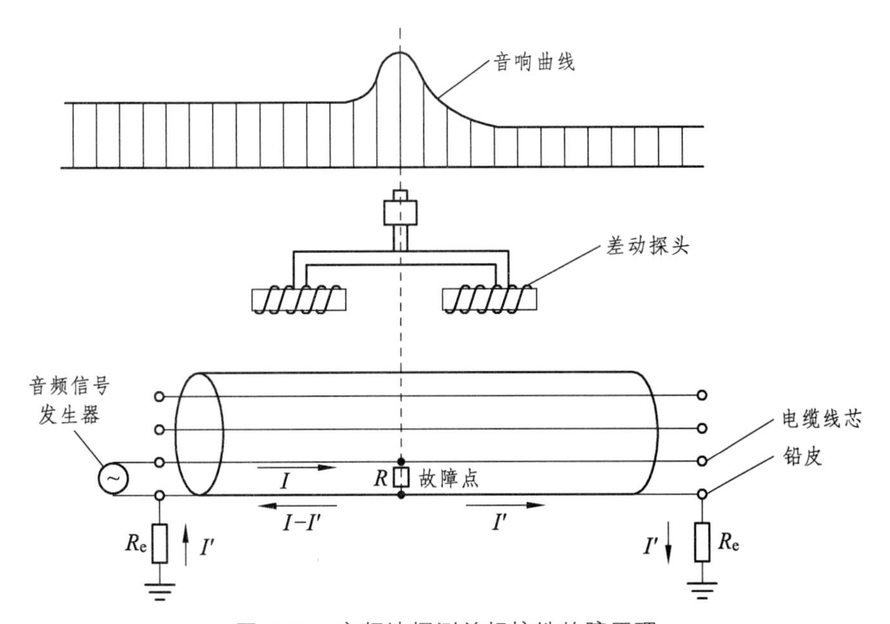

图 4-46　音频法探测单相接地故障原理

在使用差动探头时，应使探头的两个磁棒都平行于电缆，并沿电缆的路径进行探测，不应偏移或转向。如果发现差动不起作用，杂散干扰较大，可将两个探头中的一个在水平面上旋转 180°。

实际上，使用音频感应法测量接地故障是比较困难的，往往会找不到故障点。

（3）测寻埋地电缆故障点应注意的几个问题。

① 在电缆周围存在铁磁体时，接收线圈中收到的信号可能较强，但这并不反映故障点的情况。

② 在电缆接头处，往往接收线圈中能明显地收到强信号。

③ 电缆的各部分如果埋得深浅不一，接收线圈中收到的信号强弱也不一样，埋得浅的地方接收到的信号强。

电缆试验报告见附录二中表 13。

模块三　我要做

一、电缆故障测量仪的系统组成和工作原理

（一）系统组成

本系统由电缆故障测量仪主机、定位仪、路径仪、高压信号发生器四个主要部分组成。

1. 电缆故障测量仪（测距主机）

电缆故障测量仪用于测量故障性质、全长及电缆故障点的大致位置。

2. 定位仪

定位仪是在主机确定故障点的大致位置的基础上来确定故障点的精确位置。

3. 路径仪

对于未知走向的埋地电缆，需使用路径仪来确定走向。若已知电缆的具体走向，可不使用路径仪。

4. 高压信号发生器

它可用作 35 kV 及以下电缆故障测试高压源、直流耐压试验高压源，外加电容器后可做储能冲击放电试验。

由于地下电缆地下距离与地面距离不同（地下电缆有盘圈、余缆及高低走式），主机测试的距离只是地下距离，与地面上的距离不一致，因此电缆故障测量仪是一个粗测设备，它的测试结果只是一个大致结果。故障点的精确位置只能靠定位仪来测量。

（二）工作原理

电缆故障测量仪采用的是时域反射（TDR）原理，即对电缆发射一电脉冲，电脉冲将在电缆中匀速传输，当遇到电缆阻抗发生变化的地方（故障点），电脉冲将产生反射。主机将电脉冲的发射和反射的变化以时域形式通过液晶屏显示出来，通过屏幕可直接显示故障距离。

二、电缆故障位置查找步骤

（一）仪器界面

电缆故障测量仪界面（测距主机）如图 4-47 所示。

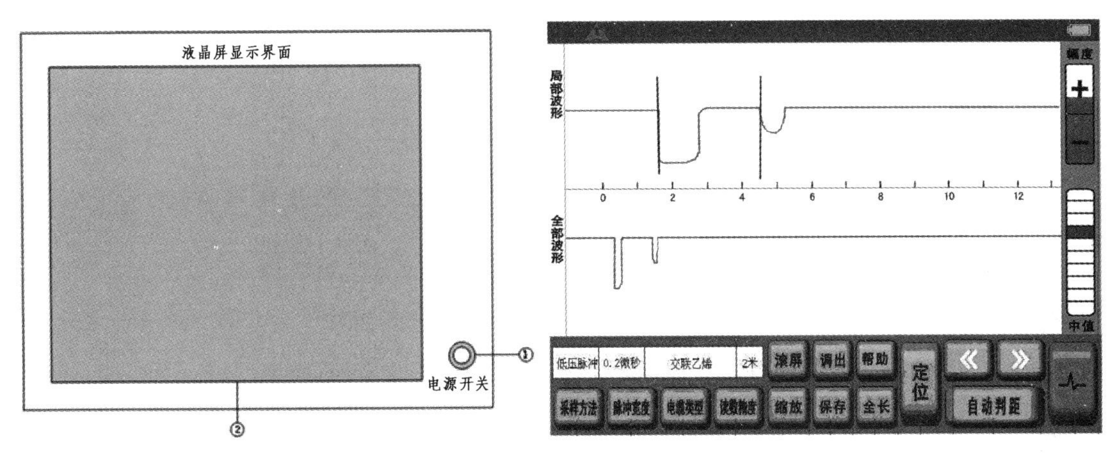

图 4-47　仪器面板和液晶屏菜单显示示意图

（二）用低压脉冲法测试电缆的低阻接地、短路、断路故障步骤

（1）此时不用其他辅助设备，直接在电缆故障测量仪的输入输出接口接出一根夹子线。将夹子线的红夹子夹在故障电缆故障相线芯上，黑夹子夹在电缆的外皮地线上，如图 4-48 所示。

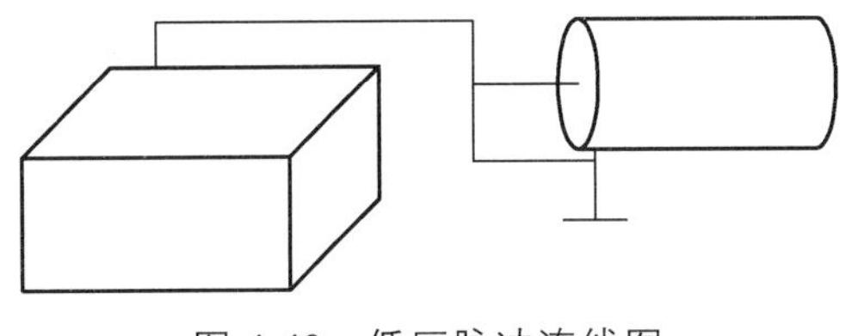

图 4-48　低压脉冲连线图

（2）启动仪器电源开关，屏幕将出现屏保图片，按一下自动进入界面。此时仪器默认的状态是“低压脉冲法”。应根据现场被测电缆种类、长度和初步判断的故障性质选择使用方法。设置在“低压脉冲法”时，在此界面还可以进行波速测量和打开历史文件查阅以前的测试结果。

（3）完成设备参数设置后，点击“采样”键，仪器自动发出测试脉冲。此界面将显示电缆的（开路）全长波形（见图 4-49）或低阻接地（短路）故障波形（见图 4-50）。

如波形不好，操作应调节“中值”和“幅度”，并观察采集到的回波，直到操作者认为回波的幅度和位置适合分析定位为止。仪器的参数设置等基本信息也在屏幕下方显示，操作时应注意屏幕下方的操作状态。

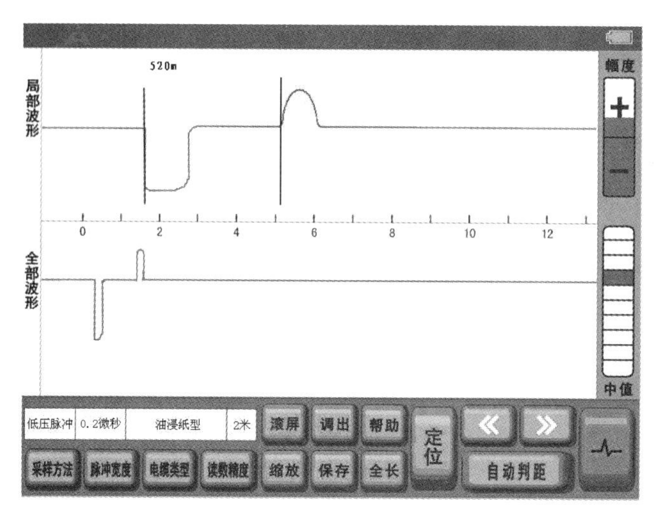

图 4-49　低压脉冲法测试的开路全长波形界面

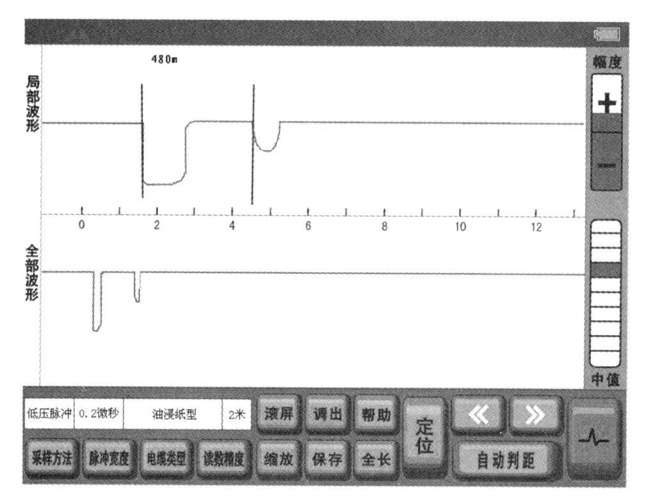

图 4-50　低压脉冲法测试的短路故障波形界面

（4）波形定位读取距离。低压脉冲判距比较容易，只要将游标分别定位到发射波及反射波的起点即可，如图 4-51 所示。

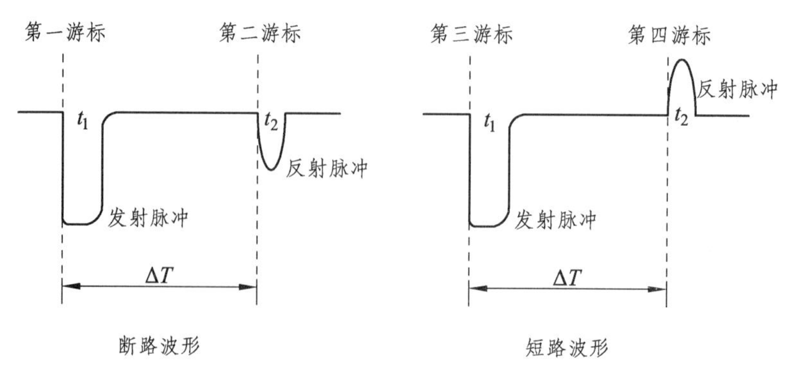

图 4-51　低压脉冲测试波形图

（5）保存。

很多场合，需要将测试结果保留或留作对比用，此时就要利用仪器中的“保存”功能，将此次测得的波形保存在仪器的数据库中。

如果测试人员认为有必要保存此次测试结果，可点击“保存”键，根据子菜单提示操作即可。

（三）用冲击高压闪络法测试电缆的高阻泄漏故障（包括高阻闪络性故障）

冲击高压闪络法测试电缆的高阻泄漏故障是目前在国内流行的传统检测方法。外接线路较为简单，但是波形分析的难度较大，只有在大量测试的基础上，有一定经验后才能熟练掌握。

将仪器附带的电流取样器用信号线与主机连接后放在电缆与高压设备间的接地线旁即可。只要冲击高压发生器输出的电压足够高，故障点在此冲击高压的冲击下被击穿，电缆中就会产生电波反射。电流取样器将地线上的电流信号通过磁耦合取得的感应反射电波传给 LIXAAN-3000 电缆故障测量仪，经过 A/D 采样和数据处理，并将采得的波形显示在屏幕上进行故障距离分析，如图 4-52 所示。

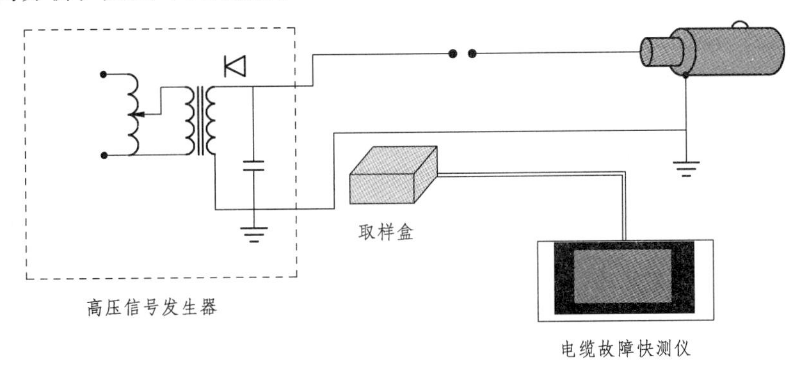

图 4-52　高压闪络测试法接线图

电缆类型和采样频率确定以后就可以点击“采样”键，进行采样等待。一旦高压发生器进行冲击高压闪络，仪器就自动进行数据采集和波形显示，如图 4-53 所示。

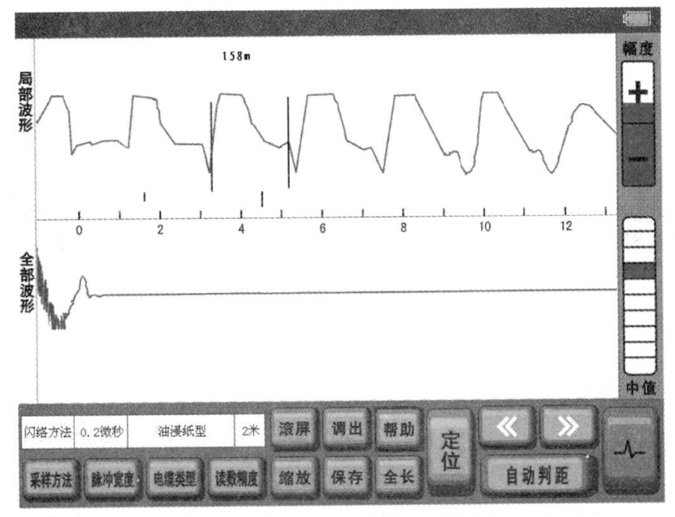

图 4-53　高压闪络法测试波形

屏幕上方红色波形是经过局部放大后的波形，下方蓝色波形为测试波形全貌。

当采集到较为理想的波形后，便可操作“波形缩放”和移动游标来标定故障距离。操作方法与低压脉冲法一致。

（四）波速测量

为了更加精确地测试故障距离，往往需要重新核对（测试）该电缆的电波传播速度。

（1）首先选一段已知长度的被测电缆。如果此次被测电缆的长度为未知，也可以用此电缆进行测速。

（2）仪器进入设置界面后，按“采样方法”后选择“速度测量键”。选取适当的采样频率和脉冲宽度。仪器的测量夹子接在被测电缆的线芯和外皮上。按“全长”键，弹出对话框，填写电缆长度值，按“OK”键。点击“采样”键，仪器屏幕将显示低压脉冲开路测试波形，通过游标定位仪器将自动显示所选的电缆的测试速度，如图 4-54 所示。

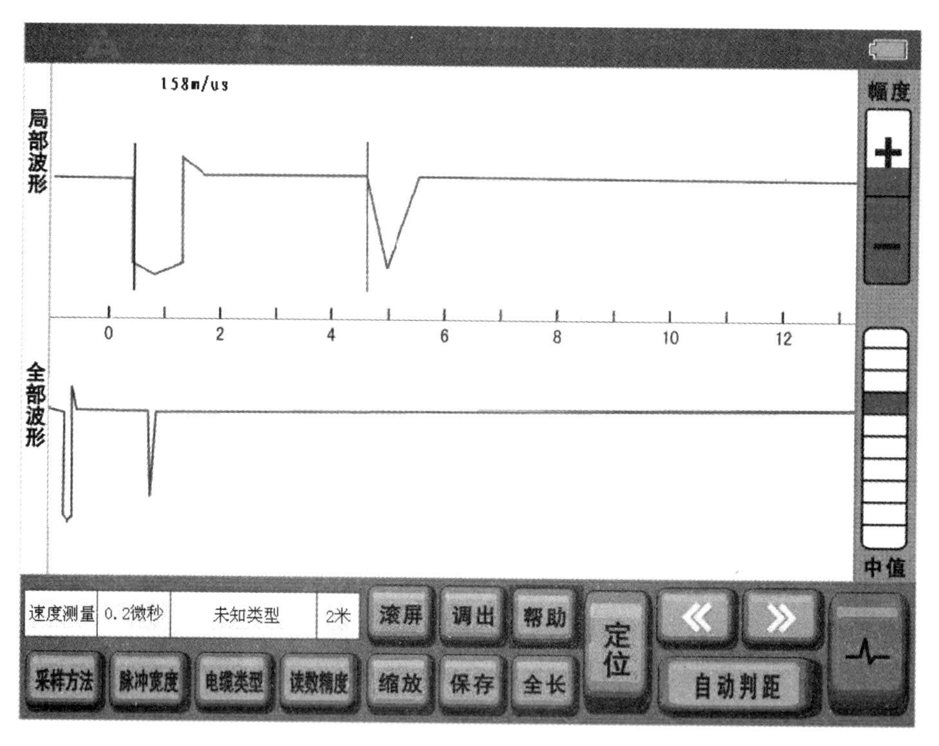

图 4-54　测速时的界面图

三、电缆故障测试操作步骤

（一）面板介绍

高压发生器控制仪器操作面板如图 4-55 所示。

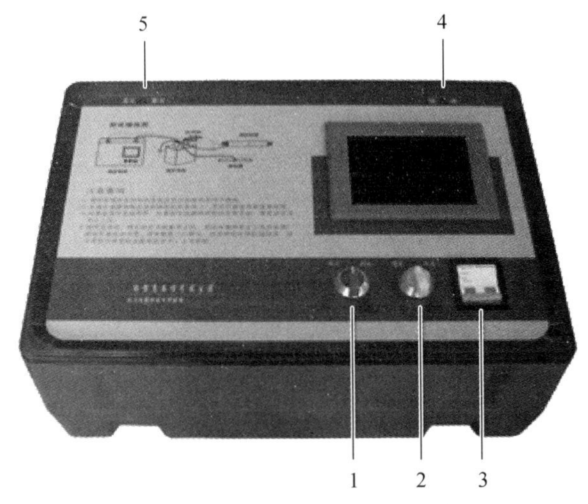

1—电源控制开关；2—升降压开关；3—电源空开；
4—电源插座及高压源接地端；5—高压输出接口。

图 4-55　高压发生器控制仪器操作面板

（二）故障电缆测试方法

1. 闪络法连线

（1）将高压电源的高压输出端与高压脉冲电容的一个极相连，再从电容的此极接至放电球间隙一端，球间隙另一端接至故障电缆的故障相，其他相和外铠一并接地。高压脉冲电容另一个极直接接入系统地。

（2）高压电源的接地端与电容接地端直接相连。

（3）电流取样盒与采样主机相连后，放置到电容器地线旁边，如图 4-56 所示。

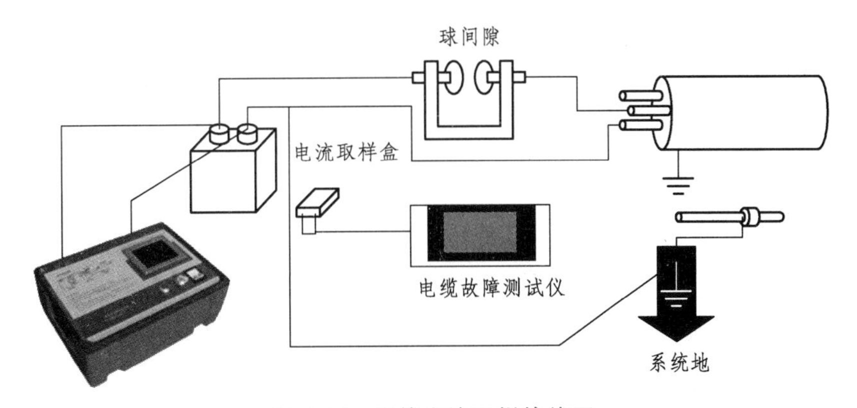

图 4-56　闪络电流取样接线图

2. 三级多次脉冲测试法连线

（1）将高压电源的高压输出端与高压脉冲电容的一个极相连，再从电容的此极接至中央控制单元的高压入口，中央控制单元的高压出口接至故障电缆的故障相，其他相和外铠以及中央控制单元的地线一并接地。

（2）高压电源的接地端与电容接地端直接相连。

（3）采样主机与中央控制单元的采样口相连，如图 4-57 所示。

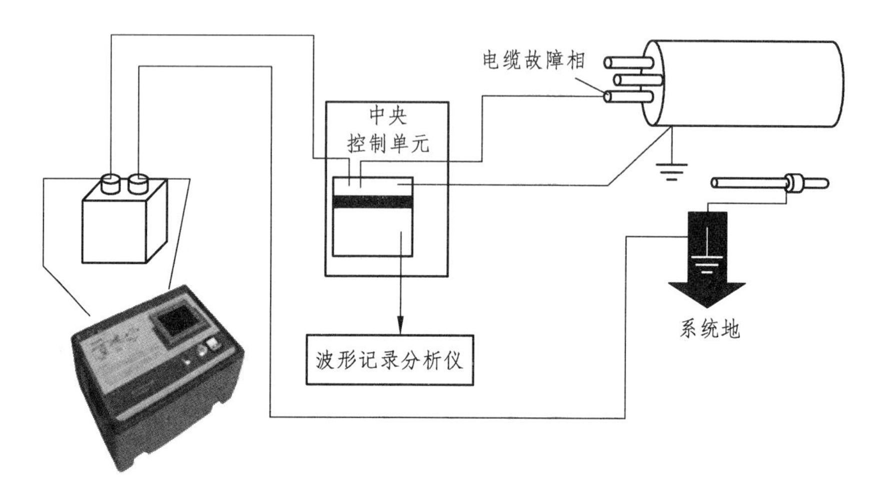

图 4-57　三级脉冲测试接线图

3. 故障点定位连线

故障点定位连线与闪络法连线相同，只是不用采样，如图 4-58 所示。

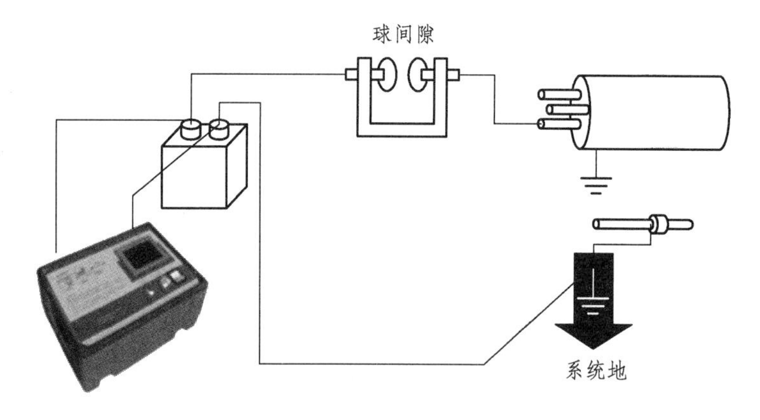

图 4-58　故障定点时的接线图

（三）仪器操作步骤

1. 接　线

（1）将高压电源的高压输出端与高压电容相连。

（2）将高压电源的接地端与高压电容接地端直接相连，然后将电容的地与保护地相连。

（3）检查控制开关在停的位置，将电源线插入高压电源的电源插座再接通空开，主控板开始正常工作，液晶屏显示当前工作状态及高压电容的电压现状。

2. 启　动

旋转启停控制钮至“启动”位，此时液晶屏工作状态栏中的电压预置值呈高亮色，电源进入预备工作状态。

3. 运　行

升压：旋转电压调节旋钮使其一直在升压位，电压预置栏中的值将逐渐增大。松开电压调节旋钮使其归位，电源进入升压工作状态，对外接电容充电并升压到预置值。

降压：旋转电压调节旋钮使其一直在降压位，电压预置栏中的值将逐渐减小。松开电压调节旋钮使其归位，电源进入降压工作状态。如果外接电容电压比电压预设值高，使用放电棒对电容放电到电压预设值。

4. 停　机

（1）旋转启停控制钮至“停止”位，此时液晶屏工作状态栏中的电压预置值呈灰色，电源不能进行升压或降压。液晶屏上的电压表仍能正常显示外接电容的电压值。

（2）用放电棒将受电设备或试品中的电量放掉，同时监视液晶屏上的电压表，直到电压指示为零，再用地线直接触及受电设备或试品的高压极，挂上放电棒。

（3）断开高压电源的空气开关。

（4）拆除连线。

四、电缆故障定位

（一）同步接收定位仪面板简介

同步接收定位仪面板如图 4-59 所示。

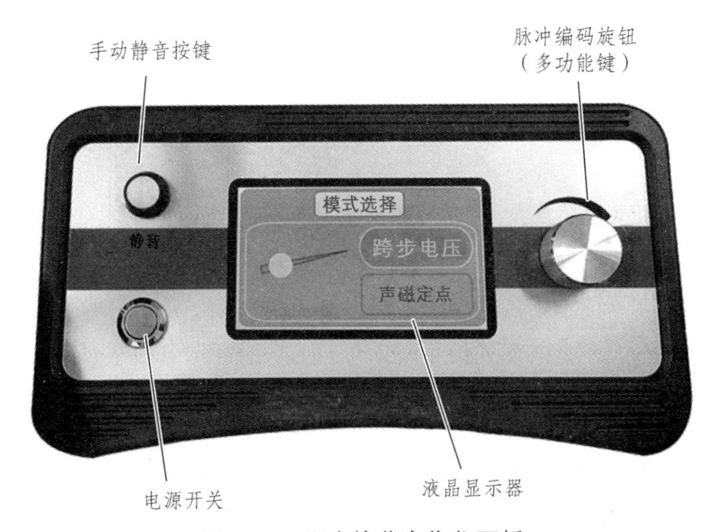

图 4-59　同步接收定位仪面板

（二）操作方法

（1）打开电源开关，开机之后将进入模式选择界面，此时顺时针旋转多功能旋钮，则指

针指向声磁定点，逆时针旋转多功能旋钮，则指针指向跨步电压。选中之后，按下多功能旋钮则会进入相应的工作模式，如图 4-60 所示。

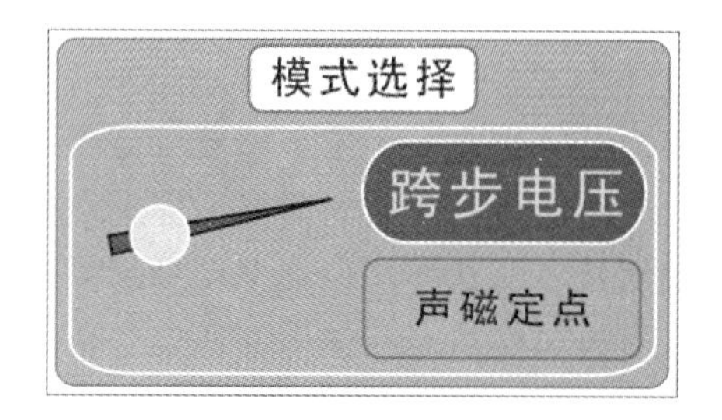

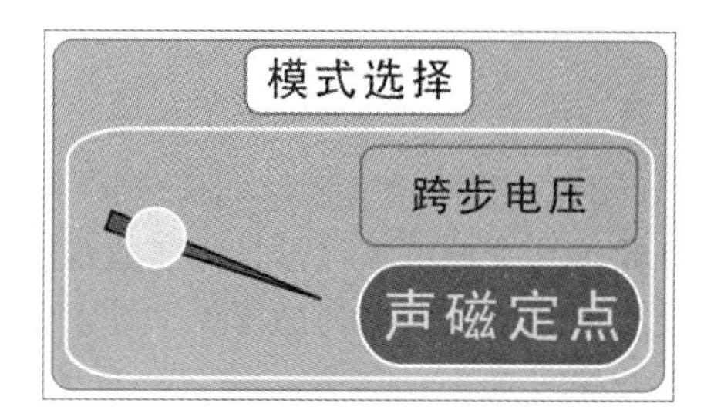

图 4-60　同步接收定位仪两种工作模式

（2）选择跨步电压模式进入，出现跨步电压模式主界面，如图 4-61 所示。

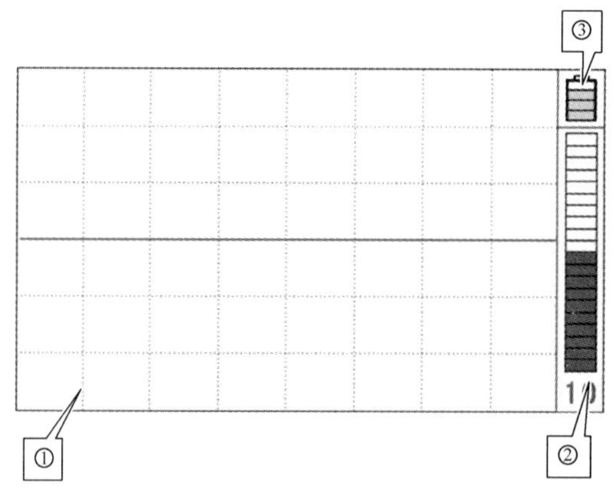

图 4-61　跨步电压模式主界面

① 波形显示区域：波形显示区域实时地对所采集到的波形进行连续刷新，用户可通过信号起始沿的变化及信号幅度的变化对故障方向进行判断。

② 增益显示：通过旋转多功能旋钮调节增益。顺时针旋转，增大放大增益；逆时针旋转，则缩小放大增益。共有 20 个细分挡位可供调节，自带内部自动衰减。

③ 电量显示：实时显示电池电量。

（3）开机之后选择声磁定点模式进入，出现声磁定点模式主界面，如图 4-62 所示。

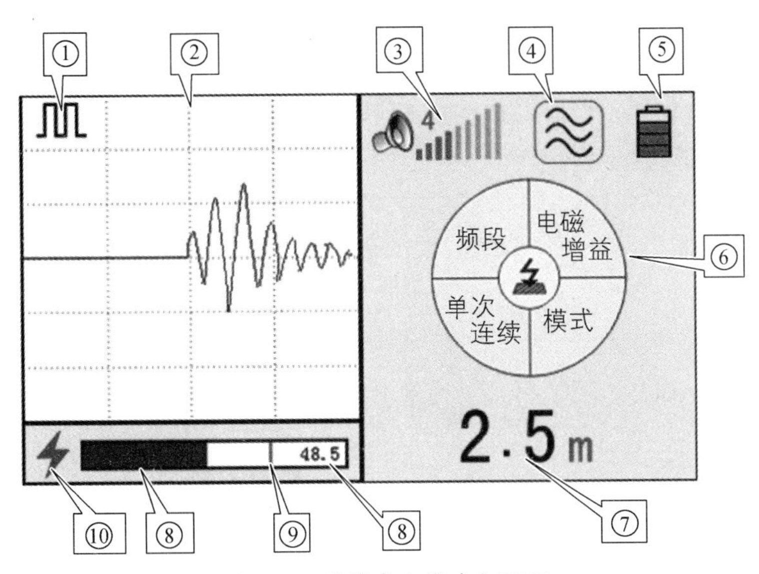

图 4-62　声磁定点模式主界面

① 模式指示：显示仪器工作模式单次模式 ⎍ 及连续模式 ⎍⎍。

② 波形显示区域：显示上次采集到的音频信号的波形。当长时间内没有收到电磁中断时，波形自动清零。在单次模式下，背景会自动添加距离轴，通过旋转多功能旋钮可进行翻页操作，方便查看大范围内的波形信息。

③ 音频增益：在主界面状态下，可以通过旋转多功能旋钮来调节音频增益大小，顺时针增大，逆时针减小。按下面板上的静音键之后仪器输出静音，再次按下或者改变音频增益时，仪器输出正常。

④ 频带显示：显示目前仪器所处的频带，共有四个频带，全频带、低频带、中频带和高频带，如图 4-63 所示。在主菜单频带栏中可以进行更改频带显示。

图 4-63　频带显示

⑤ 电量显示：实时显示仪器电池的剩余电量。

⑥ 主菜单及子菜单显示：显示主菜单，通过按下及旋转脉冲编码器进行主菜单选择切换及子菜单内部参数调整切换。

在主界面下脉冲编码旋钮未按下时主菜单圆盘显示如图 4-64 上方所示。

当按下一次脉冲编码旋钮时，显示如图 4-64 中部所示（此时可以通过旋转脉冲编码旋钮进行菜单之间的相互切换）。

选择菜单，再次按下脉冲编码键盘进入菜单，此时在距离显示区域会弹出相应菜单的子菜单：对应频段，电磁增益，单次连续。当弹出子菜单之后，就可以通过旋转脉冲编码旋钮进行子菜单内容的调节，如图 4-64 下方所示。再次按下脉冲编码旋钮便会确认退出，此时子菜单部分恢复到距离显示。

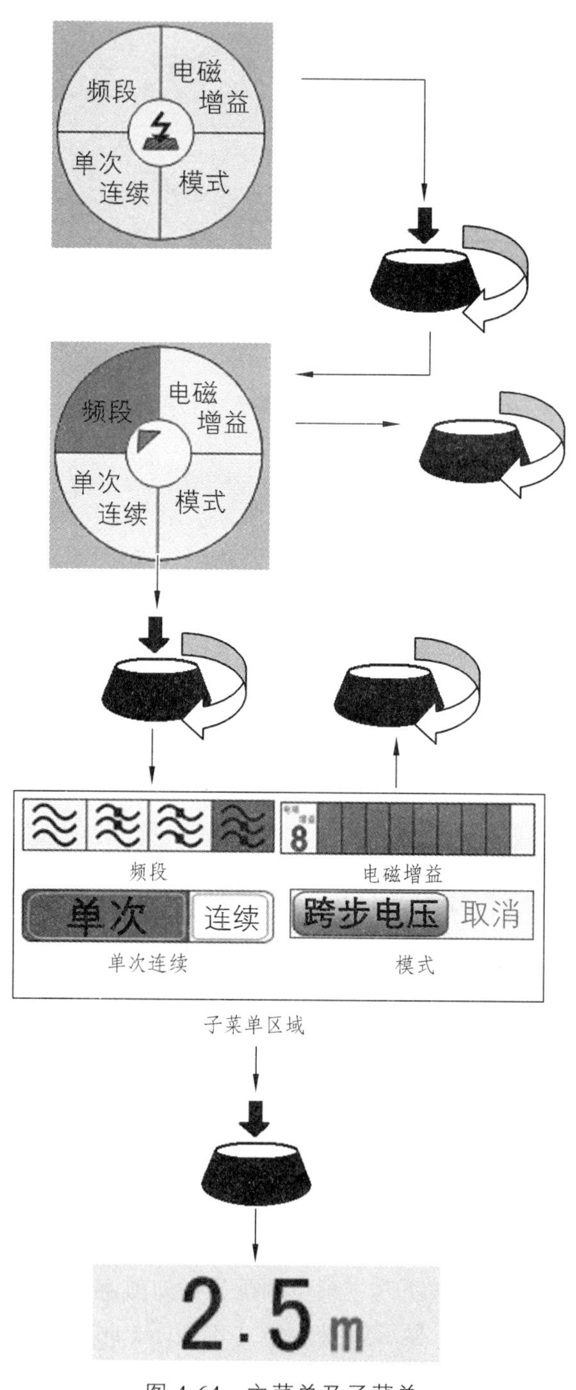

图 4-64　主菜单及子菜单

⑦ 电磁信号强度：当收到电磁中断之后，根据电磁强度自动填充，同时在电磁条右边显示当前采集到的电磁信号的强度 0 ~ 99.9，显示 3 s 左右之后自动清空。

⑧ 电磁强度最大值标记：记录当前电磁增益下的最大电磁强度，当长时间没有收到电磁信号时自动清零，改变电磁增益时也自动清零。

⑨ 电磁中断指示：当仪器收到电磁中断之后，标志自动点亮，点亮 3 s 左右会自动清除。

（三）声磁定点各种模式介绍

（1）频段：分为全频带、低频带、中频带、高频带。

① 全频带：此时仪器提供了最宽的工作频带，在刚开始定点及外界环境干扰比较小的情况下比较适用。

② 低频带：在此频带下，高频部分的噪声会被大大衰减。当离故障点比较远，或者电缆上方的土质或砂子比较松软时比较适用。另外，打火的声音比较“闷”的情况下也是比较适用的。

③ 高频带：在此频带下，低频部分的噪声会被大大衰减。而高频部分通过性比较好，在比较坚硬的路面，及靠近故障点时，打火声音比较响亮时比较适用。

④ 中频带：此频带是介于低频带及高频带之间的一个频带，用户可以根据此时的放电声音在低频及高频部分的不同响应进行选择。

（2）电磁增益。

电磁增益共分 9 个挡位，可以根据现场的不同情况进行调节，在每调节一次电磁增益时，电磁强度最大值距离显示电磁强度。

注：在使用过程中，如果电磁部分不断地进行触发，那么就要适当降低当前的电磁增益。

（3）模式切换。

在进行声磁定点时，如果想快速切换至跨步电压模式，那么选择菜单中的模式栏，然后进入选择跨步电压，按下确认，此时会快速将工作模式切换至跨步电压模式。在跨步电压模式下，如果想快速切换至声磁定点模式，只需按下脉冲编码旋钮即可。

（4）单次/连续。

在主菜单下选择“单次/连续”，当选择单次模式并确认退出后，此时波形显示区域背景便会显示出距离轴，仪器只响应一次打火模式，不会再次响应，通过旋转多功能旋钮便可切换观察波形信息，共 15 m 可观察（注：此时无法调节音频增益，多功能旋钮变为波形显示页面切换旋钮）。如果需要再次响应电磁中断，那么进入主菜单，选择单次/连续，选择单次模式再次按下确认，便可再次响应一次电磁中断。

当选择连续模式时，此时仪器会自动响应电磁中断，每次自动刷新显示信息。此时的波形显示为 15 m 的压缩波形，可以观察波形的大概信息，不需要太多的操作，此时在主界面状态下旋转多功能旋钮便可调节音频增益。如果要细致观察波形细节信息，那么进入单次模式进行观察，如图 4-65 所示。

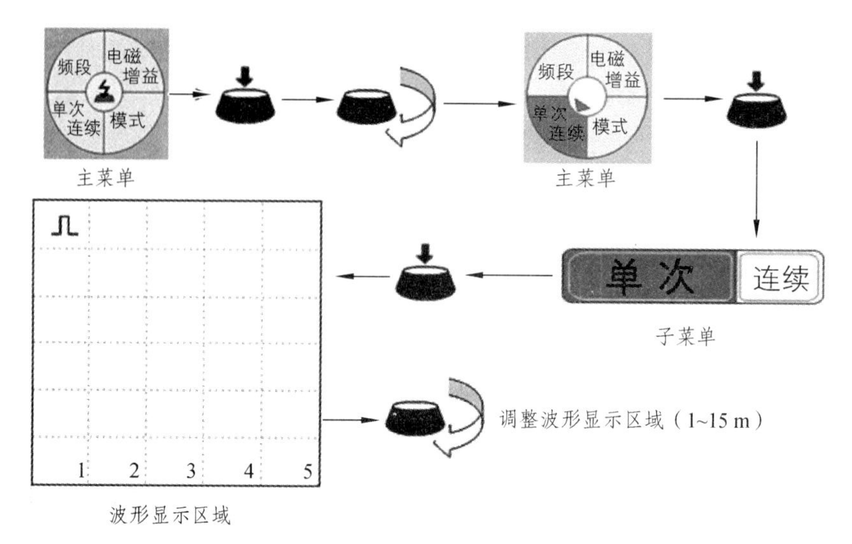

图 4-65 单次模式具体操作过程

（四）电缆故障点测试方法

1. 声磁定点模式

（1）打开仪器进入声磁定点模式，选择连续模式，定点时首先应确定故障点的大致范围（用主机测距），然后在此范围内精确定点。定点时可先每隔 4 ~ 5 m 定一下点，当听到有规律的“啪啪……”振动声音（故障点放电声应与所收电磁波同步，听声过程中应参考所接收的电磁波），应放慢脚步（隔 1 m）定点。同时当听不到有规律的“啪啪……”振动声（与球隙放电打火声同步），而距离显示为 25.0 m 时，则表明故障点距离探头太远或振动波太弱，此时应继续往前寻找。将仪器的最大显示范围定为 25 m，是因为当范围太大时，干扰进入的频率将增大，显示的错误数据也将增加，往往会使测试人员产生误判断。另外，地下声波也不会传播得太远，过大的显示范围已没有意义。

（2）当接近打火点，距离显示在 15 m 内时，观察波形区域是否会重复出现波形特征相似的波形信息，观察到之后可根据显示距离及特征波形移动探头，若打火频率太快，或无法看清波形信息，可进入单次模式对波形进行细致分析，翻页查看波形，观看距离轴。

（3）当拾音器放在故障点上方时，定点仪显示的同步距离最小，所听声音最大，电磁波信号最强，声波记录值最大。

（4）有时探头放在同一点时，仪器显数会不同，如一会儿显示 5 m，一会儿显示 3.6 m。其实这是正常现象。因为当电磁波将门打开后，在收到放电打火声波前也许会收到别的声波，仪器收到任何声波都会使计数截止。此时应在同一地点多测一会儿，多取一些数据，因为干扰声波不会每次都在同一时差进来，所以应取出现频率最高的数为正确数据。同时可以通过观察波形信息来排除干扰信号。

（5）当在环境中有连续干扰时，此时应该以听声为主。

（6）当遇到比较松软的土地时，此时应该将探针连接到探头下方，在测试时将探头扎入土地时，在垂直方向上稍微用力即可，千万不能用力撬或旋转，以免损坏探头。

测试时的典型波形如图 4-66 所示。

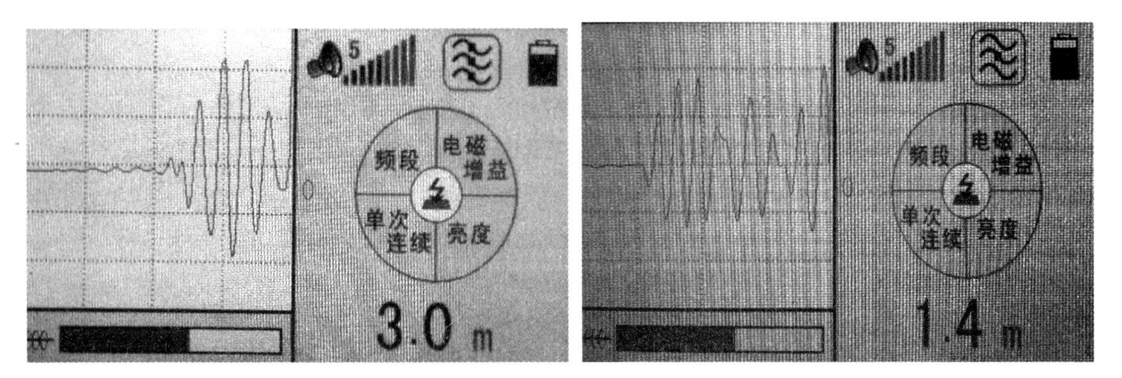

图 4-66 测试时的典型波形

2. 跨步电压模式

（1）测试原理。

从故障点流入土壤的电流电源电压为负极性，土壤表面电位呈漏斗状分布，跨步电压法正是通过探棒寻找土壤中电势最低点或跨步电压零点精确定点。

当测试到故障点对土壤有泄漏电流时，就可以用跨步电压法进行精确定点。将仪器打到跨步电压模式，连接上 A 字架，顺着电缆方向沿线进行测试，看到规律的波形信息之后注意观察波形起始沿方向，当起始沿的方向突然发生变化时，即为故障点。

当靠近故障点时，电位差将迅速增加，并在故障点前、后点测量时，电位差达到最大值；当两电极位于故障点正上方且距故障点前后距离相等时，电位差为零，波形幅度很小，接近直线；当两电极越过故障点后，测量电位由大逐步减小且波形起始沿相反，幅度也逐渐变小，如图 4-67 所示。

在测试过程中根据信号强度进行增益调整，直接通过旋转编码键盘进行放大增益的调节。每调整一次，波形区域的波形信息会自动清除一次。

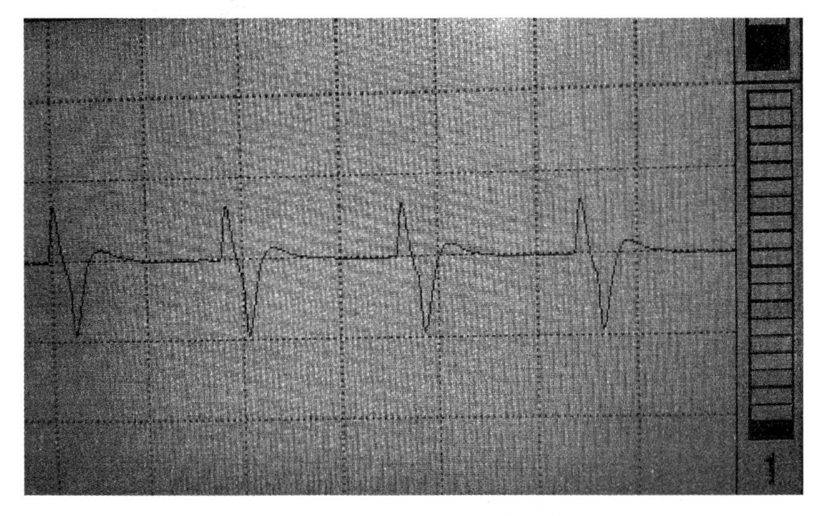

图 4-67 测试过程中的波形

（2）注意事项。

① 当探测杆或“A”字架刚插入地上时有一个不稳定的信号，所以在观察某个点的信号时，至少观察两三个周期，确定一个稳定的信号。

② 当信号幅度过大，并且在液晶中的波形达到最大限幅或最小限幅时，应将增益减小。

③ 当电池电量低时，需更换电池或及时给电池充电。

④ 在遇到电缆上方为水泥路面或建筑物等无法插入电极时，可离开电缆，沿平行方向进行探测。

⑤ 当有多个接地故障点时，处理完一个，再查找下一个。

模块四 我要练

电缆故障查找一般分为哪几个步骤？

____

____

____

工单八　绝缘鞋绝缘手套试验

模块一　操作工单：绝缘鞋绝缘手套试验

（一）试验名称及仪器	（二）试验对象
绝缘鞋绝缘手套耐压试验 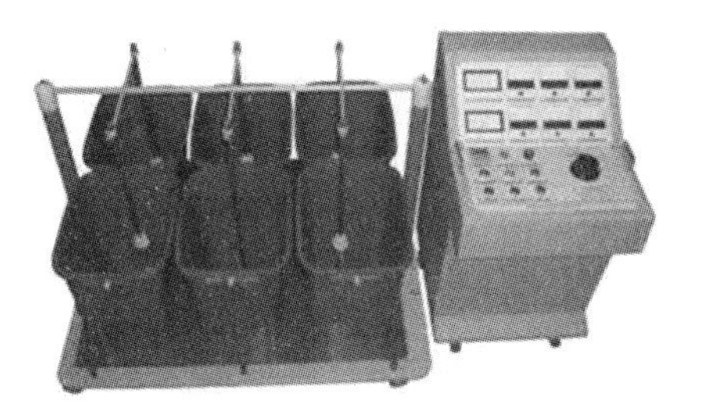 绝缘鞋绝缘手套耐压试验装置	高压绝缘手套、低压电工绝缘手套、高压绝缘鞋、低压电工绝缘鞋、高压橡胶绝缘靴等
（三）试验目的	（四）测量步骤
绝缘鞋、绝缘手套通过绝缘耐压试验的检验，可以发现绝缘鞋、绝缘手套的缺陷和绝缘隐患，预防安全事故的发生	（1）将操作箱的输出接试验变压器的输入。 （2）将仪表接到测量设备上。 （3）将操作箱的地接高压输出的高压尾或者地。 （4）将操作箱的接地端子接地。 （5）将高压端子接绝缘鞋（手套）试验车的水阻，水阻装水。 （6）将操作箱信号线与试验车信号线端子连接，试验车接地。 （7）绝缘鞋（手套）耐压试验装置按操作流程操作
（五）注意事项	（六）技术标准
（1）在试验过程中，操作人员应在安全距离操作（空气中每米小于 20 kV），工频耐压试验台必须可靠接地，接地电阻小于 0.1 Ω。 （2）使用前应测试绝缘电阻，其绝缘电阻值应大于 2 MΩ。 （3）使用前应检查各电气元件触点是否松动，接触是否良好，各保护系统是否能正常工作。 （4）使用前，应将绝缘撑杆、电极、电极杆、盛水槽等各部位用酒精擦拭。 （5）试验完毕应将水放完，用棉布将各部位擦干。若长期不用时，将水槽、电极杆、绝缘撑杆置于干燥通风处保存。 （6）工作和存放场所应无严重影响绝缘的气体、蒸汽、化学性尘埃及其他爆炸性和侵蚀性介质。 （7）必须由专业人员操作，并严格遵守操作程序	《电力安全工器具预防性试验规程》（DL/T 1476—2015）

续表

（七）结果判断	（八）数字资源
耐压试验时，如绝缘罩、绝缘手套、绝缘鞋被击穿，电流异常摆动或泄漏电流超过标准值，即高压绝缘手套泄漏电流超过 9 mA，低压绝缘手套泄漏电流超过 2.5 mA，高压橡胶绝缘鞋泄漏电流超过 7.5 mA，应视为不合格，禁止再用作绝缘安全工具	（1）全自动绝缘工器具测试仪

模块二　跟我学

一、绝缘手套、绝缘靴

（一）绝缘手套

绝缘手套又叫高压绝缘手套，是在高压电气设备上进行操作时使用的辅助安全用具，用来操作高压隔离开关、高压跌落开关，装拆接地线，在高压回路上验电等工作。在低压交直流回路上带电工作时，绝缘手套也可作为基本安全用具，如图 4-68 所示。

图 4-68　绝缘手套

绝缘手套是电力运行维护和检修试验中常用的安全工器具和重要的绝缘防护装备。绝缘手套的规格有 12 kV 和 5 kV 两种：12 kV 的绝缘手套试验电压达 12 kV，在 1 kV 以上的高压区作业时，只能用作辅助安全防护用具，不得接触带电设备；在 1 kV 以下带电作业区作业时，可用作基本安全用具，即戴手套后，两手可以接触 1 kV 以下的有电设备（人身其他部分除外）。5 kV 绝缘手套，适用于一般低压电气设备，在电压 1 kV 以下的电压区作业时，用作辅助安全用具；在 250 V 以下电压作业区时，可作为基本安全用具；在 1 kV 以上的电压区作业时，严禁使用此种绝缘手套。

（二）绝缘靴

高压绝缘靴的作用是使人体与地面保持绝缘，是高压操作时使用人用来与大地保持绝缘的辅助安全用具，还可以作为防跨步电压的基本安全用具，同时也是防止触电事故的重要措施，如图 4-69 所示。电力行业专用高压绝缘胶靴规格有：20 kV、25 kV、35 kV 等。在作业场所应根据电压高低来正确选用绝缘靴，低压绝缘靴禁止在高压电气设备上作为安全辅助用具使用，高压绝缘鞋（靴）可以作为高压和低压电气设备的辅助安全用具使用。但不论是穿低压或高压绝缘鞋（靴），均不得直接用手接触电气设备。

图 4-69　绝缘靴

（三）绝缘手套、绝缘靴使用注意事项

（1）绝缘手套、绝缘靴使用前应检查是否有合格证。

（2）绝缘手套、绝缘靴使用前应进行外观检查，不允许有外伤、裂纹、气泡或毛刺等，发现有问题立即更换。绝缘手套进行气密性检查，具体方法：将手套从口部向上卷，稍用力将空气压至手掌及指头部分，检查上述部位有无漏气，如有则不能使用。

（3）绝缘手套使用时注意防止被尖锐物体刺破。

（4）绝缘靴使用前应核对作业场所电压等级，禁止在高压电气设备上使用耐压低于要求的绝缘靴。绝缘靴只能作为电气设备上辅助安全用具使用，穿绝缘靴时不得直接用手接触电气设备。

（5）绝缘手套、绝缘靴使用完毕后，应注意存放在干燥处，并不得接触油类及腐蚀性药品等。

（6）绝缘手套、绝缘靴应每半年检验一次，耐压不合格的严禁使用。

二、绝缘手套、绝缘靴耐压试验方法

（一）绝缘手套

（1）在被试手套内部放入电阻率不大于 100 Ω · m 的水，然后将手套浸入盛有水的金属盆中，使手套内外水平面呈相同高度，手套应有 90 mm 的露出水面部分，这一部分应保持干燥，试验接线如图 4-70 所示。

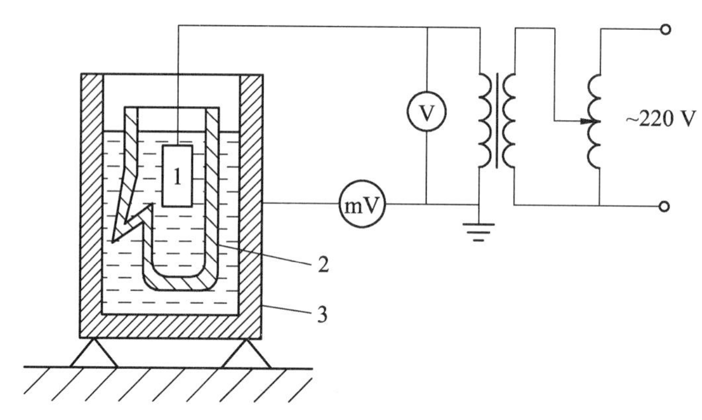

1—电极；2—试品；3—盛水金属器皿。

图 4-70 绝缘手套耐压试验接线原理图

（2）加压时匀速升压至规定的电压值 8 kV，保持 1 min，试验过程中不应发生电气击穿，测量的泄漏电流小于 9 mA，则认为耐压试验通过。

（二）绝缘靴

（1）将一个与试验品鞋号一致的金属片为内电极放入鞋内，然后在金属片上放入直径不大于 4 mm 的金属球，其高度不小于 15 mm，外接导线焊一片直径大于 4 mm 的铜片，并埋入金属球内。外电极为置于金属器内的浸水海绵，试验电路如图 4-71 所示。

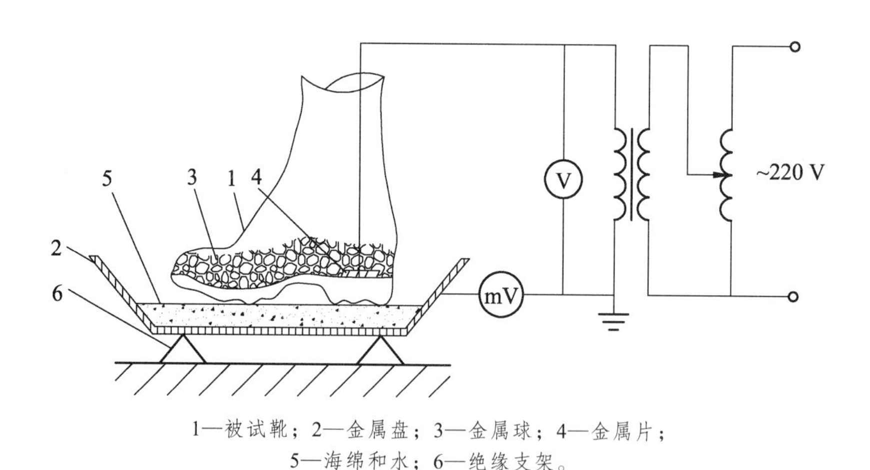

1—被试靴；2—金属盘；3—金属球；4—金属片；
5—海绵和水；6—绝缘支架。

图 4-71 绝缘靴耐压试验接线原理图

（2）加压时以 1 kV/s 的速度使试验电压从零上升到所规定电压值的 75%（19 kV 左右），然后再以 100 V/s 的速度升到 25 kV，当电压升到 25 kV，即规定的电压时，保持 1 min。试验过程中不应发生电气击穿现象，测量泄漏电流小于 10 mA，则认为耐压试验通过。

三、试验项目、周期和要求（见表 4-27）

表 4-27　绝缘手套、绝缘靴耐压试验标准

项目	周期	要求				说明
		工频耐压/kV		持续时间/min	泄漏电流/mA	
工频耐压试验	半年	绝缘手套	8	1	≤9	耐压前后不用测绝缘电阻值
		绝缘靴	25	1	≤10	

四、注意事项

（1）绝缘靴（手套）内外盛水试验时，卸掉海绵。

（2）绝缘靴（手套）内外盛水应呈相同高度，有 90 mm 的露出水面部分，并确保绝缘靴（手套）露出水面的部分干燥清洁，然后将高压电极置于绝缘靴（手套）内并将绝缘靴（手套）夹好。

（3）绝缘靴内装钢珠试验时，盛水槽内加水，使海绵充分浸水即可。将一个与所试靴号一致的金属片放入靴内，将高压电极置于绝缘靴内，使高压电极与金属片接触，然后在金属片上铺满直径不大于 4 mm 的金属球，其高度不小于 15 mm。

（4）按相关规程设置好场地，接好设备连线，应有专门负责安全的人员在场指导。

（5）控制箱、试验变压器和试验电极的接地端必须可靠接地。

模块三　我要做

一、装置结构及安装

绝缘手套（靴）试验平台采用多路复用结构，能实现 6 路绝缘手套或绝缘靴的试验。装置平台由底部拖轮、水槽地电极、海绵地电极、高压试验矩形电极条和高压无线微安表组成。

1. 绝缘靴安装

确保绝缘安全工器具耐压试验装置处于断电状态，并且在试验平台接地的情况下，将海绵地电极放置于水槽地电极上，倒入适量的水将海绵吸水浸湿，放置绝缘靴在海绵地电极和高压试验矩形电极条之间。往绝缘靴里倒入一盒试验钢珠，将无线毫安表安装在高压试验矩形电极条上，吸附测试导电链，再将导电链垂入绝缘靴内，确保测试导电链的球珠与试验钢珠接触，利用海绵的浮力支撑绝缘靴和钢珠的重量。

2. 绝缘手套安装

确保绝缘安全工器具耐压试验装置处于断电状态，并且在试验平台接地的情况下，将海绵地电极从水槽地电极上取出，向水槽里倒入适量的水，利用夹件条将绝缘手套垂吊在水槽地电极和高压试验矩形电极条之间，往绝缘手套里倒入按规定要求的水，将无线毫安表安装在高压试验矩形电极条上，吸附测试导电链，再将导电链垂入绝缘手套内，确保测试导电链的球珠与试验钢珠接触。

3. 智能无线毫安表安装和使用

智能无线毫安表如图 4-72 所示。

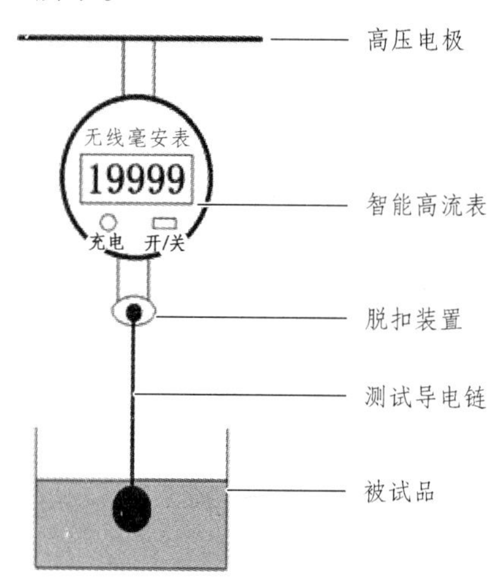

图 4-72　智能无线毫安表

二、操作步骤

(一) 步　骤

首先，确保绝缘安全工器具耐压试验装置处于断电状态，被试品充分放电后，方能进行如下操作：

（1）进入高压试验区，将智能无线毫安表顶端固定螺母旋装到矩形试验架的高压端螺栓上。

（2）将高压引线接在高压端螺栓上，高压引线要悬空，不能靠近地。

（3）打开智能无线毫安表的电源开关，将配套的测试导电链圆心对准另一端的电吸盘，测试导电链被吸附，安装绝缘手套（靴）。

（4）退出高压试验区，进行工频耐压试验，慢慢升起高压，直到达到被试品的试验电压。此时，智能无线毫安表上显示的数字，即被试品的泄漏电流，通过绝缘安全工器具耐压试验装置的液晶显示器，能实时读取电池电量、泄漏电流，以及被试品的击穿最大电流值。

（5）在升高压的过程中，考虑被试品的额定电流值或是大于被试品规程上规定的最大泄漏电流值，来设定保护电流值，当智能无线毫安表测试泄漏电流值大于保护电流值时，测试导电链条自动脱扣，高压分断试验完成。说明此被试品不合格。

（6）在操作时，人体不得接触仪表及高压引线，并保持安全距离。

（7）测量试验完毕后，关闭绝缘安全工器具耐压试验装置的电源，用放电棒对高压端和被试品进行充分放电。

（8）在用放电棒对高压端放电时，应先在高压试验设备的均压球处进行放电操作，再在被试品上进行放电操作，以防放电时大电流冲击智能无线毫安表。

（9）关闭智能无线毫安表的电源开关，取下高压引线，拧下仪表并妥善保管。

（二）按试验要求正确接线

试验接线原理图如图 4-73 所示。

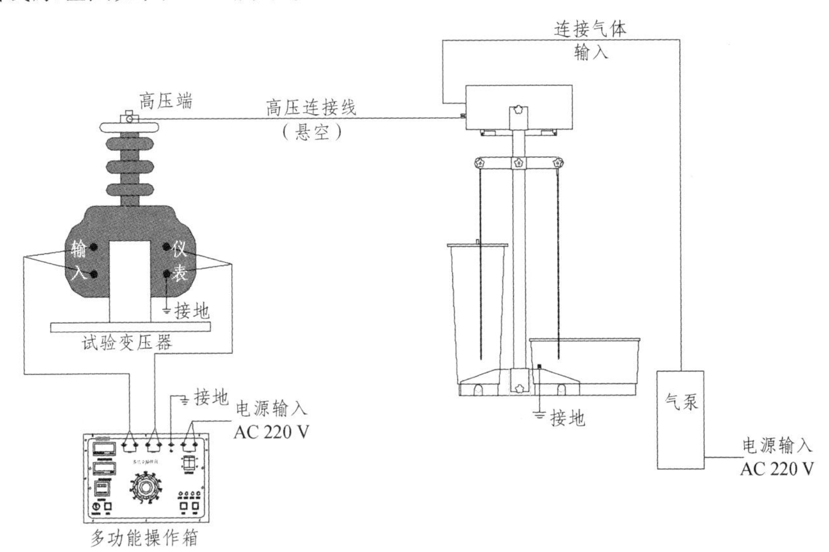

图 4-73　试验接线原理图

1. 控制箱的电源接线

连接交流 220 V 电源。

2. 控制箱的连接线

一套 2 芯线，从控制台的输出端连接到试验变压器的输入端。另一套 2 根线包含绿线和黑线，与控制台和变压器之间的端子一一对应，分别为电压-电压（绿线）和地-地（黑线）。

3. 变压器的地线

变压器地线必须接地，用一根带夹子的细黑线一端接到变压器的地端子，另一端接大地。

（三）控制箱的面板结构图

控制箱的面板结构图如图 4-74 所示。

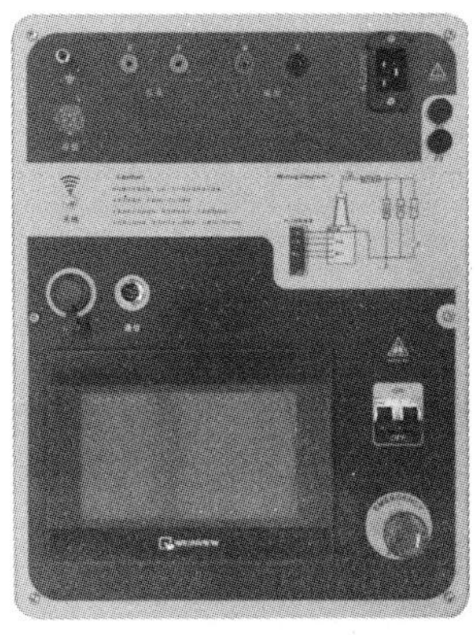

图 4-74　控制箱的面板结构图

（1）天线接口：连接天线，实现分断装置的高压泄漏电流的数据采集。
（2）USB 接口：用于连接外部 U 盘，导出试验数据。
（3）触摸屏：7 英寸彩色触摸屏，实现设备的全部人机交互功能。
（4）按键：由计时、启动、停止、升压、降压 5 个键组成，实现设备的部分人机交互功能。
（5）电源开关：工作电源，带通电指示灯。
（6）通信接口：智能高压电流表网关接口，可选功能。

（四）软件使用

1. 初始化

开机后，装置自动进行系统初始化工作。

2. 试验待机

开机初始化工作完成后，进入试验待机界面，根据待机界面上的四个圆形按键，可分别进入自动耐压试验、手动耐压试验、历史数据和系统设置分项功能，如图 4-75 所示。

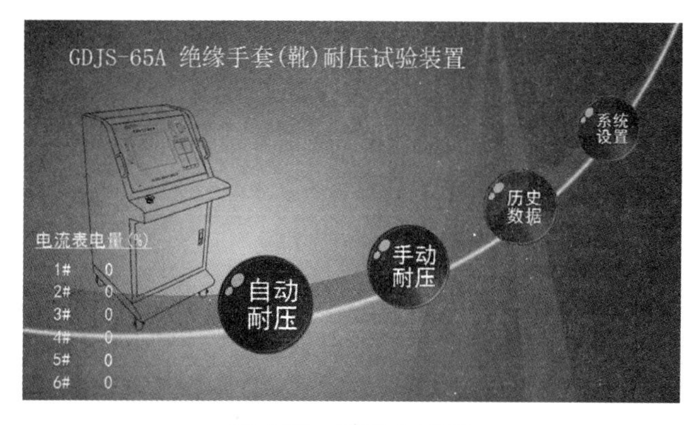

图 4-75　试验主界面

3. 自动耐压试验

（1）点击自动耐压按键后，进入自动耐压试验主界面后，装置自动回零，如图 4-76 所示。

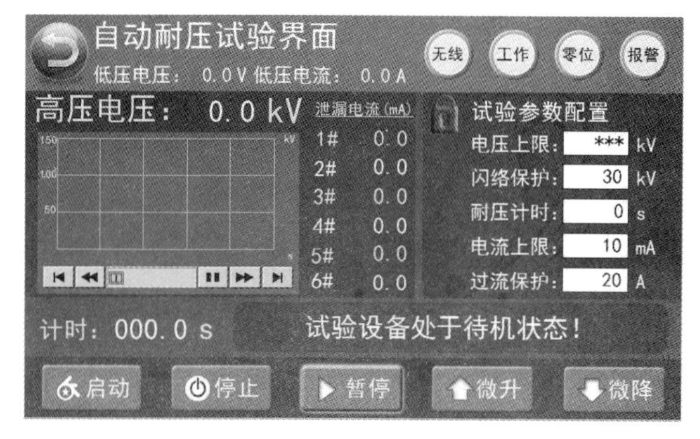

图 4-76　自动耐压试验界面

（2）实时采集显示区：自动耐压试验下，实时监测低压电压、低压电流、高压泄漏电流和高压电压。

（3）试验参数配置区：该区具有参数配置保护锁，点击锁头标识，锁头标识显示绿色开锁状态后，可进行电压上限、闪络保护、耐压计时、电流上限（配智能高压电流表分断电流）和过流保护参数的设置。其参数设置解释如下：

① 电压上限为在自动方式下的升压目标耐压值。

② 闪络保护为在自动方式下的高压闪络临界保护值。

③ 耐压时间为耐压过程的时间长度。

④ 电流上限为智能无线毫安表分断电流，高压电流超过电流上限时将分断脱扣，认为绝缘手套（靴）绝缘击穿保护。锁头关闭后，电流上限无线发送设置值，智能无线毫安表无线接收，并闪屏响应数据已接收。

⑤ 过流保护为低压电流峰值的上限，低压电流超过过流保护时，认为击穿并保护。

（4）信息显示 1 区：无线、工作、零位和报警四个指示灯。其指示内容如下：

① 无线灯：指示控制台和高压分断装置网关的连接状态，未亮表示通信不正常，点亮表示通信正常。

② 工作灯：指示装置的工作状态，未亮表示试验未开始，点亮表示试验正在进行中。

③ 零位灯：指示装置的调压器的零位输出状态，未亮表示未在零位，点亮表示在零位。

④ 报警灯：指示进入试验报警功能，当试验开始时，蜂鸣器长响 2 s，报警灯长亮 2 s 后，进入耐压试验阶段。

（5）信息显示 2 区：显示试验过程中的试验状态和提示信息。

（6）试验操作区：启动、停止、暂停/继续、微升和微降 5 个触控按键。

4. 手动耐压试验

（1）点击手动耐压按键后，进入手动耐压试验主界面，装置自动回零，如图 4-77 所示。

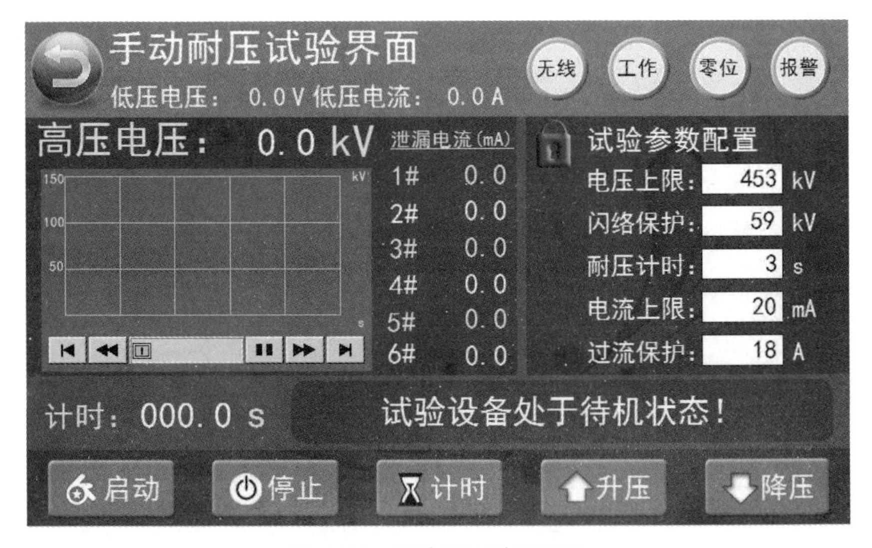

图 4-77　手动耐压试验界面

（2）实时采集显示区：手动耐压试验下，实时监测低压电压、低压电流、高压泄漏电流和高压电压。

（3）试验参数配置区：该区具有参数配置保护锁，点击锁头标识，锁头标识显示绿色开锁状态后，可进行电压上限、升压速度、耐压计时、电流上限（选配智能高压电流表分断电流）和过流保护参数的设置。其参数设置解释如下：

① 电压上限为在手动方式下的升压的最高值。

② 闪络保护为在手动方式下的高压闪络临界保护值。

③ 耐压时间为耐压过程的时间长度。

④ 电流上限为智能无线毫安表分断电流，高压电流超过电流上限时将分断脱扣，认为绝缘手套（靴）绝缘击穿保护。锁头关闭后，电流上限无线发送设置值，智能无线毫安表无线接收，并闪屏响应数据已接收。

⑤ 过流保护为低压电流峰值的上限，低压电流超过过流保护将认为击穿并保护。

（4）信息显示 1 区：无线、工作、零位和报警四个指示灯。其指示内容如下：

① 无线灯：指示控制台和高压分断装置网关的连接状态，未亮表示通信不正常，点亮表示通信正常。

② 工作灯：指示装置的工作状态，未亮表示试验未开始，点亮表示试验正在进行中。

③ 零位灯：指示装置的调压器的零位输出状态，未亮表示未在零位，点亮表示在零位。

④ 报警灯：指示进入试验报警功能，当试验开始时，蜂鸣器长响 2 s，报警灯长亮 2 s 后，进入耐压试验阶段。

（5）信息显示 2 区：显示试验过程中的试验状态和提示信息。

（6）试验操作区：启动、停止、计时、升压和降压 5 个触控按键。

（五）耐压试验结果

当耐压试验结束后，会自动跳转到耐压试验结果界面，显示试验的参数配置、试验结果和试验状态信息。图 4-78 为自动耐压试验结果。

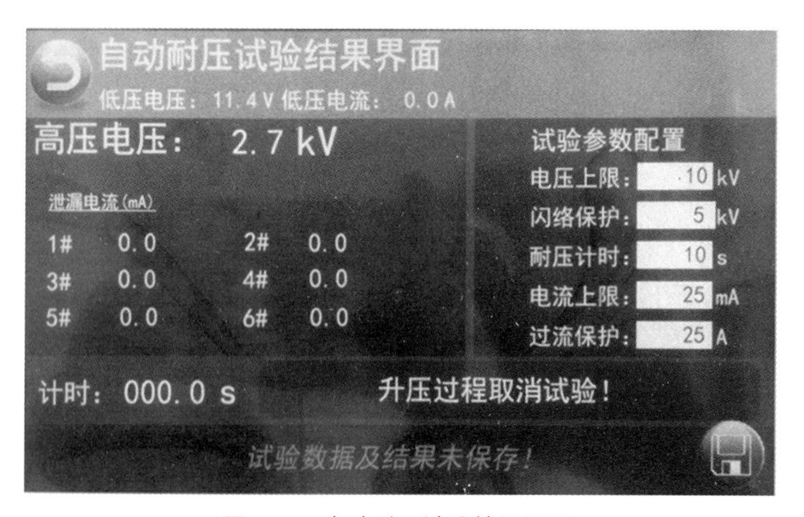

图 4-78　自动耐压试验结果界面

三、结果分析

耐压试验时，绝缘手套、绝缘靴被击穿，电流异常摆动或泄漏电流超过表 4-28 所示标准，即高压绝缘手套泄漏电流超过 9 mA，低压绝缘手套泄漏电流超过 2.5 mA，高压橡胶绝缘靴泄漏电流超过 7.5 mA，应视为不合格，禁止再用作绝缘安全工具。

表 4-28　绝缘工器具试验标准

序号	名　称	电压等级/kV	周　期	交流耐压/kV	时间/min	泄漏电流/mA
1	绝缘棒	6～10	每年一次	44	1	
		35～154		四倍相电压		
		220		三倍线电压		
2	绝缘手套	高压	每六个月一次	8	1	≤9
		低压		2.51		≤2.5
3	橡胶绝缘靴	高压	每六个月一次	15	1	≤7.5
4	绝缘夹钳	35 及以下	每年一次	三倍线电压	5	
		110		260		
		220		440		

模块四　我要练

请描述绝缘手套的试验步骤。

工单九　高压核相测试

模块一　操作工单：高压核相测试

（一）安全工具	（二）安全规程
绝缘手套、绝缘靴、安全帽、绝缘垫、绝缘棒、绝缘钳、验电笔、接地线、栅栏、标示牌	（1）试验前停电、验电、挂接地线。 （2）做好个人防护和环境防护
（三）试验前准备	**（四）试验步骤**
（1）做好“两穿三戴”。 （2）检查核相仪器是否良好。 （3）记录温度与湿度	（1）试验前停电、验电、挂接地线。 （2）接线。 （3）记录数据。 （4）清理现场
（五）注意事项	**（六）技术标准**
（1）现场测试时，应按电力部门高压测试安全距离标准进行操作。 （2）标准配置绝缘杆 3 m，对应电压等级为≤220 kV。如测量线路电压高于 220 kV 时，需使用长度大于 3 m 的绝缘杆。 （3）核相操作时，手持位置不要超过绝缘杆手柄位置	依据 DL/T 971—2017《带电作业用便携式核相仪》
（七）结果判断	**（八）数字资源**
核相是以 X 探测器为基准，固定显示 A 相，若两探测器相角差在−30°～30°范围内（330°～360°即−30°～0°），Y 探测器检测结果为 A 相，定性为同相；若两探测器相角差在 90°～150°或 210°～270°范围内，定性为异相。同时主机语音提示“同相”或“异相”。相角差在 90°～150°时，Y 探测器检测结果为 B 相，即顺相序；相角差在 210°～270°时，Y 探测器检测结果为 C 相，即逆相序	无线高压核相测试

模块二　跟我学

一、核相概述

变电所、电力线路等在新敷设、换线或者重新做电缆接头后，必须按照电力系统上的相位标志进行核相，以保证相位一致。若相位不符，通过电力线路联络两个电源时，相位不符会导致电网无法合环运行的后果。

高压无线数字核相仪用于电力线路、变电所的相位校验和相序校验，具有核相、测相序、验电等功能，可以实现从 200 V 至 220 kV 自动核相，如 400 V、10 kV、35 kV、66 kV、110 kV、220 kV 不同等级电压输电线路带电作业。

二、核相仪原理

核相仪是通过采集具有相位关系的电网电压信号，通过调制后比较相位差值，从而判断是同相或是异相。高压核相仪主要由三部分组成：两个采样发射器和接收显示主机。双发射

器和单主机组成的核相仪如图 4-79 所示，双发射器和双主机组成的高压无线核相仪如图 4-80 所示。

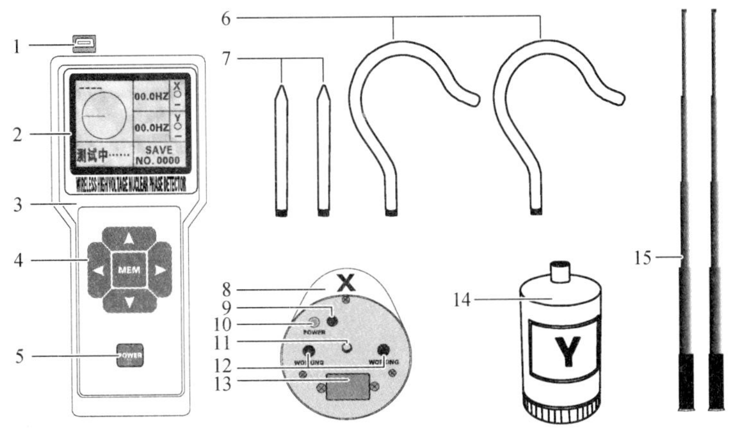

1—USB 数据下载接口；2—3.5 英寸彩色液晶屏；3—主机；4—上下左右箭头键及 MEM 控制键；5—主机 POWER 键（开关机）；6—探测器探钩（2 个）；7—探测器探针（2 根）；8—X 探测器；9—电源指示灯；10—探测器 POWER 键（开关机）；11—探测器绝缘杆连接口；12—信号工作指示灯；13—探测器电池底盖；14—Y 探测器；15—伸缩绝缘杆（2 根）。

图 4-79　双发射器和单主机组成的核相仪

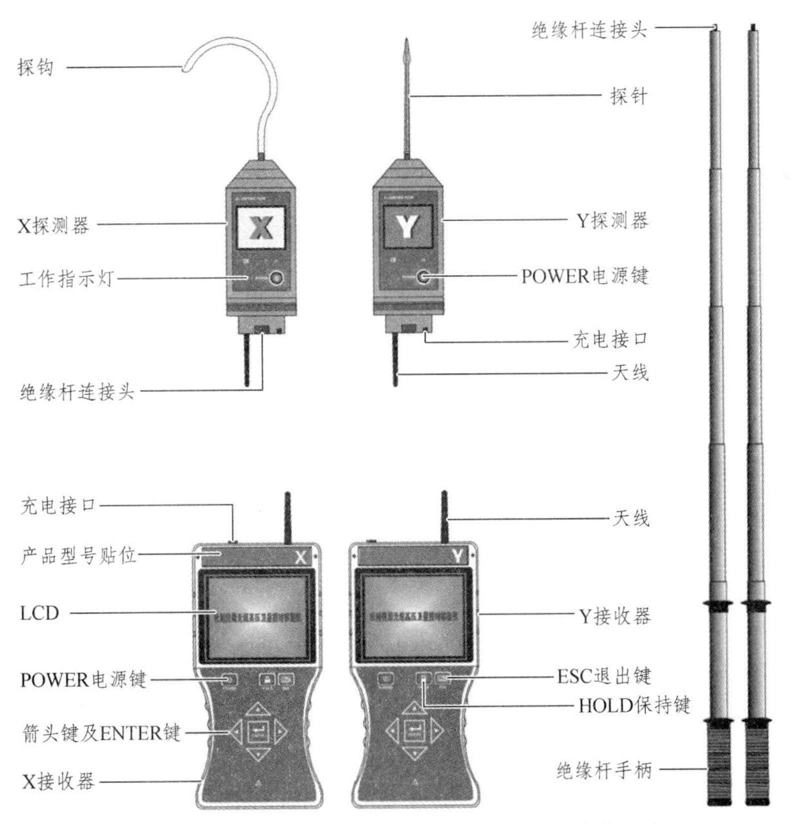

图 4-80　双发射器和双主机组成的高压无线核相仪

试验时，X 发射器、Y 发射器电气上互不相连，分别接入两相进行电压相位采样，并将电压相位信号无线发射，首先判断线路是否带电，然后发出有关导电体的信号；显示接收器通过无线发送模块将数字信号发送至接收端，同时接收两个采样发射模块的无线信号，并计算两侧电压相位差，发出语音信号，显示核相结果。

发送装置正常工作后将采集的具有相位关系的电网电压信号进行处理后再调制，然后向接收装置发射，接收装置将接收到的具有相位特性的电网电压信号解调后与接收装置本身采集到的具有相位关系的电网电压信号进行实时比较，即可测出其相位差值。发射器将各自线路的相位、频率信号发回给接收主机。由接收主机计算三条线路之间的相位差，具有“X 信号正常、Y 信号正常、同相、异相”等语音提示功能。高压相位检测器在电力线路核相时认为相位差值小于 0° ~ 30°为同相，相位差值大于 30°为异相。

核相是以 X 探测器为基准，固定显示 A 相，若两探测器相角差在−30° ~ 30°范围内（330° ~ 360°即−30° ~ 0°），Y 探测器检测结果为 A 相，定性为同相；若两探测器相角差在 90° ~ 150°或 210° ~ 270°范围内，定性为异相。同时主机语音提示“同相”或“异相”。相角差在 90° ~ 150°时，Y 探测器检测结果为 B 相，即顺相序；相角差在 210° ~ 270°时，Y 探测器检测结果为 C 相，即逆相序。

模块三　我要做

一、线路接线

现场核相时，先在同一电网上检测核相仪是否正确，一人操作一人监护。操作时先将两个发射装置挂在电网同一导电体上，正常工作时两发射器绿灯亮，正常工作状态下接收器会显示两线路电压的相位角及频率，并显示线路电压波形，核相仪正常。

现场操作核相仪时，应由一人操作另一人监护，并按照操作步骤逐渐操作并做好记录。先将两个发射器装置挂在被测电网两个导电体上，同时显示屏显示出两线路的相位差以及线路频率，根据上述操作逐相确定两个电网的相位。

核相有接触式和非接触式：接触核相适用于 35 kV 及以下裸导线、110 kV 以下有安全绝缘外皮的导线；非接触核相适用于 35 kV 以上裸导线、110 kV 以上线路。无论采用哪种方式，操作时均需带绝缘杆操作。

非接触核相是将探测器逐渐靠近被测导线，当感应到电场信号时就可以完成核相，这样无须直接接触高压导线，更加安全。

二、试验方法

连接好绝缘杆，开机，若主机与探测器通信正常，对应指示灯亮，同时主机会提示“X 信号正常”“Y 信号正常”，若通信不正常，指示灯不亮。核相时先将 X 探测器靠近或接触任一相线，再将 Y 探测器靠近或接触待核其他相线。高压核相时，探测器无须直接接触高压导线，将探测器探钩逐渐靠近导线，当感应到电场后，探测器会发出“嘟嘟嘟”提示音及指示灯持续闪烁，完成验电功能，如图 4-81 所示。低压核相（400 V 及以下），特别是对配电箱的低压进行核相，将金属探钩换成金属探针。

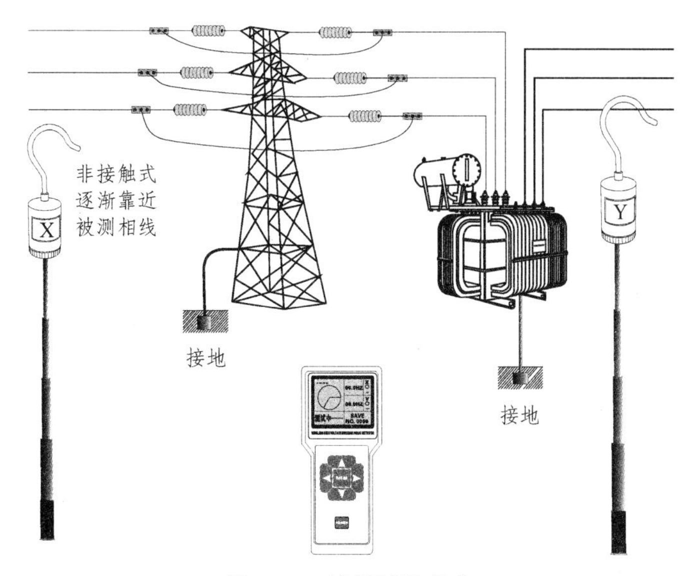

图 4-81　核相试验操作

非接触核相时，若各相线相互比较近，应选远离其他导线的位置进行测试。

特别注意：测试时，严禁同时钩住 2 条裸导线，这样会引起 2 条裸导线短路，极其危险，如图 4-82 所示。现场核相操作实例如表 4-29 所示。

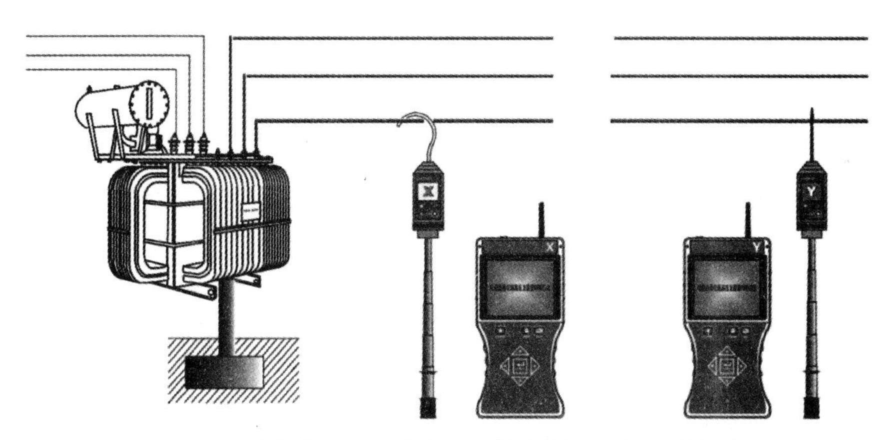

图 4-82　误操作：严禁在核相期间同时挂接两根裸导线

表 4-29　现场核相操作实例

35 kV 以上高压裸导线核相	探测器连接绝缘杆，绝缘杆全部拉伸，可以不用装探钩或探针。对于非接触核相，探测器应逐渐靠近导线；对于非接触核相，探测器尽量避开其他导线
35 kV 以下线路核相	探测器连接绝缘杆，绝缘杆全部拉伸，探测器可以挂在线路上接触核相
380 V/220 V 低压市电线路核相	探测器前端接触带电线路即可核相，可以不装探钩或探针，绝缘杆视其线路离地高度使用
100 V 以下线路核相	探测器可以不用连接绝缘杆，探针或探钩接触导线核相，若电压太低，将辅助测试线插头插入探测器充电孔，辅助测试线夹到接地端子或机柜门上

续表

高压开关柜带电指（显）示器核相	探测器不用连接绝缘杆，装好探针，探针插入带电指示器核相，如果电压太低，将辅助测试线插头插入探测器充电孔，辅助测试线夹到接地端子或机柜门上（此种方法为二次侧核相，其核相结果是否正确，要根据 L1、L2、L3 与母线的对应关系是否正确来判断）
开关柜 PT、CT 二次侧取电点核相	探测器不用连接绝缘杆，装好探针，探针插入带电指示器核相，如果电压太低，将辅助测试线插头插入探测器充电孔，辅助测试线夹到接地端子或机柜门上（此种方法为二次侧核相，其核相结果是否正确，要根据 L1、L2、L3 与母线的对应关系是否正确来判断）
10 kV/35 kV 封闭式高压柜接线 T 头核相	XY 探测器连接绝缘杆，装上探钩，探测器接触 T 头核相，一般都可以不用装探钩接触核相
五防开关柜核相	探测器不能连接绝缘杆，也不要装探针或探钩；将被测开关柜的母排停电，或将手车摇出；再将探测器贴在母排或手车母线上，用松紧带将探测器捆绑固定在母排或母线上；探测器开机，然后开关柜通电核相
10 kV/35 kV 变压器一次与二次间	核相 X 探测器连接绝缘杆和探钩，挂在 10 kV/35 kV 变压器的一次线路上（10 kV/35 kV 端）；Y 探测器连接绝缘杆和探钩，挂在变压器的二次线路上（400 V 端）核相

模块四　我要练

高压核相的项目要求：____

____

____

____

工单十　地网接地电阻测量

模块一　操作工单：接地电阻测量

（一）试验名称及仪器	（二）试验对象
地网接地电阻测量 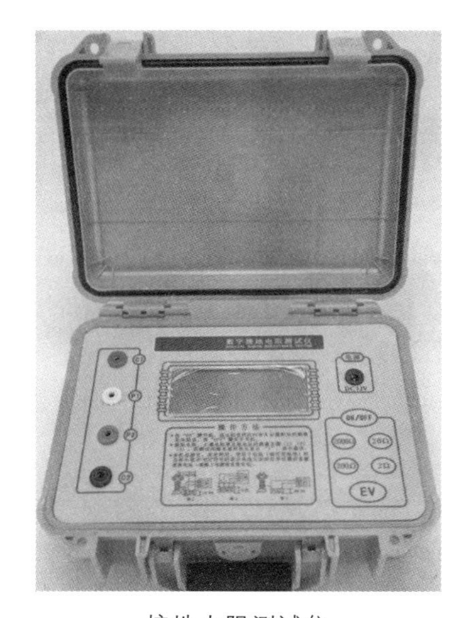 接地电阻测试仪	用于测量电力、铁路、通信、矿山等各类接地装置的工频接地阻抗、接触电压、跨步电压等工频特性参数以及土壤电阻率
（三）试验目的	（四）测量步骤
判断接地电阻是否在合理的范围之内，从而达到保护接地装置的效果	（1）拆开接地干线与接地体、接地支线的连接点。 （2）将电压探针插入距离接地体 20 m 远的地下，电流探针插入距离接地体 40 m 远的地下，且均应垂直插入地面约 400 mm 深处。 （3）将接地电阻测量仪放在接地体附近平整的地方，然后再进行接线： ① 用最短的连线连接 E 端和被测接地体； ② 用较长的连线连接 P 端和 20 m 远电压极接地棒； ③ 用最长的连线连接 C 端和 40 m 远电流极接地棒。 （4）根据被测接地体的电阻要求，先调节好粗调旋钮。 （5）再以细调拨盘的读数乘以粗调定位的倍数，结果便是被测接地体的接地电阻值

续表

（五）注意事项	（六）技术标准
（1）在各种影响被测电极点与辅助电极点的直线延伸方向，应远离地下管线、水渠等地下导体，避免土壤电阻率不均匀带来的测量误差。当无法远离这些地下导体时，尽量使它们与接地导体之间的距离相垂直，不能平行，更不能重叠。在三个电极之间的地面上，不要有大面积导体。 （2）加长测试线的总电阻应小于 1 Ω，应采用在使用湿度条件下的电阻校准数据。 （3）土壤水分含量、温度、附加盐分会直接影响大地电阻率，从而改变接地电阻周围土壤的电导性。 （4）测量接地电阻应在地面无积水、三日无雨且空气湿度小于 90%的条件下进行。 （5）噪声会对测量造成干扰，导致测量结果不准确	（1）《建筑物防雷设计规范》（GB 50057—2010）； （2）《民用建筑电气设计标准》（GB 51348—2019）
（七）结果判断	**（八）数字资源**
（1）交流工作接地，接地电阻不应大于 4 Ω。 （2）安全工作接地，接地电阻不应大于 4 Ω。 （3）直流工作接地，接地电阻应按计算机系统具体要求确定。 （4）防雷保护地的接地电阻不应大于 10 Ω。 （5）对于屏蔽系统，如果采用联合接地时，接地电阻不应大于 1 Ω	地网接地电阻测量

模块二　跟我学

一、接地电阻概述

接地电阻是接地体、设备外壳或建筑物接地极对大地之间的电阻值。接地电阻越小，当有设备漏电或者有雷电信号时，可以将其导入大地，防止人身和设备伤害。接地电阻包括电气设备和接地线的接触电阻、接地线或接地体本身的电阻、接地体和大地的接触电阻、大地的电阻。

目前在电力系统中，大地的接地电阻的测试主要采用工频大电流三极法测量。为了防止电网运行时产生的工频干扰，提高测量结果的准确性，绝缘预防性试验规程规定：工频大电流法的试验电流不得小于 30 A。

变电站强干扰环境下测得 50 Hz 的准确数据，尤其适用于铁路变电所回流波动大的干扰环境。抗干扰地网接地电阻仪是测量地网接地电阻和接地点之间的接地导通的专用仪器，能同时测量接地阻抗和接地电阻，更能真实反映地网的实际特性。

二、接地电阻测量原理

接地电阻就是通过接地装置泄放电流时表现出的电阻，在数值上等于流过接地装置的电压降与流入大地的电流比值。

$$R=\frac{U}{I} \tag{4-1}$$

式中　U——接地装置的对地电压，即接地体与大地零电位参考点之间的电位差；

I——通过接地装置泄放入大地的电流。

因此，测量接地电阻的原理按照式（4-1）进行：给接地极或接地网施加一个电流 I，测量出接地极（网）上的电压 U，电压与电流相除，就得到了接地电阻。

三、接地电阻测试仪常用的 5 种接线方法

接地电阻测试仪是专门用于检测接地装置电气完整性的测试仪。同绝缘子故障检测一样，接地电阻测试属于电气检测中的一环，且同属于定期检测项目。接地电阻测试仪主要检测对象包括线路杆塔、变压器的接地电阻等，其常用的接线方法有以下 5 种：

（一）单钳测量法

测量多点接地中每个接地点的接地电阻，而且不能断开接地连接，以防止发生危险；它适用于多点接地，不能断开连接，需要测量每个接地点的电阻。

（二）双钳测量法

多点接地，不打辅助地桩，测量单个接地。接线时，电流钳接到相应的插口上，将两钳卡在接地半导体上，两钳间的距离要大于 0.25 m。

（三）两极法

必须有已知接地良好的地，所测结果是被测地和已知地的电阻和。如已知地远小于被测地的电阻，测量结果可以作为被测地的结果。它适用于楼群稠密或水泥地等密闭无法打地桩的地区。

（四）三极法

必须有两个接地棒，一个辅助地和一个探测电极，各个接地电极间的距离不小于 20 m。它主要适用于地基接地、建筑工地接地和防雷球型避雷针接地。

大地网接地电阻测试仪的测量接线方法，可以分为三极法和四极法接线，如图 4-83 和图 4-84 所示。

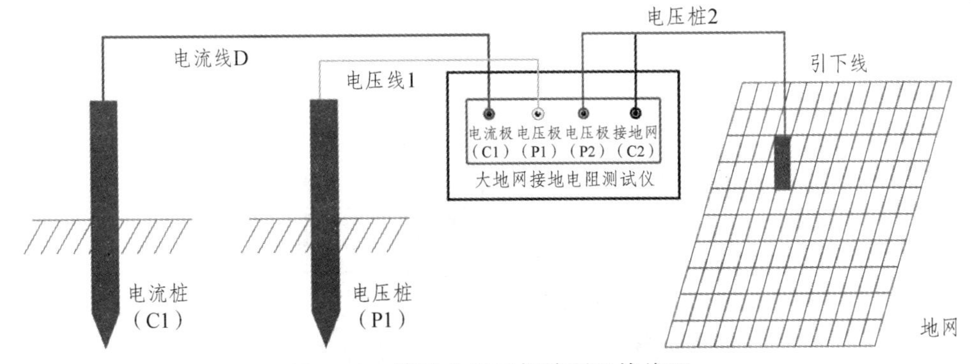

图 4-83　接地电阻三极法测量接线图

三极法接线时：

测量电流线 D：线径≥1.5 mm^2，长度为地网对角长度的 3 ~ 5 倍。

测量电压线 1：线径≥1.0 mm^2，长度为电流线 D 的 0.618 倍。

测量电压线 2：接被测地网。

测量电线：接被测地网。

（五）四极法

四极法与三极法类似，在低接地电阻测量和消除测量电缆电阻对测量结果的影响时替代三极法，该方法是准确度较高的接地电阻测量法，如图 4-84 所示。

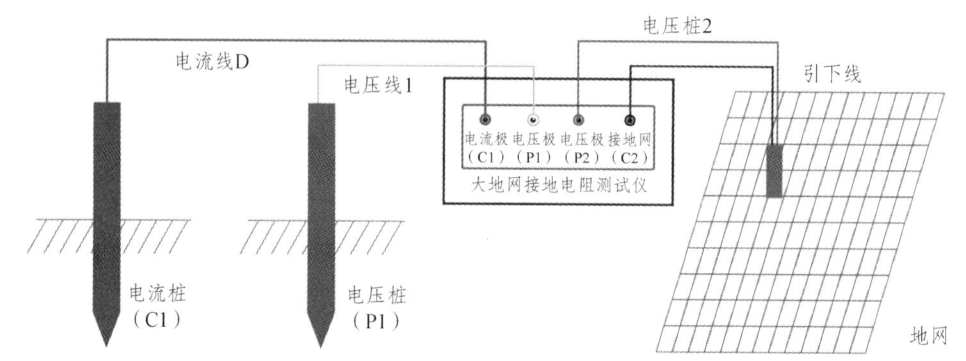

图 4-84　接地电阻四极法测量接线图

四极法接线时，从地网的地桩上引出两根连接线分别接到仪器的电压极 P2、接地网 C2 两接线桩。按测量操作步骤，四极法测量时仪器会自动消除接线误差。

在用三极直线法和三角形法测量接地电阻时，需要在远方临时打一个辅助电流极，其目的就是为了给电流提供一个回路。

模块三　我要做

一、仪器操作界面

仪器操作面板如图 4-85 所示。

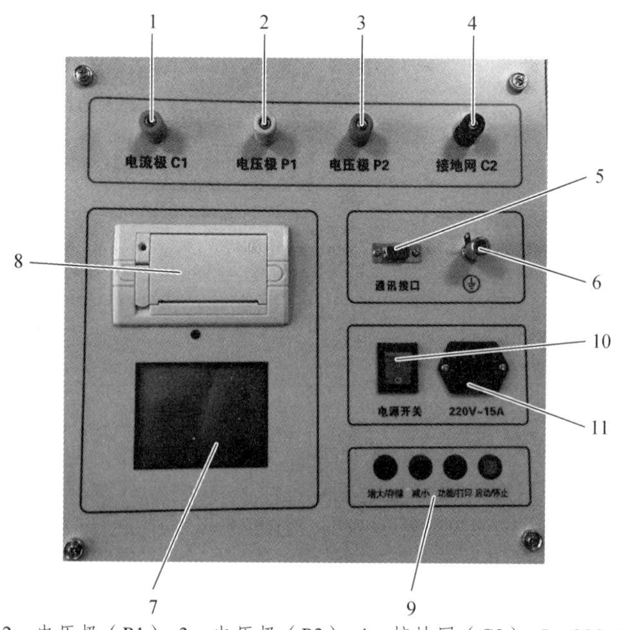

1—电流极（C1）；2—电压极（P1）；3—电压极（P2）；4—接地网（C2）；5—232 串口；6—接地柱；7—液晶屏；8—打印机；9—键盘区；10—电源开关；11—220 V 电源插座。

图 4-85　仪器操作面板示意图

“▲”增大/存储键——修改菜单内容，采用循环滚动方式。

“▼”减小键——修改菜单内容，采用循环滚动方式。

“▶”功能/打印键——选择菜单项，被选中项反白字体显示。

“■”启动/停止键——在“测试”选项上按此键进入测试状态。

二、操作步骤

1. 采用三极法接线

（1）用万用表检查试验电流线、电压线和地网线是否有断路现象，检查地桩上的铁锈是否清除干净，其埋进深度是否合适（>0.5 m），同时检查测试线与地桩的连接是否导通，如未导通，需处理后重新连接。

（2）电流测试线与电压测试线的长度比为 1∶0.618，电流测试线的长度应是地网对角线的 3～5 倍。

（3）电流测试线和电压测试线按规定的长度将一端与仪器相接后平行放出，另一端分别接在两个地桩上。

（4）将已放好的测试线检查一遍，将万用表一端接电流线或电压线上，另一端接地网线，如无阻值显示即为断路，确认完好再进行测试。

（5）检查连线无误后，给仪器接上 AC 220 V/50 Hz 电源，对仪器进行通电。

（6）选接地电阻测试。在开机界面下，移动光标到接地电阻测试上时，按增大键、减小键修改测试线长度。一般情况选择 20 m 即可，如图 4-86 所示。

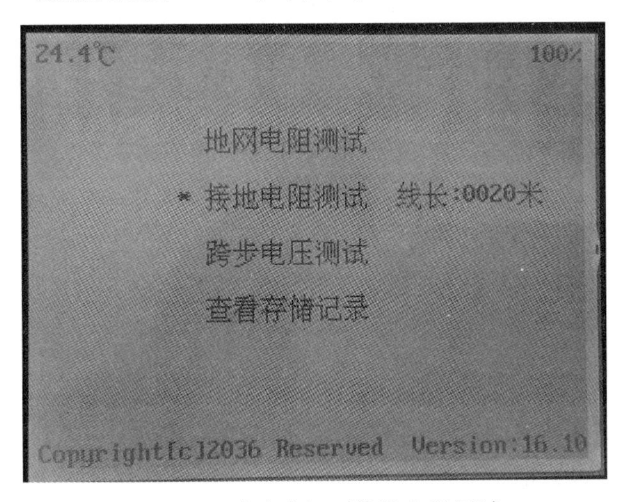

图 4-86 移动光标到接地电阻测试

（7）移动光标到所需测试的项目上，按启动/停止键进入此项目的测试。按测量键，开始测量。

（8）仪器显示测试结束后，记录测试数据（可多次重复测量），如图 4-87 和图 4-88 所示。

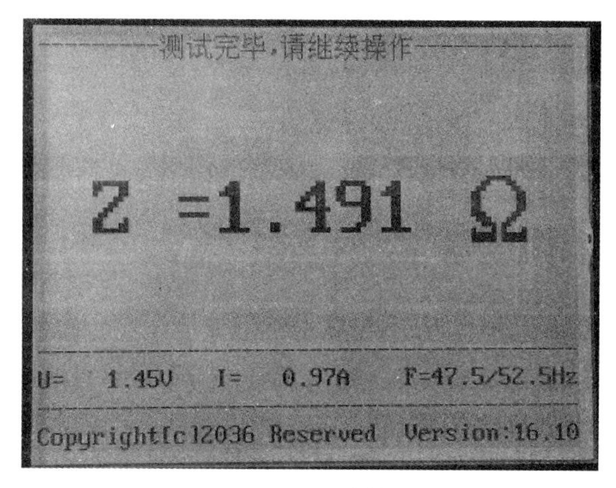

图 4-87 测试数据

① 图 4-87 所示测量结果的意义如下：

$Z = 1.491\ \Omega$：地网阻抗值；

$U = 1.45$ V：测试电压值；

$I = 0.97$ A：测试电流值；

$F = 47.5/52.5$ Hz：代表测试频率为（50 ± 2.50）Hz。

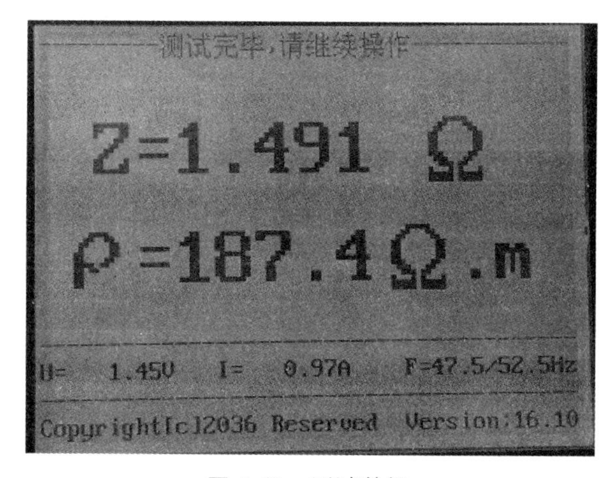

图 4-88 测试数据

② 图 4-88 所示测量结果的意义如下：

$Z = 1.491\ \Omega$：接地电阻值；

$\rho = 187.4\ \Omega \cdot \text{m}$：土壤电阻率；

$U = 1.45$ V：地电压数值；

$I = 0.97$ A：测试电流值；

$F = 47.5/52.5$ Hz：代表测试频率为（50 ± 2.50）Hz。

（9）关掉仪器电源后，拆除连线，测试过程结束。

2. 双钳法测量接地电阻值

双钳法适合测量独立多点接地系统的情况，如图 4-89 所示。多点接地系统无须打地桩即可测量接地电阻值，将两个电流钳 A 和 B 同时钳入被测接地引下线中，注意两个电流钳方向要一致，并且保持间距大于 30 cm，两个电流钳不得互换，否则会产生误差。

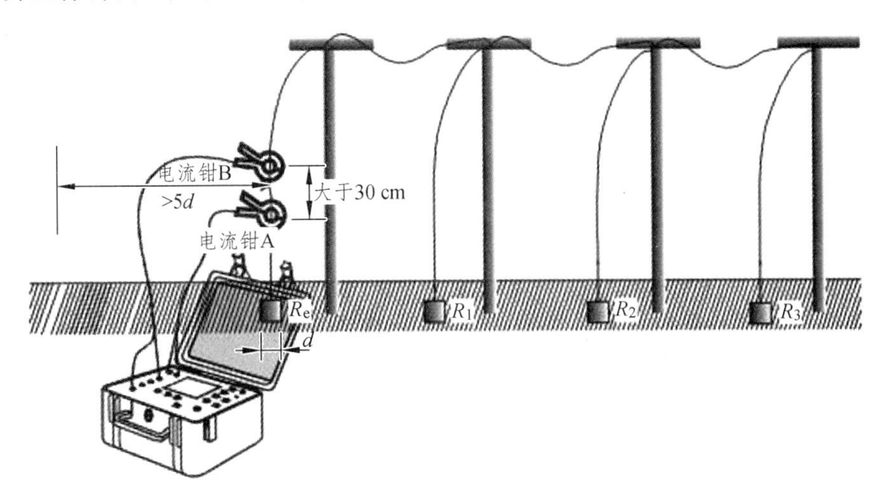

图 4-89　双钳法测量接地电阻接线图

按一下仪表红色“TEST”键开始测试，测试完毕后显示稳定的数据，即被测接地体的接地电阻值 $R = R_e + R_1//R_2//R_3$，此处 $R_1//R_2//R_3$ 是 R_1、R_2 和 R_3 并联连接电阻值。

三、注意事项

（1）测试电流为 0.0 A 时，可能电流线连线与电流极地桩接触不良或地桩太少，需增加地桩，减少回路电阻。地桩深度应不少于 0.5 m，电流桩电阻应小于 80 Ω。

（2）若仪器显示的测量值极低（<0.01 Ω），则可能是电压线未连接上。

（3）引线不要盘绕。

（4）电压线尽量远离电流线。

（5）接地夹两侧都应压紧待测地线，防止油漆锈蚀引起接触不良。

（6）防止电流保护，要选择电流为 2 A。

（7）为使测试顺利进行，测试前先用万用表检查测试导线与地桩的接触点是否完好，并测量已放好的线是否有断路现象。

模块四　我要练

进行接地电阻测试时三极法和四极法有什么区别？

____

____

____

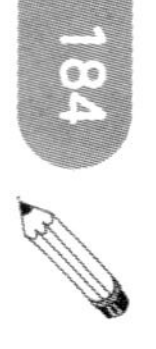

评价表

序号	1	2	3	4	5	6	7	8	9	10	11
项目名称	直流电阻测试	回路电阻测量	绕组变形测试	油色谱分析	绝缘油介电强度试验	开关特性测试	电缆故障测试	耐压试验	变比组别试验	地网接地电阻测量	三相核相试验
试验仪器	直流电阻快速测试仪	回路电阻测试仪	绕组变形测试仪1台、用于控制测试仪采集数据的笔记本计算机1台、试验专用线3根	油色谱分析仪器1套	绝缘油介电强度试验仪器	多功能开关特性测试仪器1套	电缆故障综合测试仪装置1套	耐压试验装置1套	多功能变比组别测试仪	接地电阻测试仪器1套	无线数字式核相仪
试验内容	变压器直流电阻测试	GIS开关柜回路电阻测量	变压器绕组变形测试	变压器油色谱分析	变压器油介电强度试验	断路器开关特性测试	高压电缆故障测试	绝缘鞋绝缘手套耐压试验	变压器变比组别测试	地网接地电阻测量	电网核相试验
项目要求	（1）说明此高压项目测试原理； （2）现场就地操作演示并说明需要试验的绝缘结构及材料； （3）按试验规程做好个人防护，确保试验接线可靠，接地良好，操作与防护措施到位； （4）完成高压测量过程； （5）编写试验报告										
第一步：工具准备	（1）安全工器具：验电器、绝缘杆、接地线、连接导线、放电棒、警戒围栏、警示牌。 （2）绝缘工器具：绝缘手套、绝缘靴、安全帽、安全带、绝缘胶垫、绝缘梯。 （3）工具检查与摆放： ① 划分试验区域与操作区域，正确摆放试验设备与被试品的安全距离； ② 准备相关的测试线、鳄鱼夹、接地线等； ③ 准备其他工器具：万用表、温湿度计等										
第二步：风险控制	（1）试验前做好“两穿三戴”（穿工作服、穿绝缘靴、戴安全帽、戴绝缘手套、戴验电笔）； （2）试验场所设置栏栅，向外悬挂“止步，高压危险”标示牌； （3）如需登高，做好高空防护； （4）测试期间禁止接触设备； （5）试验前试验人员须按工作票要求做好安全措施										
第三步：试验接线	（1）按试验项目要求接线，所有试验接线必须可靠牢固； （2）试验仪器须可靠接地； （3）人员和设备应保持足够的安全试验距离； （4）试验前后做好安全监护制度和安全防护制度										

续表

序号	1	2	3	4	5	6	7	8	9	10	11
第四步：试验操作	（1）电气试验必须由两人以上进行，一人监护，一人操作； （2）仪器对应接好电流端和电压端，选择合适的量程再开始测试； （3）测试完成后，读取数据并确认后，充分放电拆除测试接线，测量结束		（1）电气试验必须由两人以上进行，一人监护，一人操作； （2）试验前应将被试变压器线端充分放电； （3）解开变压器所有引线（包括架空线、封闭母线和电缆），试验引线远离变压器套管； （4）测试时须正确记录各分接开关的位置，对于无载调压变压器，应保证每次测量在同一分接位置，便于比较； （5）变压器铁心须与外壳可靠接地，测试仪外壳、测量阻抗外壳须与变压器外壳可靠接地； （6）确保测量阻抗的接线钳与套管线夹紧密接触，如果套管线夹上有导电膏或锈迹，必须使用砂布或干燥的棉布擦拭干净	（1）取油样，确保油样不被污染； （2）将油样放置于色谱仪中； （3）设置色谱仪参数后测量； （4）记录色谱数据及图形； （5）清洗试验仪器	（1）电气试验必须由两人以上进行，一人监护，一人操作； （2）进入仪器操作界面设置试验参数； （3）将试验仪器可靠接地； （4）断电状态下，将被试油样装入油杯，试油注入油杯时，应徐徐沿油杯内壁流下，以减少气泡，在操作中，不允许用手触及电极、油杯内部和试油，试油盛满后必须静置10～15分钟，方可开始升压试验； （5）高压试验中应注意观察试验品的变化； （6）在试验过程中，如发现不正常情况，应停止试验，查明原因	（1）电气试验必须由两人以上进行，一人监护，一人操作； （2）按试验要求及项目（开关分、合闸时间，同相同期、相间同期、弹跳时间，动作电压等）； （3）根据相应的项目设置试验时间及电压等参数； （4）对开关特性进行试验； （5）记录数据，分析数据是否符合规程； （6）清理试验现场	（1）电气试验必须由两人以上进行，一人监护，一人操作； （2）先用兆欧表判断电缆的故障类型（低阻性故障、高阻性故障、闪络性故障、断线等）； （3）根据电缆故障类型，设置电缆测量参数（电缆类型、全长等）； （4）先对电缆进行粗测，确定电缆故障位置，结合高压脉冲法精测法电缆定位； （5）结合声波法，确认电缆故障现场位置点； （6）开挖确认电缆故障位置	（1）电气试验必须由两人以上进行，一人监护，一人操作； （2）进入仪器操作界面设置试验参数； （3）升压必须从零开始缓慢上升，升压速度不能过快，防止突然加压，试验完成后应降至零位； （4）高压试验中必须执行呼唱制度； （5）在升压试验过程中，如发现情况不正常，应停止试验，查明原因； （6）变更接线或试验结束后，应先降压、断电并对试验设备接地放电，在确认被试品可靠接地后，方可进入试验区进行拆装试验线	（1）电气试验必须由两人以上进行，一人监护，一人操作； （2）拆除变压器母线或导线，将变压器高、低压侧绕组充分放电； （3）将仪器端子分别与变压器绕组连接，仪器接地端子接地； （4）接通电源，依照变压器铭牌设置接线方式、标准变比和分接开关调压比； （5）选择开始测试，按下确认，即可显示组别、变比以及变比误差，按方向键即可换不同的分接挡位进行测试	（1）按试验要求进行接线； （2）接线应牢固可靠； （3）注意测试线E线、P线、C线之间的距离； （4）选择相应的量程； （5）将被测接地体同其他接地体分开，同时应尽可能把测量回路同电网分开； （6）将被测接地体与接地线断开； （7）接地电阻测量仪测量时，将电位探针插在离接地体20 m的地下，电流探针插在离接地体40 m的地下； （8）接通电源，开始测试，即可显示接地电阻值	（1）高压测试，必须连接绝缘杆，并完全拉伸，手握绝缘杆护套端使用； （2）本绝缘杆的安全耐压等级为最大220 kV，当电压超过35 kV，必须使用非接触核相，严禁直接接触35 kV以上的裸导线，否则有电击的危险，会造成人身伤害或设备损坏； （3）禁止同时钩住2条裸导线，否则会引起2条裸导线短路； （4）连接好绝缘杆与探测器，400 V以下连接金属探针，400 V以上使用金属探钩。操作时均需带绝缘杆操作； （5）根据主机语音记录“同相”或“异相”； （6）与电网相位标识进行核对

续表

序号	1	2	3	4	5	6	7	8	9	10	11
第五步：数据记录	（1）记录仪器设备名称、型号； （2）记录被试品名称、型号； （3）记录试验数据； （4）对照比较被试品历史试验数据										
第六步：结果分析	整理现场，确认工完场清。 （1）试验数据和出厂试验报告对比应符合试验规程； （2）试验数据和交接试验报告对比应符合试验规程； （3）试验数据应符合电力行业或国标试验规程标准										

项目五

高压新型检测项目

工单一　电力设备红外测温

模块一　操作工单：电力设备红外测温

<table>
<tr><td>（一）试验名称及仪器</td><td>（二）试验对象</td></tr>
<tr><td>红外热成像仪测温试验
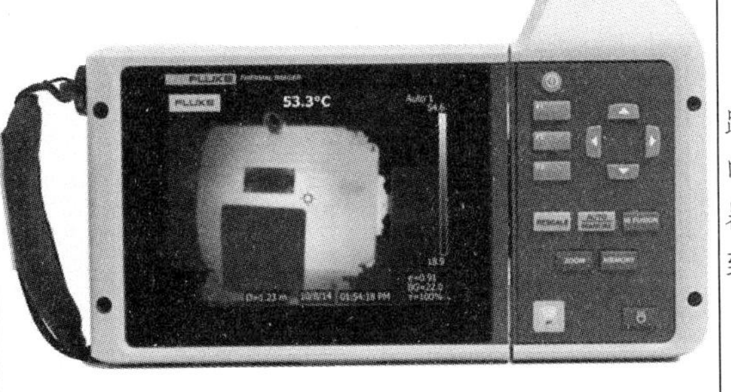

红外热成像仪</td><td>检测电气设备的过热现象（如变压器、套管、断路器、刀闸、互感器、电力电容器、避雷器、电力电缆、母线、导线、组合电器、绝缘子串、低压电器、电线接头以及具有电流、电压致热效应或其他致热效应的设备的二次回路等）</td></tr>
<tr><td>（三）试验目的</td><td>（四）测量步骤</td></tr>
<tr><td>为了检测设备的热状态，及时发现潜在故障，预防设备损坏，提高巡检效率，降低维护成本，确保电力系统的安全稳定运行。
红外热成像仪通过捕捉电力设备表面的热能分布，并将其转化为可视化的热像图，从而实现对设备热状态的监测。这种非接触式的测温方法可以快速、准确地检测设备表面的温度分布，帮助工作人员判断设备的运行状态</td><td>（1）准备工作。
（2）启动和设置。
（3）成像操作。
（4）数据分析和保存。
（5）关机</td></tr>
</table>

续表

（五）注意事项	（六）技术标准
（1）在使用红外热成像仪之前，确保了解所有安全指南和操作规程，避免触电和其他潜在危险。 （2）测温过程中设备应尽量平稳，避免快速移动热成像仪，以免造成图像模糊。 （3）使用正确的镜头，必要时对镜头进行原厂校准和适配。 （4）保持镜头干净，避免灰尘侵蚀。 （5）根据测量目标的不同，选择合适的测量模式，如点测温、区域测温或热图模式。 （6）确保目标区域在热成像仪的视野中清晰可见，并从正确的角度进行测量。 （7）在测量时，避免物体表面的反射和周围环境的干扰，这可能影响测量结果。 （8）使用热成像仪时，避免直视太阳或其他强光源，因为这可能损伤探测器。 （9）轻拿轻放，切勿产生不必要的撞击	（1）《测量电力设备红外测温技术规范》（GB 20417—2006）。 （2）《带电设备红外诊断应用规范》（DL/T 664—2016）
（七）结果判断	**（八）数字资源**
电力设备红外热成像仪测量结果的判断主要依据设备的温度分布和温度值。通过观察热图颜色分布和温度数值，可以初步判断设备的运行状态和潜在故障。 红外热成像仪通过非接触探测红外热量，并将其转换生成热图像和温度值。设备的温度分布和温度值是判断设备有无故障，以及故障属性、位置和严重程度的关键依据。在现场检测时，由于检测条件和环境的影响，同一设备在不同条件下可能得到不同的结果。 在判断测量结果时，首先观察热图颜色分布，红色表示高温区域，蓝色表示低温区域。如果某个区域的颜色明显不同于周围区域，可能存在异常情况。其次，分析温度数值，报告中会给出具体的温度数值，帮助工作人员更准确地了解被检测部位的温度情况。最后，关注异常区域的描述，包括位置、大小、形状和温度变化等信息，这些测量信息有助于了解问题的严重程度和可能的原因	手持红外热成像仪操作及数据处理 

模块二　跟我学

一、红外测量有关的基本概念

1. 温　度

温度是表示物体冷热程度的物理量，微观上来讲是物体分子热运动的剧烈程度。温度只能通过物体随温度变化的某些特性来间接测量，而用来量度物体温度数值的标尺叫温标。

温度单位如下：

摄氏度（°C）：在摄氏温度标度中，水的冰点定义为 0 °C，沸点定义为 100 °C（在标准大气压下）。

华氏度（°F）：在华氏温度标度中，水的冰点是 32 °F，沸点是 212 °F。

开尔文（K）：开尔文温度标度是国际单位制中的温度单位，它以绝对零度（－273.15 °C）为起点，每开尔文与摄氏度的增量相同。

红外辐射的能量大小用物体表面的温度来度量，辐射的能量越大，表明物体表面的温度越高，反之，表明物体的表面温度越低。

2. 温　差

温差指两个不同物体或同一物体不同部位之间的温度差异。

3. 温　升

温升指使用同一检测仪器连续测量得到的被测物体表面温度与环境参照体表面温度之间的差值。

4. 相对温差

相对温差指两个对应测点之间的温差与其中较热点的温升值的比率，通常以百分比表示。

$$\delta_t = (\tau_1 - \tau_2)/\tau_1 \times 100\% = (T_1 - T_2)/(T_1 - T_0) \times 100\% \tag{5-1}$$

式中　τ_1、T_1—发热点的温升和温度；

τ_2、T_2—正常相对应点的温升和温度；

T_0—环境参照体的温度。

5. 环境温度

参照体是用于采集环境温度的一种工具或物体。虽然它不一定能直接反映当前的实际环境温度，但它被设计为具有与被测量物体相似的物理特性。这样的设计使得参照体能够与被测量物体在相似的环境条件下响应温度变化，从而提供一个相对准确的温度数据参考点。

6. 外部缺陷

外部缺陷指的是那些由于材料或结构的不完整性、损伤或其他异常导致热效应的部位裸露在外，并且可以通过红外检测仪器直接观察和检测到的缺陷。

7. 内部缺陷

内部缺陷指的是那些因材料或结构内部的不完整性、损伤或其他异常导致热效应的部位被封闭，从而无法直接使用红外检测仪器进行检测的缺陷。这类缺陷通常需要通过对设备表面的温度场进行细致比较、分析和计算，才能确定其存在的位置。

二、热传递的形式

1. 热传导

热传导是指热量通过固体物质的内部分子振动和相邻分子间的碰撞传递。在热传导过程中，物质本身不移动，只有能量从一个分子传递到另一个分子。热传导的效率取决于材料的导热系数，例如金属是良好的热导体，而木头和塑料是热的不良导体。

2. 热对流

热对流是指在流体（气体或液体）中，由于温度差异引起的流体运动导致的热量传递。在对流过程中，较热的流体上升，较冷的流体下降，形成循环，从而实现热量的传递。热对流可以在自然对流（由温差引起的自然流动）和强制对流（由外部力如风扇或泵引起的流动）中发生。

3. 热辐射

热辐射是指物体通过电磁波（主要是红外线）发射能量的方式传递热量，与物体的温度有关。热辐射不需要介质，可以在真空中进行，如太阳向地球辐射热量。所有物体都会根据其温度进行热辐射，辐射的波长和强度依赖于物体的温度。物体的温度越高，辐射的强度越大。

这三种热传递方式在不同的环境和条件下都起着重要的作用，它们可以单独发生，也可以同时发生，共同影响热量的传递和分布。

三、电力设备红外热成像仪的工作原理

电力设备红外热成像仪的工作原理是利用红外探测器和光学成像物镜接收被测目标的红外辐射能量分布图形，反映到红外探测器的光敏元件上，从而获得红外热像图。这种热像图与物体表面的热分布场相对应，通俗地讲，就是将物体发出的不可见红外能量转变为可见的热图像，不同颜色代表不同的温度，如图 5-1 所示。

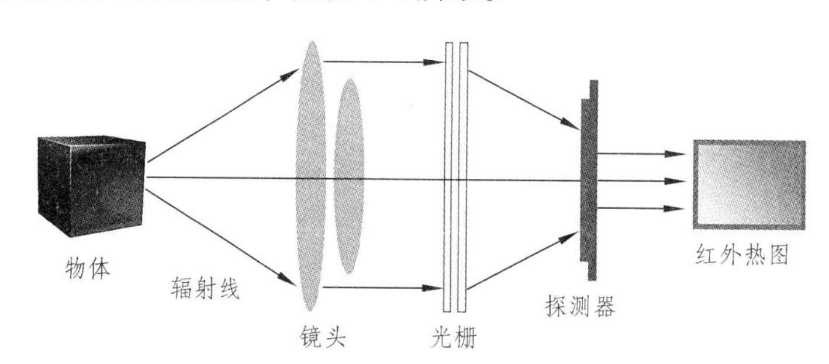

图 5-1　电力设备红外热成像仪的工作原理

红外热成像仪的使用可以概括为以下几个步骤：

（1）红外辐射接收：红外热成像仪通过红外探测器和光学成像物镜接收被测目标的红外辐射能量。

（2）能量转换：这些红外辐射能量被作用到红外探测器的光敏元件上，通过光电转换将红外辐射能转换成电信号。

（3）信号处理：转换后的电信号经过放大处理，信号转换成标准视频信号，最终通过电视屏或监测器显示为红外热像图。

（4）图像显示：热像图上的不同颜色代表被测物体的不同温度，从而直观地展示出物体表面的温度分布情况。

红外热成像仪不仅在医疗领域有广泛应用，还在军事、工业、汽车辅助驾驶等领域发挥

着重要作用。它能够通过非接触式测量目标物体的温度，具有高精度和非破坏性的特点，使得其在各种应用场景中成为一种重要的检测工具。

四、红外辐射的发射及其规律

红外辐射（或红外线，简称为红外），就是电磁波谱中比微波波长还短，比可见光的红光波长还长的电磁波。红外辐射具有电磁波的共同特征，以横波形式在空间传播，并且在真空中与电磁波一样具有相同的传播速度。

波长在 0.75 ~ 3.0 μm 间的电磁波称为近红外；

波长在 3.0 ~ 6.0 μm 间的电磁波称为中红外；

波长在 6.0 ~ 15.0 μm 间的电磁波称为远红外；

波长在 15.0 ~ 1 000 μm 间的电磁波称为极远红外。

五、红外热成像仪对电气设备温度测量的意义

红外热成像仪对电气设备的温度测量对电气设备的运行状态监测、故障预防、维护计划和安全保障都具有极其重要的意义。

1. 故障诊断

红外热成像仪能够检测电气设备在运行中的热缺陷，通过对设备表面温度分布的测量，分析设备内部的热损耗部位和性质，从而判断设备是否存在故障或隐患，如接头松动、过载、过热等问题，有助于及时采取措施防止故障扩大。

2. 预防性维护

红外热成像技术可以在不停电的情况下对电力设备进行状态检测，有助于及时发现设备发热故障并进行定位、定性和定量诊断，从而预防事故发生，确保电力设备安全运行。

3. 提高效率

红外热成像仪可以快速扫描并生成电力设备的热图像，帮助维护人员迅速识别和评估问题区域，提高维护和检修的效率。

4. 安全监测

红外热成像仪可以在安全距离内检测设备，避免了传统方法可能带来的安全风险。

5. 温度分布分析

红外热成像仪提供设备表面的温度分布图像，帮助分析设备的热损耗部位和性质，判断设备的健康状态。

6. 状态检修

传统的电气设备维护往往依赖于定期检查和经验判断，存在效率低、成本高等问题。而红外热成像仪的应用，使得维护人员可以根据设备的实时温度数据，制定更加科学、合理的维护策略。例如对于温度异常的区域，可以优先进行详细检查和维修，从而提高维护效率，降低维护成本。

7. 节约能源

通过检测设备的热损失，可以优化设备的运行状态，减少能源浪费。

8. 提高供电质量

通过确保电力设备的正常运行，红外热成像仪有助于提高电力供应的质量和可靠性。

9. 数据记录

红外热成像仪可以记录设备的温度数据，为设备的运行状态提供历史记录，便于分析和预测设备的运行趋势。通过对这些数据的分析和处理，技术人员可以深入了解设备的运行状态和性能特点，为设备的优化设计提供有力支持。同时这些数据还可以作为决策分析的依据，帮助管理层制定更加科学合理的战略规划。

六、红外热像仪在电力行业中的应用

红外热像仪在电力行业中的应用极为广泛且重要，它不仅能够提高设备故障诊断的准确性和效率，还能够有效预防设备故障的发生，保障电网的安全稳定运行，具体体现在以下几个方面：

1. 高压电气设备外部过热点故障的诊断

红外热像仪能够迅速捕捉到高压电气设备外部因线夹、刀闸等部件不良接触所引起的发热现象。这些过热点往往是设备即将发生故障的先兆，通过红外热像仪的及时检测，可以精准定位并提前处理，有效防止故障扩大，保障电网安全稳定运行。

2. 高压电气设备内部导流回路故障的诊断

对于断路器内部动静触头、静触头基座及中间触头等关键部位，红外热像仪能够穿透设备外壳，检测到因接触不良而产生的内部过热。这种非接触式的检测方式，不仅提高了检测的准确性，还避免了直接拆解设备可能带来的风险，为设备的维护和检修提供了有力支持。

3. 高压电气设备内部绝缘故障的诊断

利用红外热像仪，可以检测到电流互感器（Current Transformer，CT）、电压互感器（Potential Transformer，PT）、电容器等设备的整体温度分布，从而判断其是否存在绝缘老化、局部放电等绝缘故障。这些故障如果不及时发现并处理，将严重威胁设备的正常运行和电网的安全。

4. 油浸电气设备缺油故障的诊断

对于油浸式电气设备，如主变压器，红外热像仪能够检测到因瓷套内油位面降低而导致的外部温度变化。这种变化往往预示着设备内部可能存在漏油或油位不足的问题，通过红外热像仪的检测，可以及时发现并采取措施，防止设备因缺油而损坏。

5. 电压分布异常和泄漏电流增大故障的诊断

避雷器等设备在受潮或泄漏电流增大时，会导致局部发热。红外热像仪能够捕捉到这种细微的温度变化，帮助技术人员准确判断设备的健康状况，及时采取措施防止故障发生。

6. 其他热故障的诊断

红外热像仪还能用于检测一些其他类型的热故障，如涡流发热、电力机械磨损等。这些故障虽然表现形式各异，但都会通过温度的变化反映出来。通过红外热像仪的检测，可以实现对这些故障的全面监控和及时处理。

七、电力设备主要故障模式及其机理

电力设备在运行过程中，由于其内部结构与外部环境的多种因素，往往会出现异常发热现象。这些异常发热不仅会影响设备的运行效率，还可能加速设备老化，甚至引发故障。以下是电力设备异常发热的主要机理。

1. 电阻损耗增大缺陷（电流型致热）

在电力系统的导电回路中，金属导体具有固有的电阻。当电流通过这些导体时，根据焦耳-楞次定律，电能会转化为热能并以热损耗的形式散发。以下情况可能导致电阻损耗增大。

（1）导电连接部位设计不合理：设计缺陷导致连接处接触面积不足，增大接触电阻，从而增加热损耗。

（2）施工质量不良：安装或维修时未紧固连接部位，导致接触不良，引起电阻增大。

（3）触头氧化：触头表面长期暴露在空气中会发生氧化，形成氧化物层，增大了接触电阻，引发发热，如图 5-2 所示。

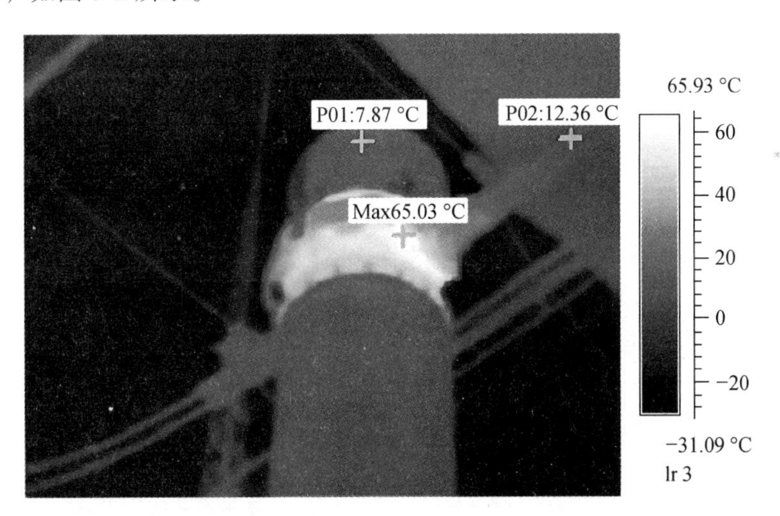

图 5-2　断路器内部动静触头连接不良发热

2. 介质损耗及泄漏电流增大缺陷（电压型致热）

电气设备内部或载流导体附近的绝缘材料在交变电场作用下会产生能量损耗，称为介质损耗，如图 5-3 所示。以下因素可能导致介质损耗及泄漏电流增大。

（1）绝缘材料老化：随着时间的推移，绝缘材料性能下降，无法有效阻挡电流泄漏，导致损耗增加。

（2）绝缘材料受潮：水分进入绝缘材料内部，降低其绝缘性能，增大泄漏电流，引起发热。

（3）绝缘局部击穿：由于设计缺陷、材料问题或长期运行老化，绝缘层可能发生局部击穿，形成短路通道，引发大量发热。

图 5-3　电流互感器 B 相介损超标整体发热

3. 铁磁损耗增大缺陷（电磁型致热）

对于含有铁心的高压电气设备，如变压器、电抗器等，在交变磁场作用下，铁心会产生磁滞和涡流，造成电能损耗，称为铁磁损耗。以下情况可能导致铁磁损耗增大。

（1）磁路故障：如铁心短路、磁屏蔽失效等，导致磁场分布不均，增大铁磁损耗。

（2）磁屏蔽设计不良：磁屏蔽设计不合理或失效，无法有效限制磁场范围，导致不必要的铁磁损耗，如图 5-4 所示。

图 5-4　变压器磁屏蔽不良

4. 缺油及其他缺陷

油浸式高压电气设备可能因为渗漏，未排气或其他原因造成缺油或油位异常，如图 5-5 所示。以下情况可能导致设备发热。

（1）缺油或假油位：由于渗漏、设计缺陷或操作不当等原因，设备内部油量不足或分布不均，导致冷却效果下降，设备温度升高。

（2）设备冷却系统设计不合理：冷却系统结构设计不合理或散热面积不足，无法有效散发设备产生的热量。

（3）冷却系统堵塞及散热条件差：冷却系统中的管路堵塞、散热片积尘等问题，都会降低散热效率，加剧设备发热。

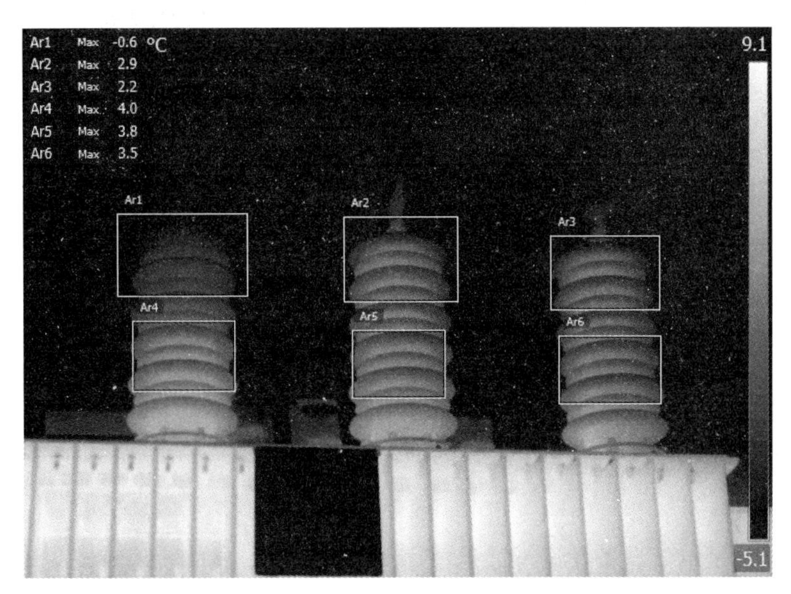

图 5-5　A 相套管上部温度偏低，充油时未将气体放尽

八、电力设备热缺陷红外诊断基本方法

1. 表面温度判断法

该方法主要聚焦于电流致热型和电磁效应导致发热的电力设备。通过测量设备的表面温度，并将其与《高压交流开关设备和控制设备标准的共用技术要求》（GB/T 11022—2020）中规定的高压开关设备和控制设备各部件、材料及绝缘介质的温度与温升极限进行比较，同时综合考虑环境气候条件、当前负荷大小等因素，进行综合分析与判断，以确定设备是否处于正常工作状态。

2. 同类比较判断法

该方法基于比较原理，适用于电压致热型和电流致热型设备。它通过分析同组三相设备之间、同相设备之间以及同类设备对应部位的温差，来识别是否存在异常发热现象。通过对比分析，可以快速定位并判断设备是否运行正常。该方法尤其适用于识别因接触不良、绝缘劣化等引起的局部过热问题。

3. 图像特征判断法

该方法主要针对电压致热型设备，利用红外热像仪生成的热像图进行分析。通过对比同类设备在正常状态与异常状态下的热像图特征，可以直观判断设备是否异常。在应用此方法时，需特别注意排除各种外部干扰因素对图像质量的影响，必要时可结合电气试验或化学分析的结果，以提高判断的准确性和可靠性。

4. 相对温差判断法

该方法特别适用于小负荷电流致热型设备的检测。通过计算两个对应测点之间的温差与较热点温升的比值（即相对温差），可以有效降低小负荷下设备缺陷的漏判率。这种方法能够更准确地反映设备在实际运行中的发热情况，有助于及时发现并处理潜在的安全隐患。

5. 档案分析判断法

该方法侧重于对同一设备在不同时间点的温度场分布进行纵向比较。通过分析设备在不同时期的致热参数变化，可以揭示设备性能的变化趋势，从而判断设备是否处于健康状态。该方法对长期监测和评估设备的运行状况具有重要意义。

6. 实时分析判断法

采用红外热像仪对被测设备进行连续、实时检测，观察并记录设备温度随负载、时间等因素的变化情况。该方法能够提供设备在动态运行过程中的详细温度数据，有助于全面了解设备的热特性，并及时发现温度异常波动，为设备的维护和管理提供有力支持。

九、电气设备缺陷类型的确定及处理方法

1. 一般缺陷

一般缺陷指的是电气设备在运行过程中存在过热现象，具体表现为设备间有一定温差，温差场分布呈现一定梯度，但此类情况尚不足以立即引发安全事故。对于此类缺陷，需采取以下处理措施：

（1）记录与观察：将缺陷情况详细记录在案，并持续关注其发展趋势，以便及时发现异常情况。

（2）计划性检修：利用设备停电的机会，有计划地安排试验和检修工作，以逐步消除这些缺陷。

（3）特殊情况下的处理：若发热点温升值小于 15 K，则不宜直接依据现有规定确定缺陷性质。对于负荷率小、温升小但相对温差大的设备，若条件允许改变负荷，则应在增大负荷电流后进行复测，以便更准确地判断缺陷性质。若负荷无法改变，可暂时将其视为一般缺陷，并加强监视。

2. 严重缺陷

严重缺陷是指电气设备存在较为严重的过热现象，具体表现为温度场分布梯度大、温差显著。这类缺陷需尽快处理，以防事态扩大。处理措施如下：

（1）紧急安排处理：一旦确认设备存在严重缺陷，应立即安排处理，不得拖延。

（2）针对性措施：

对于电流致热型设备，应采取加强检修等措施，以降低设备温度。必要时，还需考虑降低负荷电流，以减轻设备负担。

对于电压致热型设备，则需加强监视，并安排其他测试手段以确认缺陷性质。一旦确认缺陷性质，应立即采取措施进行消除。

3. 危急缺陷

危急缺陷是最为严重的设备缺陷类型，具体表现为设备最高温度已超过《高压交流开关设备和控制设备标准的共用技术要求》（GB/T 11022—2020）规定的最高允许温度。这类缺陷对设备安全构成直接威胁，需立即处理。处理措施如下：

（1）立即处理：一旦确认设备存在危急缺陷，应立即采取措施进行处理，不得有任何犹豫和拖延。

（2）具体处理措施：

对于电流致热型设备，应立即降低负荷电流或立即进行消缺处理，以迅速降低设备温度并消除安全隐患。

对于电压致热型设备，在缺陷明显的情况下，应立即进行消缺处理或退出运行。如有必要，可安排其他试验手段以进一步确定缺陷性质，为处理提供更为准确的依据。

4. 电压致热型设备缺陷的特殊性

由于电压致热型设备的特殊性，其缺陷往往更为隐蔽且难以发现。因此，在确定电压致热型设备缺陷时，应更加谨慎和严格。一般来说，电压致热型设备的缺陷应直接定为严重及以上缺陷，以确保设备安全稳定运行。同时，在处理过程中，还需充分考虑设备的电压特性和运行环境等因素，制定科学合理的处理方案。

十、电气设备红外热成像仪诊断案例

1. 变压器套管内部引线连接不良案例分析

某变电所变压器套管用热成像仪检测如图 5-6 所示。

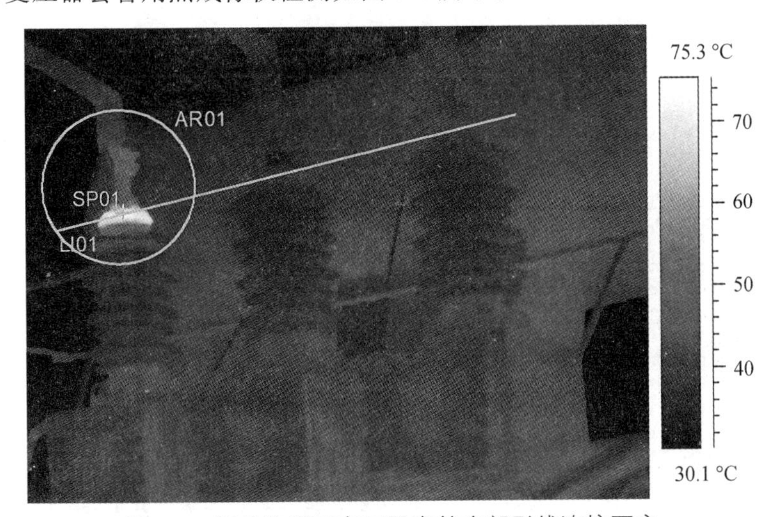

图 5-6　红外检测到变压器套管内部引线连接不良

在观察到套管引线法兰处最高温度为 73 °C，且该温度较正常相对应点高出 50 °C 的情况下，可以根据热图谱的温度场分布特征进行以下分析判断：

首先，温度异常升高 50 °C 是一个显著的指示，表明该部位存在异常发热现象。结合热图谱的温度场分布，可以看出热量在法兰处聚集，并且这种高温很可能是由内部故障引起的，如图 5-6 所示。

进一步分析，由于法兰处温度升高，且温度场分布特征指向内部，可以合理推断内部引线与导电杆的连接处是发热的源头。这种发热可能是由于接触不良，电阻增大、松动或腐蚀等原因导致的。当电流通过这些存在问题的连接处时，会产生额外的热量，这些热量通过传导作用传递至法兰，从而导致外部温度升高。

为了确认这一判断并采取相应的处理措施，建议进行以下步骤：

（1）确认监测数据：再次确认红外热像仪的监测数据是否准确，排除仪器误差或操作不当等因素。

（2）详细检查：对套管及其引线部分进行详细检查，特别是引线与导电杆的连接处，查看是否有松动、腐蚀、氧化等迹象。

（3）电气试验：如果条件允许，可以进行电气试验，如直流电阻测试等，以进一步验证连接处的接触电阻是否异常增大。

（4）处理措施：一旦确认连接处存在问题，应立即采取措施进行处理，如紧固连接螺栓、更换损坏的部件、清理氧化层等。如果问题严重，可能需要停电检修或更换整个套管。

（5）后续监测：在处理完成后，应继续对套管及其引线部分进行温度监测，确保问题得到彻底解决，并防止类似情况再次发生。

总之，根据套管引线法兰处的高温现象和热图谱的温度场分布特征，可以初步判断内部引线与导电杆连接处存在发热问题，并应采取相应的处理措施以确保设备的安全稳定运行。

2. 变压漏磁通在油箱上引起涡流损耗发热案例分析

某变电所变压器套管用热成像仪检测如图 5-7 所示。

图 5-7　红外检测到变压漏磁通在油箱上引起涡流损耗发热

在进行红外热成像仪图谱分析时，针对变压器漏磁通在油箱上引起的涡流损耗发热问题，可以采取以下步骤进行细致分析与判断：

（1）热图观察：首先，通过红外热成像仪获取变压器的整体热图，观察油箱表面的温度分布，特别注意那些温度异常升高的区域。漏磁通在油箱金属壁中感应出涡流时，会导致局部区域温度升高，这些区域在热图上会以较亮的色彩显示出来，如图 5-7 所示。

（2）温度对比：将异常区域的温度与油箱其他部分的正常温度进行对比，量化温差的大小。较大的温差往往意味着涡流损耗更为显著，需要进一步关注。

（3）位置分析：结合变压器的设计结构和磁场分布原理，分析异常发热区域与可能产生漏磁通的部位之间的关系。通常，漏磁通会在油箱壁、加强筋或油箱底部等金属结构较为集中的地方引起涡流损耗。

（4）涡流损耗机理：理解涡流损耗的产生机理。当变压器的漏磁通穿透油箱金属壁时，会在其中感应出涡电流。这些涡电流在金属壁内循环流动，由于金属壁的电阻存在，涡电流在流动过程中会产生热量，导致油箱局部温度升高。

（5）影响因素分析：考虑可能影响涡流损耗大小的因素，如漏磁通的大小和分布、油箱金属的材质和厚度、油箱的结构设计等。这些因素的变化都可能导致涡流损耗的增减，进而影响油箱的发热情况。

（6）诊断结论：基于以上分析，可以初步判断油箱上的异常发热是由变压器漏磁通引起的涡流损耗所致。根据发热的严重程度和分布情况，可以进一步评估对变压器运行安全的影响。

（7）处理建议：针对诊断结论，提出相应的处理建议。如加强油箱的散热设计，优化变压器的磁场分布以减少漏磁通，采用低电阻率的油箱金属材料等。同时，建议定期对变压器进行红外热成像检测，以便及时发现并处理类似问题。

通过以上步骤，可以利用红外热成像仪图谱有效地分析变压器漏磁通在油箱上引起的涡流损耗发热问题，为变压器的安全稳定运行提供有力保障。

模块三　我要做

一、基本要求

1. 对检测仪器的要求

（1）红外测温仪需具备易操作性、便携性，确保测温精确度高且测量结果具有良好的重复性。同时，仪器应能抵御测量环境中高压电磁场的干扰，其距离系数需符合实际测量距离的需求，以保障测量结果的真实可靠。

（2）红外热像仪除上述要求外，还需具备清晰的成像质量，支持图像锁定，实时记录及输出功能，以便于后续分析。此外，应拥有较高的温度分辨率和空间分辨率，满足实际测量的精度和范围需求，同时提供必要的图像分析功能。

（3）强调红外热像仪的图像稳定性，确保在高压电磁场环境下仍能稳定工作，提供清晰、准确的热图像，为故障检测提供可靠依据。

2. 对被检测设备的要求

（1）被检测的电气设备应为带电状态，以便直接观测其运行状态下的温度变化。

（2）在确保人员与设备安全的前提下，进行红外检测时需打开可能遮挡红外辐射的门或盖板，确保检测结果的全面性。

（3）在新设备的选型过程中，应考虑其是否便于进行红外检测，以提升设备的运维效率。

3. 对检测环境的要求

（1）检测目标及环境的温度应不低于 5 °C，以避免低温对仪器性能的影响及水汽结冰导致的检测盲区。特殊情况下需在低温检测时，需遵循仪器工作温度要求，并关注水汽结冰可能带来的问题。

（2）空气湿度应控制在 85%以下，避免在恶劣天气（如雷、雨、雾、雪）或风速超过 0.5 m/s 的条件下进行检测。若风速变化显著，需记录并适时调整测量数据。

（3）室外检测应选择在日出前、日落后或阴天进行，以减少太阳辐射对红外检测结果的干扰。

（4）室内检测时应尽量关闭照明，防止灯光直射被测物体，确保红外热像的清晰度和准确性。

4. 检测诊断周期

（1）根据电气设备的重要性、电压等级、负荷率及环境条件等因素，合理确定红外检测和诊断的周期。

（2）一般情况下，建议对全部设备每年进行一次红外检测。对于发电厂、重要枢纽站、重负荷站及运行环境恶劣或设备老化的变电站，应适当缩短检测周期以提高安全性。

（3）新建、扩改建或大修的电气设备在带负荷运行后的一个月内（但不得少于 24 小时），需进行一次全面的红外检测和诊断。特别针对 110 kV 及以上电压等级的电压互感器、耦合电容器、避雷器等设备，需进行精确测温，记录并分析各元件的温升值，作为设备参数变化分析的基准数据。

（4）旋转电机的检测诊断周期应遵循《电力设备预防性试验规程》（DL/T 596—2021）的规定。

二、操作方法

红外热成像仪广泛应用于电力设备故障检测中，如图 5-8 所示。

（1）红外检测时一般先用红外热像仪或红外热电仪对所有应测部位进行全面扫描，找出热态异常部位，然后对异常部位和重点检测设备进行准确测温。

（2）准确测温应注意下列事项：

① 针对不同的检测对象选择不同的环境温度参照体；

② 测量设备发热点、正常相的对应点及环境温度参照体的温度值时，应使用同一仪器相继测量；

③ 正确选择被测物体的发射率；

④ 作同类比较时，要注意保持仪器与各对应测点的距离一致、方位一致；

⑤ 正确输入大气温度、相对湿度、测量距离等补偿参数，并选择适当的测温范围；

⑥ 应从不同方位进行检测，求出最热点的温度值；

⑦ 记录异常设备的实际负荷电流和发热相、正常相及环境温度参照体的温度值。

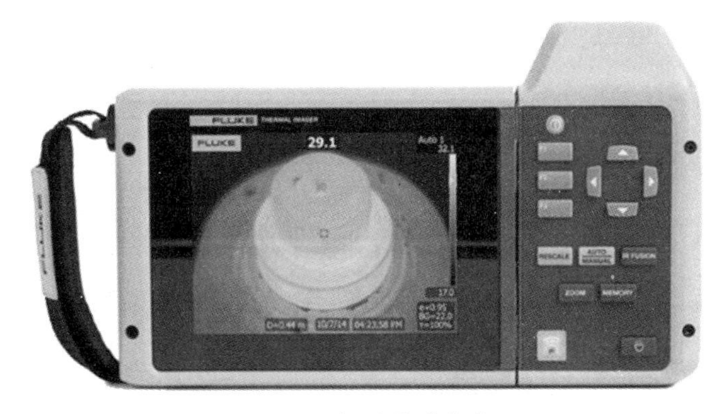

图 5-8　红外热成像仪

模块四　我要练

1. 变压器红外诊断重点部位包括哪些？

____

____

____

2. 简述带电设备红外诊断步骤。

____

____

____

工单二　变压器绕组频率响应

模块一　操作工单：绕组变形测试

（一）试验名称及仪器	（二）试验对象
变压器绕组变形测试 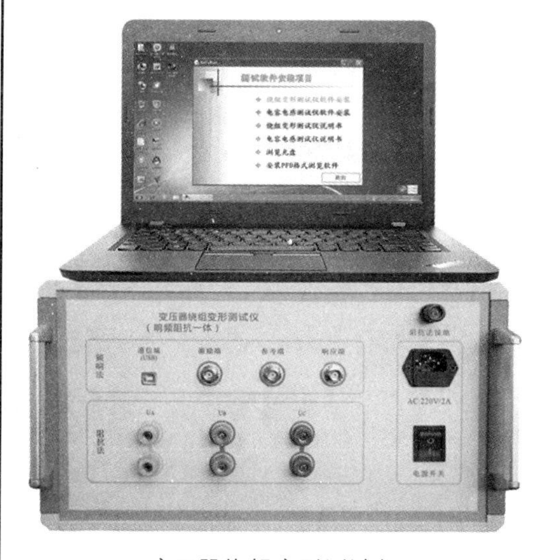 变压器绕组变形测试仪	各类型变压器绕组测试
（三）试验目的	**（四）测量步骤**
通过变压器绕组变形试验检查变压器在运输和安装过程中，是否受到机械力或电动力的作用，导致绕组发生扭曲、鼓包、移位、匝间短路和器身移位	（1）断开变压器有载分接开关、风冷电源，退出变压器本体保护等，将变压器各绕组接地充分放电，拆除或断开对外的一切连线。 （2）在笔记本计算机中建立本次测试数据存档路径并录入各种测量信息。 ① 建立测量数据的存放路径，应能够清晰反映被试变压器的安装位置、运行编号、测试日期等信息，以便于查找，防止数据丢失。 ② 建立测试数据库，录入试验性质、变压器挡位、铭牌信息、环境温湿度、试验日期、试验人员等基本信息。 （3）对变压器的不同绕组，按测试仪器要求搭接试验接线测量变压器每一相绕组。 （4）测试完毕后将所测得的数据全部保存，以便后续运行分析

续表

（五）注意事项	（六）技术标准
（1）变压器绕组发生变形的必要条件是出口短路、近区短路或多次过流动作、运输中发生冲撞。 （2）在低频部分（几万赫兹）频响曲线一般能够较好地重合，否则应首先怀疑测试接线接触不良。 （3）测得的频响曲线一般为 +20 ~ −80 dB，如果超出范围，应检查试验回路是否接触不良或断线。 （4）角接绕组分开试验时三相频响特性可能不一致。平衡绕组可能引起三相频响特性不一致。绕组严重变形会影响邻近绕组的频响特性。温度对频响特性也有影响	（1）《国家电网公司电力安全工作规程 变电部分》（Q/GDW 1799.1—2013）。 （2）《输变电设备状态检修试验规程》（Q/GDW 1168—2013）。 （3）《电气装置安装工程 电气设备交接试验标准》（GB 50150—2016）
（七）结果判断	（八）数字资源
变压器绕组的频率响应特性中、低频部分（10 ~ 500 kHz）的频响曲线具有较丰富的谐振点，这些谐振点的变化灵敏地反映了变压器绕组断股、鼓包、扭曲、匝间错位等变形情况，而高频部分（500 kHz 以上）能反映出变压器绕组的位移。对变压器 110 kV 及以上绕组频响曲线的高频部分，由于影响因素较多，有时很难保证该部分曲线较好地重合。在进行判断时，应重点注意中、低频部分，高频部分作为必要时的参考	变压器绕组变形测试 

模块二　跟我学

一、变压器故障类型

变压器是电力系统中最重要的设备之一，变压器在运输过程中遭受意外碰撞和冲击，在运行中承受故障状态下的冲击电流均会使变压器的绕组和机械结构受到机械应力的冲击，导致绕组一定程度的变形，运行中会造成事故，如图 5-9 所示。

图 5-9　变压器爆炸着火事故现场

绕组变形对变压器和电力系统运行的危害性极为严重，而以往的试验方法又不能有效发现这类缺陷，只能通过吊罩检查来验证，这不仅要花费大量的人力物力，而且对变压器本身也有一定的危害性；况且在现行的电力系统运行情况下，大型变压器的长时间停电也是很困难的。因此能在现场不吊罩情况下快速测量绕组内部变形的频率响应法和低电压短路阻抗法得到了广泛应用。变压器结构如图 5-10 所示。

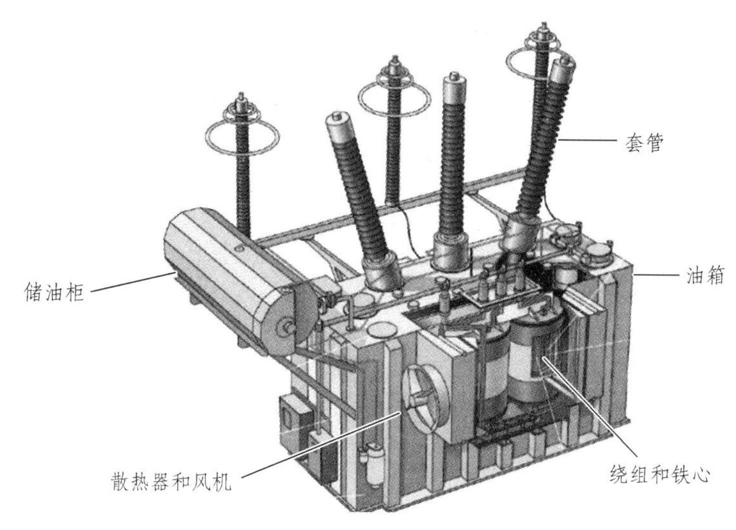

图 5-10　变压器结构

变压器故障主要是设备老化、维护不当、超负荷运行和电气故障导致的，变压器三大主要故障类型集中为绕组、分接开关和套管故障，约占变压器故障总量的 70%。变压器故障原因和类型如图 5-11 所示。对变压器故障分析，可以从过热性故障（变压器油劣化等）、套管主体问题（局部放电、受潮问题等）、电气性能（电晕故障等）、有载分接开关（电弧等）等方面进行分析，这些问题贯穿变压器整个运行寿命周期，始终经受发热、电气、机械、化学等多重因素影响。

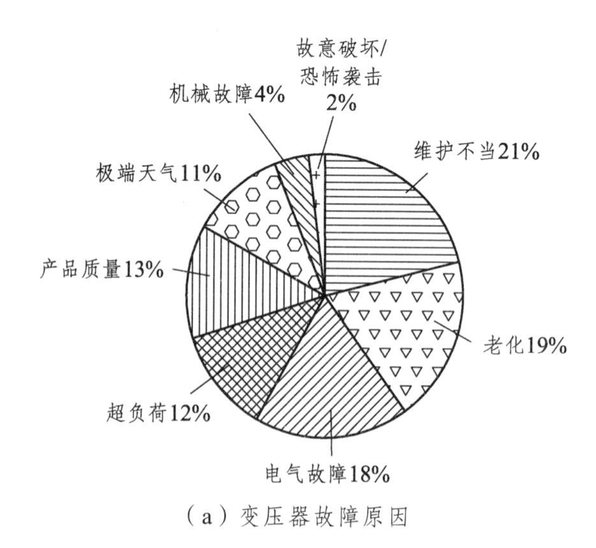

（a）变压器故障原因

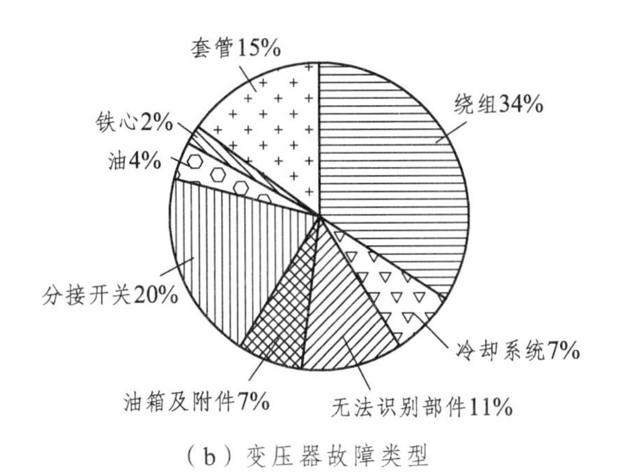

（b）变压器故障类型

图 5-11　变压器故障原因和类型

二、变压器所受外力及变形原因

变压器的主要部件是绕组和铁心。为了解决散热、绝缘、密封、安全等问题，还需要油箱、绝缘套管、储油柜、冷却装置、压力释放阀、安全气道、温度计和气体继电器等附件。变压器外观和绕组如图 5-12 所示。

图 5-12　变压器外观和内部结构

变压器绕组变形是指变压器运输或者运行过程中，内部线圈绕组受到机械力或者是故障短路电流的电动力冲击作用，使绕组的尺寸和位置发生不可逆转的轴向或径向尺寸变化，包括器身的位移，绕组的扭曲、鼓包、位移及匝间的短路等。变压器绕组变形后，绝缘距离发生改变，导致绕组机械性能和绝缘性能下降，绝缘试验和变压器油的试验都难以发现，表现为潜伏性故障，所以绕组变形是电力变压器安全运行的一大隐患。当遇到雷电过电压或者短路事故作用时，可能承受不住巨大的电动力作用而发生损坏，击穿变压器匝间、饼间绝缘，导致突发性绝缘事故，甚至在正常运行电压下，因局部放电长期作用而发生绝缘击穿事故。

1. 绕组所受冲击力的类型

（1）正常运行时电动力。

正常运行时电动力通常较小，但如果绕组在制造过程中存在缺陷，如绕组松动、导线不平或有毛刺、换位的弯折处进入垫块、换位处绝缘损坏和垫块不平等，电动力所引起的振动会使这些缺陷进一步扩大，从而使绕组在正常运行时出现变形的可能，而且导线和垫块之间将长期互相摩擦，甚至引发绝缘损坏与放电。另外，如果绕组的热稳定性不够，也可能在正常运行时发生绕组变形故障。

（2）突然短路电动力。

突然短路的短路电流为正常额定电流的数倍至数十倍，绕组所受的电动力与电流的平方成正比，因此在短路情况下，电动力为正常运行时的数十倍至数百倍。虽然短路时间很短，但强大的冲击电流将使变压器绕组承受巨大而不均匀的电动力，尤其在变压器出口及附近处短路时，巨大的短路电流和较小的短路阻抗使电动力更大，这种强大的电动力将引发绕组产生各种类型的变形，这是变压器绕组变形的主要原因。

（3）直接的机械冲击力。

变压器在制造、运输、安装、维修等过程中，往往会遭受到外部偶然的急速机械冲击力作用，根据牛顿力学定理 $F = ma$，变压器外壳将产生和所受外力同向的加速或减速运动，改变其先前的运动状态，其运动状态将会发生从静止变为运动、速度增加或减小以及从运动变为静止等变化。内部绕组由于惯性将继续保持原来的状态，此时外壳和绕组发生了相对运动，这将成为绕组变形的起因。视变压器绕组与外壳连接状态的不同，绕组就将产生不同类型的变形或位移。

当变压器受到机械力或者电动力的冲击后，绕组是否发生变形以及变形程度如何，主要受以下两个因素的影响：① 变压器绕组承受冲击力的能力，这主要取决于绕组的材料、结构、制造工艺和应力均匀性等；② 绕组所受冲击力的特性，即冲击力的大小、作用时间、作用频率以及作用方式和范围。变压器绕组的引线、抽头、段间过线、换位处、分接线段、内部焊接点及因绕制或压缩不紧而存在间隙处，都是结构上的薄弱环节，容易引起变形，所以即使是同一工厂、同一规格的变压器产品也存在制造偏差、安全系数偏差、其他随机概率等问题。

综上所述，变压器受到巨大的机械冲击力和电动力后，如果其机械强度不足以承受如此强大的冲击时，绕组将会产生各种类型的变形和位移等故障。

2. 变压器绕组变形的原因

变压器常见故障类型有：遭受外部短路故障冲击导致变压器内部突发性短路故障、遭受

过电压引起变压器主绝缘击穿后造成线圈匝间和层间短路故障、高压套管密封不良造成受潮导致绝缘损坏等事故，如图 5-13 所示。

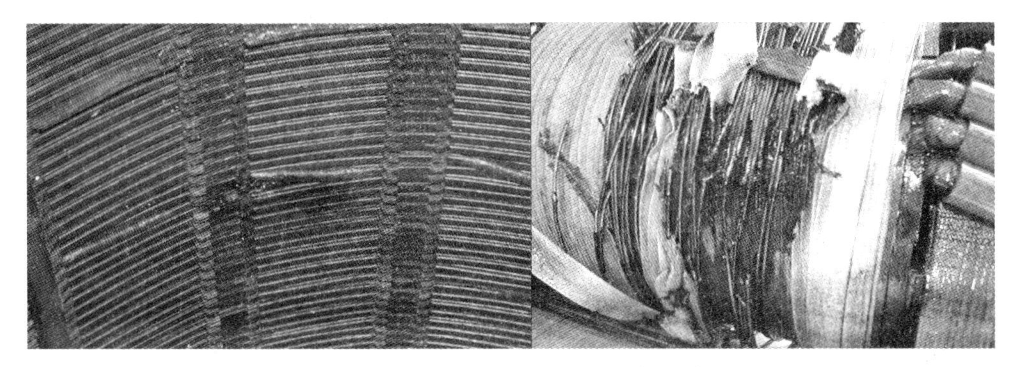

图 5-13　被雷电击坏绕组层间和匝间的变压器

绕组变形试验是变压器出厂、交接和发生短路事故后的必试项目。当变压器在运行过程中遭受各种短路故障电流冲击时，在变压器绕组内将流过很大的短路电流，短路电流在与漏磁场的相互作用下，产生很大的电动力，这时每个绕组都将承受巨大的、不均匀的径向电动力和轴向电动力，使得变压器线圈在短路电流下发热，在很短的时间内造成线圈变形，严重的甚至会导致相间短路、绕组烧毁；同时变压器在运输安装过程中也可能受到碰撞冲击。绕组可能产生机械位移和变形，并可能引发绝缘损伤、绕组短路和烧毁等严重的变压器事故。此外，保护系统存在死区或动作失灵，都会导致变压器承受短路电流作用的时间长，这也是绕组发生变形的原因之一。外部短路造成变压器绕组变形是变压器运行过程中的常见故障，严重威胁着系统的安全运行。变压器采用半硬铜、自黏性换位导线、用硬绝缘筒绕制线圈以及加密线圈的内外撑条等措施来提高变压器抗短路能力，都是基于提高抗径向短路能力考虑的。

三、变压器绕组变形检测的目的及方法

1. 变压器绕组变形试验的目的

变压器绕组是变压器事故损坏的主要部位，变压器绕组抗短路能力差是造成变压器运行损坏的主要原因。变压器发生绕组变形后，大部分仍能正常运行一段时间。由于常规电气试验如电阻测量、变比测量及电容量测量等很难发现绕组的变形，这对电网的安全运行存在严重威胁。变形后的变压器一方面是由于绝缘距离发生变化或绝缘纸受到损伤，当遇到过电压时，绕组会发生饼间或匝间击穿，或者在长期工作电压的作用下，绝缘损伤逐渐扩大，最终导致变压器损坏。另一方面是绕组变形后，机械性能下降，再次遭受短路事故后，会承受不住巨大的冲击力的作用而发生损坏事故。因此，对承受机械力及电动力作用导致绕组变形的变压器试验和诊断是十分必要的。

2. 变压器绕组变形的检测方法

对于新安装和故障后的变压器，一般需要进行绕组变形检测。目前，通常采取出厂前检验、现场安装后检验、运行期间进行常规检测和故障后的全面检测等方式。通过对相关特征

量进行测量分析，从而判断绕组是否有变形、位移等异常现象发生。

变压器绕组变形后，通常会表现出各种异常现象，许多特征量如电气参数、物理尺寸、几何形状以及温度等与正常状态相比有较大差异,以此为基础形成了多种绕组变形检测方法。

变压器承受短路冲击以后，一般都用常规电气试验项目和绝缘油分析来检查变压器的绝缘状况。检查结果表明，有的变压器电气试验和绝缘油分析均在预防性试验规程所规定的范围内，但吊罩检查却发现绕组已明显变形或绝缘垫块严重松动，说明常规电气、油化试验项目不能有效地发现变压器绕组的变形性缺陷。而吊罩检查虽很直观，但需花费大量的人力、物力，而且对判断内侧绕组有无变形仍有困难。为了弥补常规电气方法和吊罩检查方法所存在的不足，变压器绕组变形的检测常用几种成熟的检测方法。

（1）短路阻抗法。

短路阻抗法的原理是通过测得变压器绕组中电流和电压值,并计算出绕组的短路阻抗值，比较变压器绕组变形前后的短路阻抗值的改变，基于测试变压器绕组中漏电抗值的变化，即可判断绕组是否发生变形或位移。变压器的短路阻抗是指变压器的负荷阻抗为零时变压器输入端的等效阻抗，反映了绕组之间或绕组和油箱之间漏磁通形成的感应磁势。变压器的短路电抗分量，就是变压器绕组的漏电抗，在频率一定的情况下，变压器的漏电抗值是由绕组的几何尺寸所决定的，变压器绕组结构状态的改变势必引起变压器漏电抗的变化，测量时，绕组的高压侧接到工频交流电源上，低压侧短接。其原理接线如图 5-14 所示。

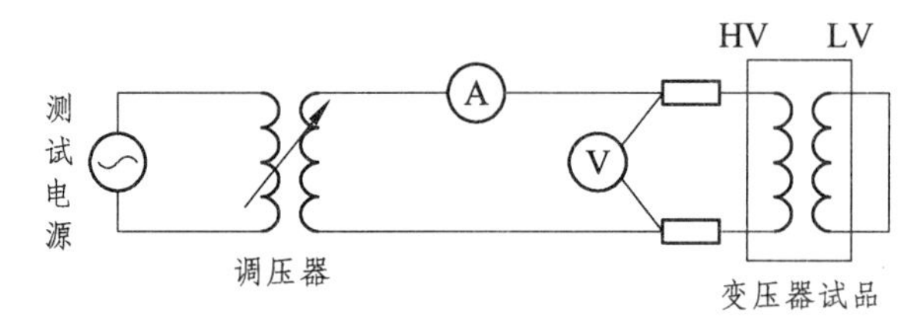

图 5-14　短路阻抗法测试绕组变形接线图

（2）低压脉冲法。

变压器绕组在较高频率的电压作用下，其铁心的磁导率几乎与空气一样，绕组本身可以看作一个由线性电阻、电感、电容等组成的无源线性分布参数网络。其等效电路如图 5-15 所示，L 为饼间电感，K 为纵向电容，C 为对地电容。

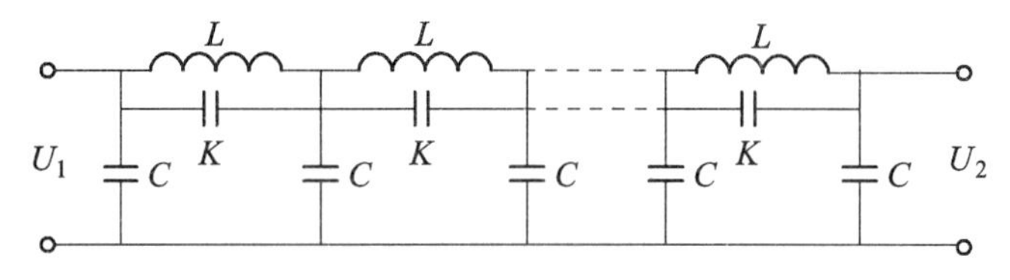

图 5-15　变压器绕组的等效电路

低压脉冲法的原理是在变压器绕组的一端施加稳定的低压脉冲信号，并且同时记录该端子和其他端子的电压波形，通过将时域中的激励与响应做比较，可对绕组的状态做出比较正确的判断。当变压器的绕组发生变形时，相应部分的电感、电容等参数都会发生变化，当在输入端施加脉冲电压激励时，将引起输出端响应的变化。

低压脉冲法应用于现场试验中，容易受测试过程中各种电磁干扰的影响，可重复性较差，且对绕组首端位置的故障响应不灵敏，较难判断绕组的变形位置。

（3）电容量变化法。

电容量变化法的原理是变压器每个绕组可以等效为一个由电阻、电容、电感等构成的网络，绕组的等值电容量直接反映出各绕组间、绕组对铁心、绕组对箱体及地的相对位置和绕组的自身结构等。变压器产品出厂后，其各绕组的电容量基本上是一定的。只要变压器没有受过短路冲击，即使在有温度、湿度影响的情况下，其电容量变化也很小。当变压器遭受短路冲击后，若绕组无变形或变形轻微，其电容变化量也较小；若某侧绕组变形严重，则其电容量变化较大。《电力设备预防性试验规程》规定：变压器绕组的 $\tan\delta$ 每一至三年测试一次。在变压器交接和预防性试验时，测量各级绕组的 $\tan\delta$，计算出对应绕组的电容量，因此根据变压器绕组的电容变化量，能够判断出该变压器绕组是否发生变形。

这种测试方法简单方便，但由于绕组电容量本身具有一定的分散性，因此对鼓包、扭曲等故障的测试灵敏度很差，可以作为绕组变形补充测试方法。

（4）超声波反射法。

超声波反射法的原理是利用放置在被测对象表面的超声探头发射某一频率的超声波，超声波在被测对象内部以纵波模式进行传播，当遇到两种介质交界面时，即发生反射，再沿一定路径返回并被超声探头接收，通过测量发射和接收超声波的时间，就可以得到超声往返于被测介质的传播时间段 t。对于变压器绕组和外壳钢壁而言，绕组表面上每一点到油箱表面之间的距离都是一个恒定值。如果绕组发生凹进、凸出或者移位等异常故障，距离会发生相应改变，通过比较，就可以得知绕组的变形状态。

超声波检测变压器绕组变形时，将超声探头接触变压器外壳钢壁上某一位置，通过耦合剂（黄油）使探头与变压器外壳紧密接触，并使探头中心对准需要测量的绕组。在同步信号的作用下，发射电路激励超声探头发射超声波，超声波在穿过钢壁、变压器油后到达变压器绕组，并在其表面发生反射，反射回波沿着一定路径返回，同样穿过变压器油、变压器钢壁外壳，到达超声接收探头并产生接收电脉冲信号，通过相关电路处理，可以得知超声波在变压器钢板和油中传播、往返一次所用的时间 t。

该方法优点是操作简单，直接性好，重复性也较好，缺点是在有油和无油状态下的结果差异较大，试验结果容易受温度的影响。

（5）振动法。

振动法的原理是通过贴在变压器器身油箱的振动传感器，在线监测绕组及铁心的状况，良好状态变压器的振动特征向量（包括绕组和铁心振动信号的频谱、功率谱、能量谱等）作为指征备用，一旦变压器绕组发生故障，当前振动特征向量的变化就会快速地反映出来。

振动法的优点是测试系统与整个电力系统没有电气连接，安全可靠地实现在线监测的目的。其缺点在于电力变压器在运行过程中随时可能发生短路故障，如果在突然短路的变压器内部绕组发生故障，将导致带电绕组与油箱接触，油箱可能带有很高的电压，另外，暂态感应也会在变压器器身上产生高电位，对测试仪器和人身安全都有影响。

（6）频率响应分析法（Frequency Response Analysis，FRA）。

频率响应分析法的工作原理是通过检测变压器各个绕组对不同频率下的幅频响应特性，并对检测结果量化处理后生成变压器绕组的传递函数特性曲线，进行同一变压器不同时期的纵向比较或同一类型变压器的横向比较，根据幅频响应特性的变化程度，判断变压器可能发生的绕组变形。简单来说，就是在变压器绕组末端给一频率，在首端接收，判定是否存在较大差异，差异大说明有变形现象，差异小说明一致性好。

在较高频率情况下，变压器绕组可以等值为一个由电容、电感等分布参数所组成的无源线性两端口网络，其内部特性可表达为传递函数 $H(j\omega)$。变压器结构一定时，变压器绕组的参数和函数曲线关系是确定的，当变压器内部发生变化时，其绕组的分布参数就会发生改变，相应的函数曲线也会随之改变。如果绕组发生变形，绕组内部的分布电感、电容等参数必然改变，导致其等效网络的传递函数 $H(j\omega)$ 的零点和极点发生变化，从而使网络的频率响应特性发生变化。仪器输入激励与输出响应建立函数关系，并逐点描绘，就得到了反映变压器绕组特性的传递函数特性曲线。

传递函数是用拉普拉斯变换形式表示的无源双口网络的输出与输入之比。频率响应特性指在正弦稳态情况下，网络的传递函数 $H(j\omega)$ 与角频率 ω 的关系。通常把 $H(j\omega)$ 幅值随 ω 的变化关系称为幅频响应特性，$H(j\omega)$ 相位随 ω 变化的关系称为相频响应特性。扫频检测指连续改变外施正弦波激励信号源的频率，测量网络在不同频率下的输出信号与输入信号之比，并绘制出相应的幅频响应特性或相频响应特性曲线。频率响应分析法测试时将一个稳定的正弦扫频信号施加于被试变压器绕组的一端，同时记录该端子和其他端子上的电压幅值及相位，从而得到被试绕组的一组频响特性。变压器绕组的幅频响应特性曲线中通常包含多个明显的波峰和波谷，波峰和波谷的分布位置、分布数量、幅值变化可作为分析变压器绕组变形的重要依据。采用扫频对变压器绕组特性进行测量，不对变压器吊罩、拆装的情况下，通过检测各绕组的幅频响应特性，对 6 kV 及以上变压器，准确测量绕组的扭曲、鼓包或移位等变形情况，通过计算曲线相关参数，自动诊断绕组的变形情况。

用频率响应分析法判断变压器绕组的变形，主要是对绕组的幅频响应特性进行纵向或横向比较，并综合考虑变压器的短路情况、变压器结构、电气试验及油中溶解气体分析等因素。频率响应分析法相比于低压脉冲法，避免了仪器笨重和测试结果重复性差等缺点，降低了电磁干扰的影响，可重复性较好，且可以较为直观地分析频率响应曲线，测试灵敏度较高，应用广泛。

综上所述，短路阻抗法需动用庞大的试验设备，且费时费力，灵敏度不高，难以保证测量精度，现场应用困难。低压脉冲法在间隔较长时间时，重复性差，且对变压器绕组的首端故障不灵敏。电容量变化法受绕组本身电容的影响，对鼓包、扭曲等故障的测试灵敏度很差。超声波反射法受油温以及有油无油状态影响严重。而振动法对测试仪器以及人身安全都有影响。频率响应分析法的测试重复性比较好，试验设备简单轻巧，测试灵敏度高，试验图谱分析直观，数据量值分析具有可比性，适用于电力系统中运行变压器变形的检测。

模块三　我要做

以下以频率响应分析法为例进行变压器变形试验。

变压器绕组变形测试仪用于测试 6 kV 及以上电压等级电力变压器及其他特殊用途的变压器绕组的变形情况。

一、变压器绕组变形测试方法

对变压器每一绕组的一端每施加一系列特定频率的信号，测量其两端的响应信号，即可得出频率响应特性。对于有中性点引出的绕组，依次测量 OA、OB、OC 的频率响应特性，对于角接的绕组，依次测量 AB、AC、BC 的频率响应特性。

变压器绕组变形测试接线图见图 5-16。

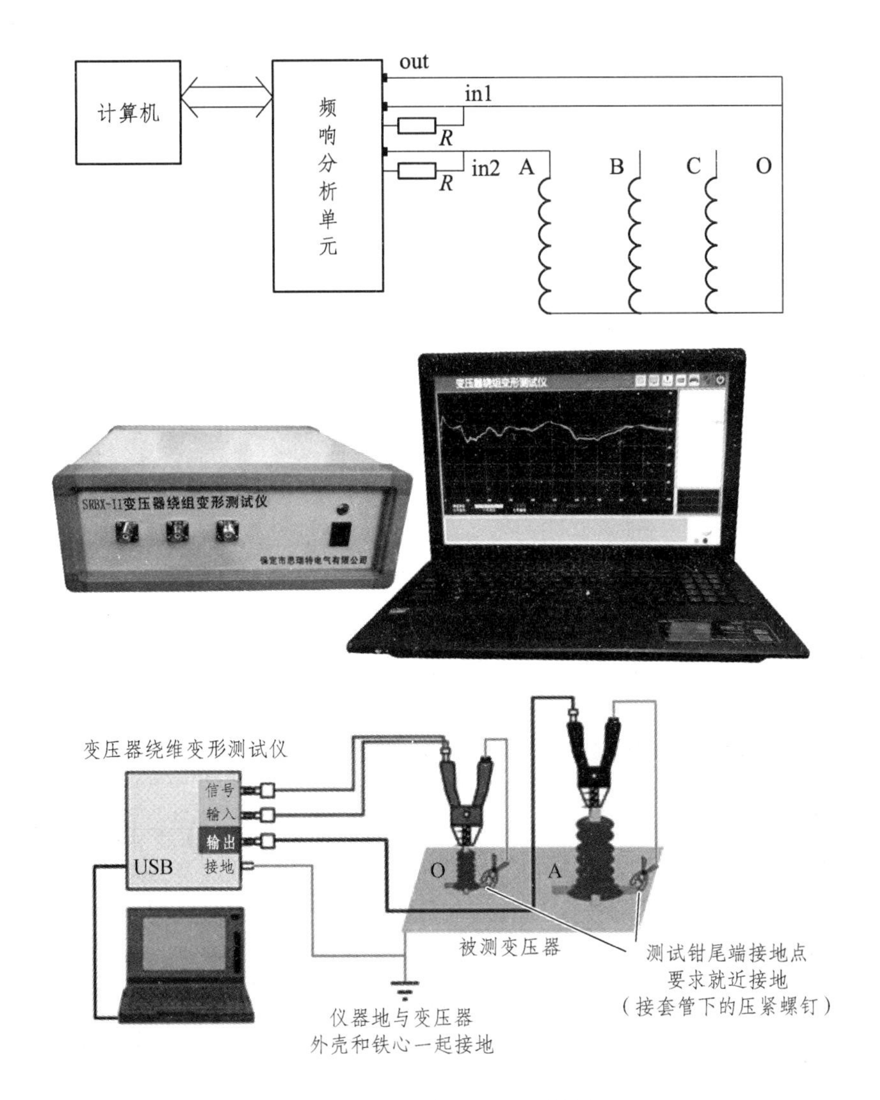

图 5-16　变压器绕组变形测试接线图

常见的变压器变形测试接线如图 5-17 所示。

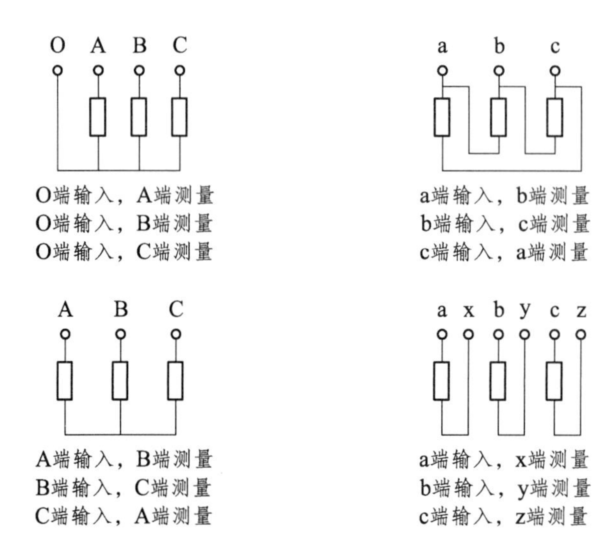

图 5-17 常见变压器的几种测量接线方式

二、试验步骤

选定被测变压器的激励端（输入端）和响应端（测量端），用两根裸铜线把输入电缆和检测电缆所带有的“GND”接地端共同连接在变压器油箱金属外壳上，保证与外壳可靠连接（接触电阻不大于 1 Ω），接地线应尽可能短且不应缠绕，建议连接在铁心接地引出端的接地铜排位置，严禁随意缠绕在油箱外壳的金属螺栓上，否则影响测量结果。两把接线钳分别将输入电缆和检测电缆对应连接到选定的激励端和响应端套管端头上，通过同轴电缆把输入单元的 Vs、V1 端对应地与测试仪 Vs、V1 端口连接，将检测单元的 V2 端对应地与测试仪 V2 端口连接。

如果软件安装在笔记本计算机中，用专用串口线将测试仪与笔记本计算机连接，如果软件是集成到仪器中，则直接开机在仪器中设置。在测试软件输入被试变压器铭牌值、扫频范围、显示方式等参数后，开始试验，如图 5-18 所示。

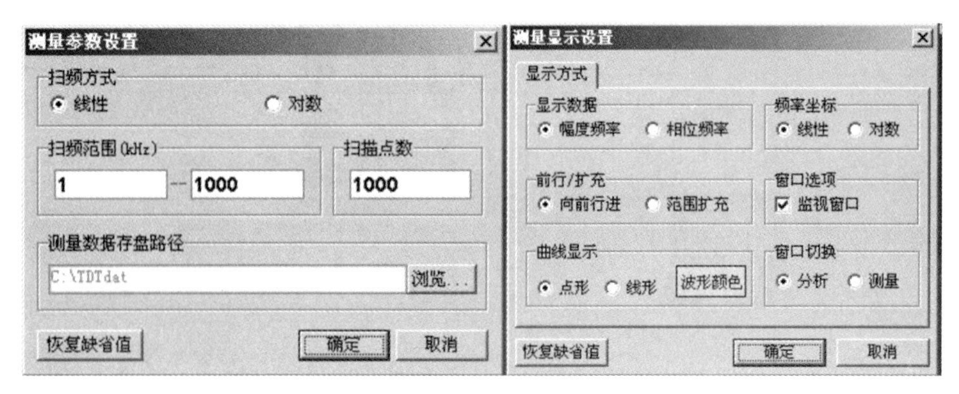

图 5-18 变形测量数据设置

采集完毕，保存结果，关闭笔记本计算机及测试仪的电源。测量如图 5-19 所示，横坐标为扫频范围，纵坐标为响应幅度值。

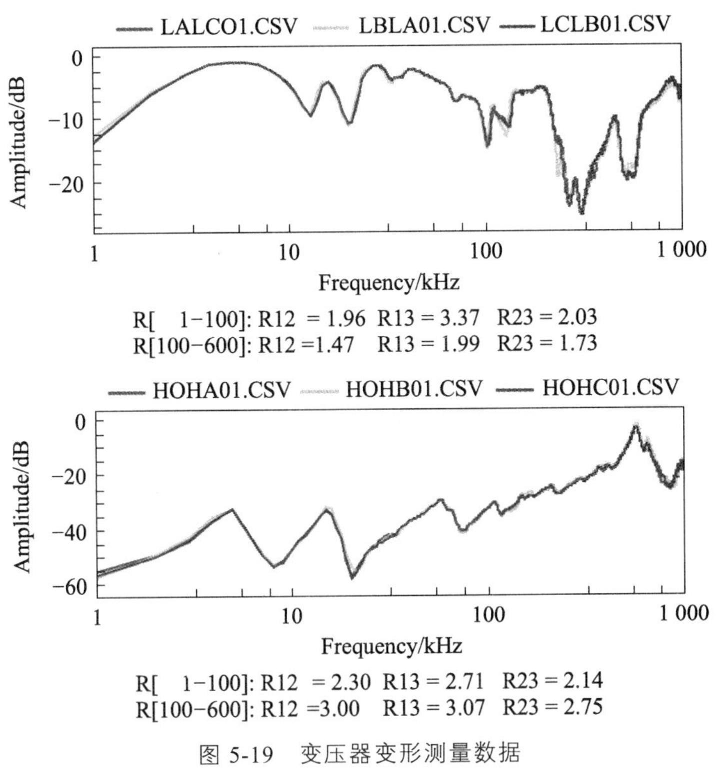

图 5-19 变压器变形测量数据

三、变压器绕组变形判据

1. 频率响应特性

变压器绕组的频率响应特性中、低频部分（10 ~ 500 kHz）的频响曲线具有较丰富的谐振点，这些谐振点的变化灵敏地反映了变压器绕组断股、鼓包、扭曲、饼间错位等变形情况，而高频部分（500 kHz 以上）能反映出变压器绕组的位移。对变压器 110 kV 及以上绕组频响曲线的高频部分，由于影响因素较多，有时很难保证该部分曲线较好地重合。

（1）低频段。

正常的变压器绕组低频段相关系数 R_{LF} 要求大于 2.0。幅频响应特性曲线低频段（1 ~ 100 kHz）的波峰或波谷位置发生明显变化，通常预示着绕组的电感改变，可能存在匝间或饼间短路的情况。频率较低时，绕组的对地电容及饼间电容所形成的容抗较大，而感抗较小，如果绕组的电感发生变化，会导致其频响特性曲线低频部分的波峰或波谷位置发生明显移动。对于绝大多数变压器，其三相绕组低频段的响应特性曲线应非常相似，如果存在差异，则应查明原因。

（2）中频段。

正常的变压器绕组中频段相关系数 R_{MF} 要求大于 1.0。幅频响应特性曲线中频段（100 ~ 600 kHz）的波峰或波谷位置发生明显变化，通常预示着绕组发生扭曲和鼓包等局部变形现象。

在该频率范围内的幅频响应特性曲线具有较多的波峰和波谷，能够灵敏地反映出绕组分布电感、电容的变化。

（3）高频段。

正常的变压器绕组高频段相关系数 R_{HF} 要求大于 0.6。幅频响应特性曲线高频段（>600 kHz）的波峰或波谷位置发生明显变化，通常预示着绕组的对地电容改变，可能存在线圈整体移位或引线位移等情况。频率较高时，绕组的感抗较大，容抗较小，由于绕组的饼间电容远大于对地电容，波峰和波谷分布位置主要以对地电容的影响为主。

2. 变形比较方式

（1）纵向比较法：对同一台变压器、同一绕组、同一分接开关位置、不同时期的幅频响应特性进行比较，根据幅频响应特性的变化分析绕组变形的程度。该方式具有较高的检测灵敏度和判断准确性，但需要预先获得变压器的原始幅频响应特性。

（2）横向比较法：对变压器同一电压等级的三相绕组的幅频响应特性进行比较，必要时借鉴同一制造厂在同一时期制造的同型号变压器的幅频响应特性来判断变压器是否发生绕组变形。不需要变压器的原始幅频响应特性，现场应用较为方便，但应排除变压器的三相绕组发生相似程度的变形，或者正常变压器三相绕组的幅频响应特性本身存在差异的可能性。

如图 5-20 所示是某变压器低压绕组在遭受突发性短路电流冲击前后测得的幅频响应特性曲线图，遭受短路电流冲击以后的幅频响应特性曲线（LaLx02）与冲击前的曲线（LaLx01）相比较，部分波峰及波谷的频率分布位置明显向右移动，可判定变压器绕组发生变形。

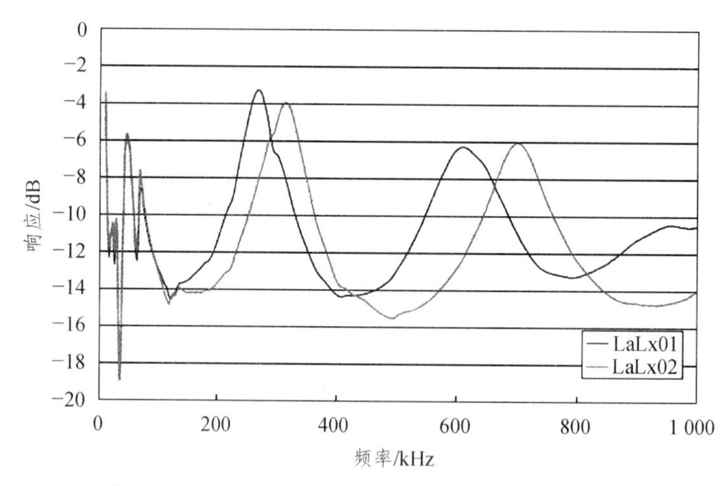

图 5-20　某变压器在遭受短路电流冲击前后的幅频响应特性曲线（纵向比较法）

如图 5-21 是某台三相变压器低压绕组在遭受短路电流冲击以后测得的幅频响应特性。可见，曲线 LcLa 与曲线 LaLb、LbLc 相比，波峰和波谷的频率分布位置以及分布数量均存在差异，即三相绕组幅频响应特性的一致性较差。而同一制造厂在同一时期制造的另一台同型号变压器的三相绕组的频响特性一致性却较好（见图 5-22），故可判定变压器在遭受突发性短路电流冲击后绕组变形。

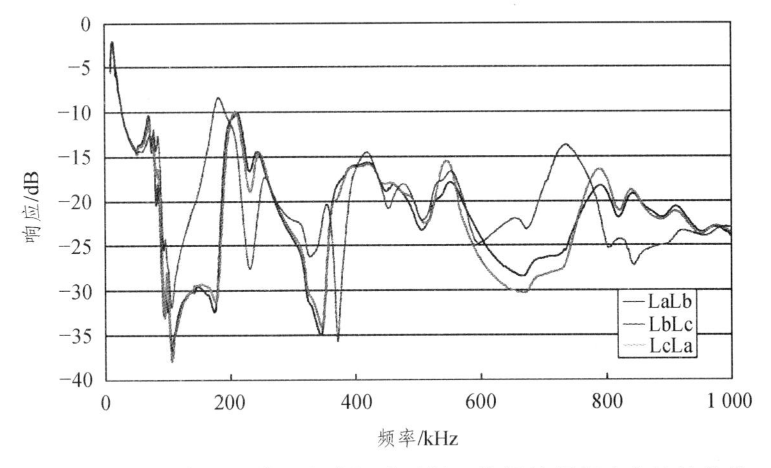

图 5-21　某台变压器遭受突发短路后低压绕组的幅频响应特性曲线

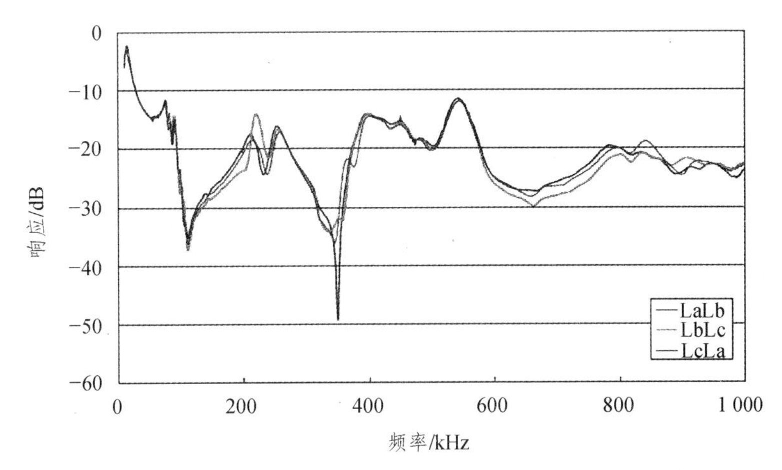

图 5-22　另一台同型号变压器低压绕组的幅频响应特性曲线

3. 变压器变形曲线典型案例

在低频部分（几万赫兹）频响曲线一般能够较好地重合，否则应首先怀疑测试接线接触不良。一般来说，35 kV 及以下变压器（包括厂变）频响特性一致性可能较差，应在交接时留原始数据待比较。

测得的频响曲线一般在 + 20 ~ − 80 dB，如果超出范围，应检查试验回路是否接触不良或断线。角接绕组分开试验时三相频响特性可能不一致。绕组严重变形会影响邻近绕组的频响特性，由于工艺较差可能导致变压器绕组频响特性不一致。

变压器绕组变形检测后，纵比、横比是最主要的分析方法，尤其是纵比。通过电容量的变化对主变的绕组变形和内部绝缘进行判断并不需要每一次预试都换算到单独的绕组之间和绕组——铁心、铁轭之间的电容量，只需要对两次试验的结果进行比较，通过电容量的变化就可以在试验现场对主变的情况进行一个基本判断，因此建立并健全准确的变压器稳定状态参数的档案资料是非常必要的。

变压器绕组变形时的典型幅频响应特性曲线如图 5-23 所示。

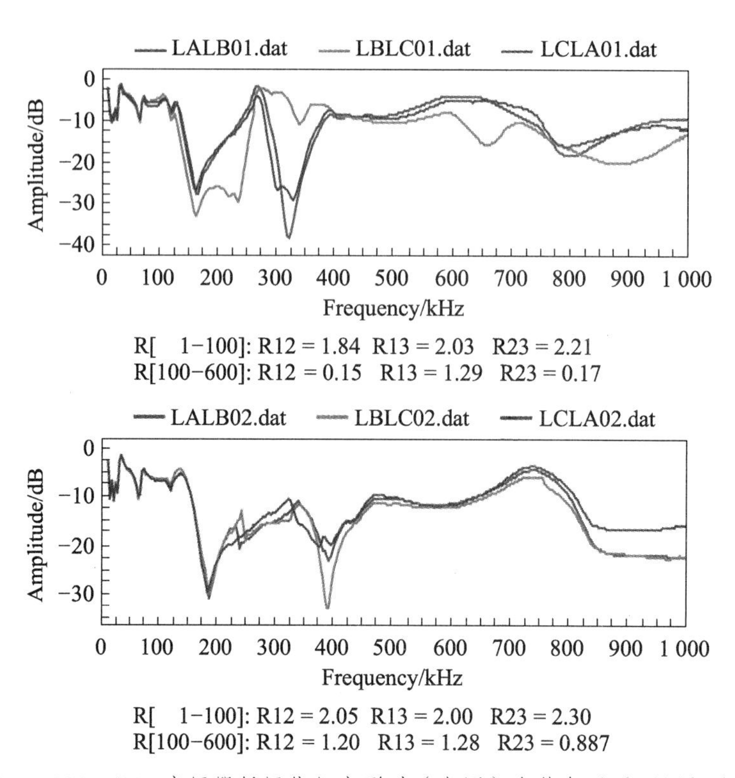

（a）SFPSZ7-120000/220 变压器低压绕组变形时（上图）和修复后（下图）的频响曲线

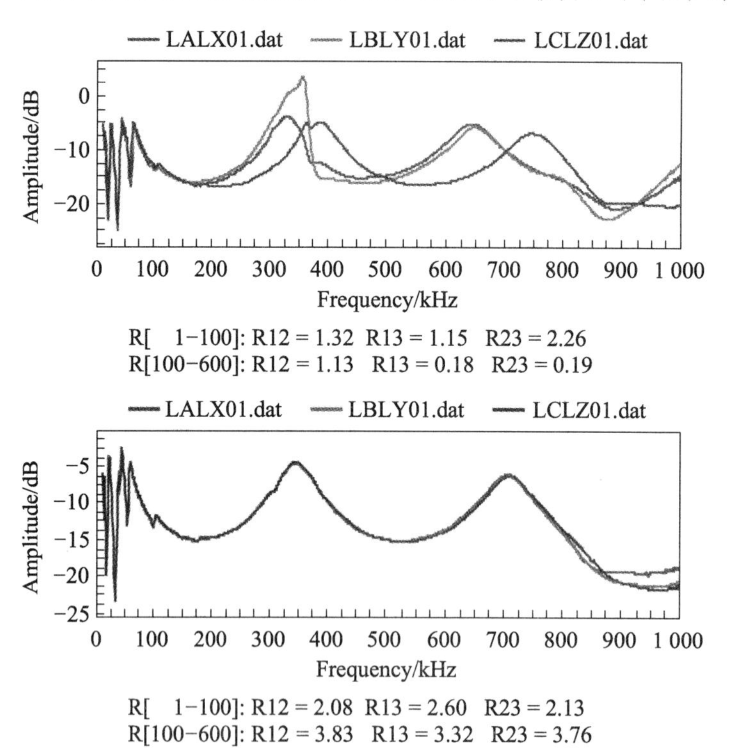

（b）SFPSZ7-150000/220 变压器低压绕组变形时（上图）和修复后（下图）的频响曲线

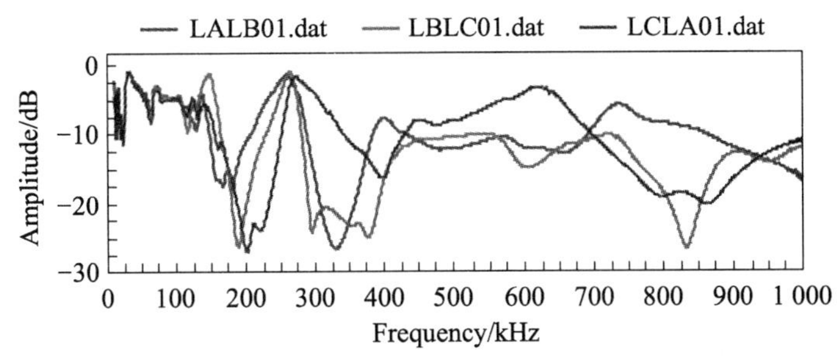

R[1−100]: R12 = 1.70 R13 = 1.14 R23 = 1.41
R[100−600]: R12 = 0.50 R13 = 0.00 R23 = 0.20

（c）SFPSZ7-150000/220 变压器低压绕组变形时的频响曲线

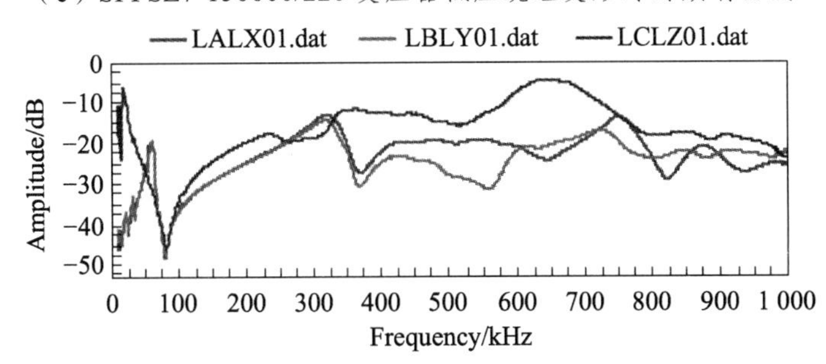

R[1−100]: R12 = 1.94 R13 = 0.05 R23 = 0.07
R[100−600]: R12 = 0.60 R13 = 0.43 R23 = 0.12

（d）SF9-31500/110 变压器低压绕组变形时的频响曲线

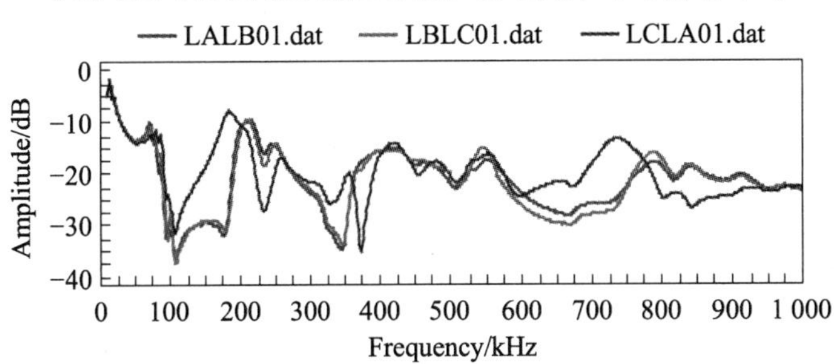

R[1−100]: R12 = 2.07 R13 = 1.25 R23 = 1.46
R[100−600]: R12 = 1.73 R13 = 0.18 R23 = 0.20

（e）SF7-6300/110 变压器低压绕组变形时的频响曲线

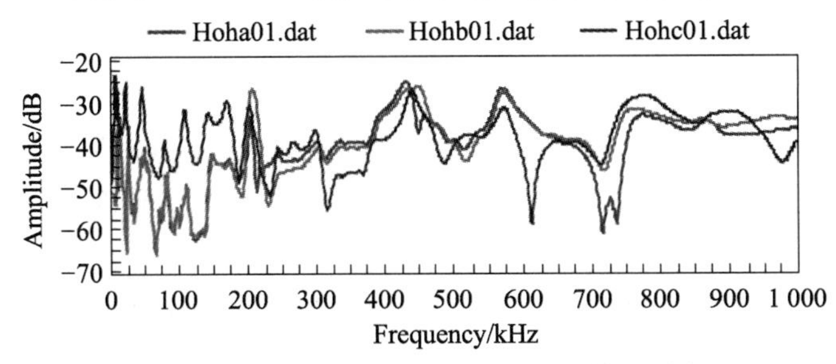

R[1−100]: R12 = 1.99 R13 = 0.27 R23 = 0.26
R[100−600]: R12 = 1.04 R13 = 0.20 R23 = 0.27

（f）SSPSO3-120000/220 变压器高压绕组变形时的频响曲线

图 5-23 变压器绕组变形时的典型幅频响应特性曲线

（一）1.6 MV · A 以上变压器绕组无变形诊断步骤

（1）如果三相绕组相间差值大于 3.5 dB，应引起注意，应将测试结果与该变压器的原始测试结果相比较，如有明显变大（大于 3.5 dB），则可判定为发生了绕组变形。

（2）如果没有原始测试结果，则可与同厂同型同期变压器的测试结果进行比较，如有明显变大（大于 3.5 dB），则可判定为发生了绕组变形。

（3）如果仍无法比较，则需请制造厂说明三相绕组不一致的原因，并结合短路和过流情况做出判断。

（4）如果三相绕组相间差值小于 3.5 dB，但与该变压器的原始测试结果相比差值大于 3.5 dB 时，则变压器绕组的共用部分发生变形，或者发生了三相一致的变形。

（二）变形程度诊断

根据变压器绕组变形测量结果判断变形程度。变形程度划分为正常绕组、轻度变形、明显变形、严重变形四种。变压器正常绕组是指变压器处于原始状态或不存在明显变形，可以继续运行，绕组不需要整修。轻度变形指变压器存在明显变形但是还可以正常运行，需要加强监测，应在适当时机安排检修，再次短路或其他冲击将有很大可能造成变压器损坏，需要整修或更换绕组。明显变形和严重变形指变压器因变形而不能继续运行，必须马上处理。

变压器变形程度及诊断注意值如表 5-1 所示。

表 5-1　变压器变形程度及诊断注意值

绕组变形程度	相关系数 R
正常绕组	$R_{LF}\geqslant 2.0$、$R_{MF}\geqslant 1.0$ 或 $R_{HF}\geqslant 0.6$
轻度变形	$2.0>R_{LF}\geqslant 1.0$ 或 $0.6\leqslant R_{MF}<1.0$
明显变形	$1.0>R_{LF}\geqslant 0.6$ 或 $R_{MF}<0.6$
严重变形	$R_{LF}<0.6$

注：R_{LF} 为曲线在低频段（1 ~ 100 kHz）内的相关系数；R_{MF} 为曲线在中频段（100 ~ 600 kHz）内的相关系数；R_{HF} 为曲线在高频段（600 ~ 1 000 kHz）内的相关系数。

若三相频响曲线较为一致，则可认为测试数据正确无误。若存在明显差异，则首先应检查测试接线方式是否符合规定要求，测试电缆是否处于完好状态，确认无误后再重测。如果重测后的频响曲线与之前的完全相同，则可认为测试数据正确无误。利用该台变压器的历史测试数据，或者同型号、同批次的另一台变压器的测试数据，来进行纵向比较分析，然后做出较为可靠的诊断结论。若该台变压器的测试数据与历史数据（或出厂测试数据）基本一致，无明显的差异，则无论其三相之间的频响曲线是否一致，均可判断该变压器无明显的绕组变形现象，此诊断方法可靠。如果此变压器没有历史数据时，则将此变压器的测试数据与同型号、同批次的另一台变压器的数据比较，如果基本一致，无明显的差异，则无论其三相之间的频响曲线是否一致，均可判断该变压器无明显的绕组变形现象。

在进行纵向比较时，考虑到测试仪器、测试接线及测试工况的差异所造成的影响，只要前后两次的频响曲线基本相似，或者三相绕组之间的差异规律基本没有明显变化，通常即可认为绕组无明显变形。

即使依据上述方法，初步判断变压器可能存在明显的绕组变形，也应通过了解变压器的如下信息，通过综合分析后得出测试结论。

（1）该变压器的制造年代或设计型号。根据经验，在1985—1998年间生产的变压器抗突发短路的能力较差，较易出现绕组变形。

（2）该型号的变压器是否已有出现绕组变形的案例。根据经验，同型号（特别是同批次）的变压器往往带有缺陷遗传规律。

（3）变压器是否发生出口或近区短路冲击，继电保护是否在规定时间内动作，或者该变压器在运输、吊装时是否受到撞击。

（4）另外，对于某些小厂生产或经过现场检修的变压器，其三相的频响特性一致性相对较差，如果遇到该类情况，通常可适当放松判断的尺度。

四、注意事项

变压器绕组变形检测须在直流试验项目之前或者在变压器绕组充分放电2小时后进行，否则将会影响检测数据的重复性，甚至导致检测仪器损坏。检测前应拆除与变压器套管端头相连的所有引线，并使拆除的引线尽可能远离被测变压器套管。输入被试变压器铭牌以及分接位置，对于套管引线无法拆除的变压器，可利用套管末屏作为响应端进行检测，注明试验是在末屏或变压器外部直接接线。变压器绕组的频率响应特性与分接开关的位置有关，建议在最大分接位置下测量，或者应保证每次测量时分接开关均处于相同的位置。由于测量信号较弱，激励信号和响应信号测量端应与变压器绕组端头可靠连接，减小接触电阻。输入单元和检测单元的接地线应与变压器外壳油箱可靠连接，不允许存在大于1 Ω以上的接触电阻，接地线应尽可能短且不应缠绕。通常建议连接在变压器顶部的铁心接地铜排位置，严禁随意缠绕在油箱表面的螺栓上。试验电缆放好后，先将电缆短接，检验仪器及电缆是否完好。

比较相同电压等级的三相绕组的幅频响应特性，如果差异较大，则应检查测试电缆及接地引线，重新进行测量，保证同一绕组测量结果的重复性，排除测量接线等因素所造成的影响。如果发现测得的频响曲线的平滑性较差（曲线上带有大量毛刺），则应检查接线钳是否与套管端部可靠连接、电缆插头是否存在接触不良或断线现象。如果测得的三相绕组的频响特性一致性较差，则应检查或改换输入电缆及测量电缆中接地线的连接位置，检查其是否与变压器外壳可靠连接，重新进行测量，确认两次测得的数据曲线完全一致。特别注意变压器油箱上的螺栓与外壳通常存在接触电阻，切忌使用螺栓连接，避免因测量接线损坏或接地引线与外壳连接不良，造成错误的测试数据。

电缆与仪器及被试变压器接触良好，对110 kV及以上变压器绕组，试验引线与套管间杂散电容可能影响其频响曲线高频部分的一致性，应尽量在前后试验或三相试验时保持一致。试验中如果变压器三相频响特性不一致，应检查设备后重做，直至同一相两次试验结果一致。试验完成后，检查数据文件是否存妥，然后退出测试系统并依次关机。

绕组变形测试作为一种对变压器新的检验手段，可以及时有效地发现变压器由于受短路冲击后造成的绕组变形缺陷，并通过及时吊检和大修，避免重大事故的发生。

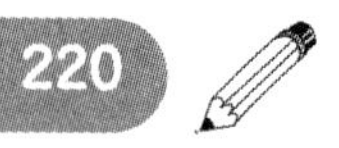

模块四　我要练

1. 变压器绕组变形程度可分为哪几种？应如何处理？

2. 为什么变压器绕组变形试验要在变压器直流电阻试验之前做？

工单三　SF_6气体微水含量的测量与分析

模块一　操作工单：SF_6气体微水含量的测量与分析

（一）试验名称及仪器	（二）试验对象
SF_6气体微水含量的测量 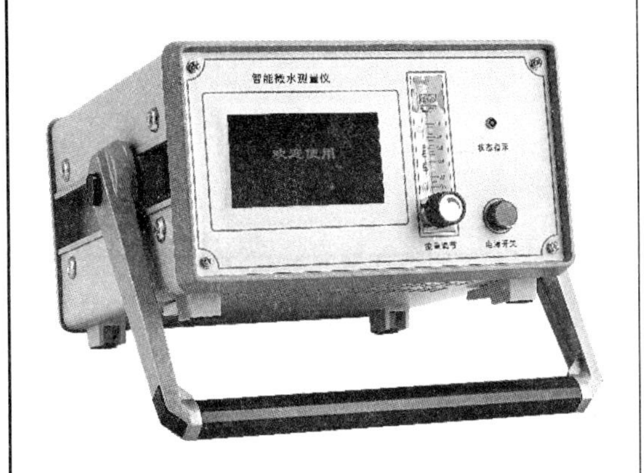 SF_6气体微水测量仪	SF_6气体微水测量仪主要用于测量SF_6气体中的微量水分
（三）试验目的	**（四）测量步骤**
SF_6气体微水含量测量的主要目的是确保设备安全稳定运行。具体目的包括： （1）防止绝缘性能下降：SF_6气体中的水分会在固体绝缘件表面凝露，导致沿面闪络电压降低，影响绝缘效果。 （2）避免腐蚀性物质生成：水分参与SF_6气体在电弧作用下的分解反应，生成腐蚀性强的氟化氢等分解物，对设备零部件造成腐蚀。 （3）保障设备灭弧性能：水分会影响SF_6气体的灭弧性能，可能导致设备故障。 （4）预防设备事故：湿度超标可能引发设备事故，如大面积停电，对生态环境和大气环境造成破坏	（1）连接SF_6设备：首先在仪器接头附件中找到与SF_6电气设备配套的接头，将测量气管上螺纹端与附件接头连接好，再将测试气管上的快速接头一端插入仪器上的采样口，将排气管道连接到出气口，最后将附件接头与SF_6电气设备测量接口连接好。 （2）开机初始化：打开仪器电源开关，仪器进入初始化自校验过程，倒数200 s。 （3）功能选择：开机后等待几秒钟，进入“功能选择”界面。 （4）开始测量：打开面板上的流量阀调节流量，开始测量SF_6的露点。第一台设备测量时间需要5～10 min，其后每台设备需要3～5 min。 （5）测量结束：所有设备测量结束后，关闭仪器电源。

续表

（五）注意事项	（六）技术标准 
（1）测试环境：测试环境应干燥，通风良好，避免环境湿度对测试结果的影响。 （2）仪器准备：测试前应对设备进行充分干燥处理，以避免设备内部残留水分对测试结果的影响。仪器应放置在安全位置，避免剧烈振动。 （3）仪器校验：用于测量气体中微量水分的仪器需要定期校验，以确保测量结果的准确性。 （4）操作规范：在测试过程中应严格按照仪器说明书和操作规程进行操作，避免操作不当导致测量结果不准确或仪器损坏。 （5）安全防护：测试过程中应注意安全防护措施，避免测试人员受到 SF_6 气体的污染或伤害	（1）《六氟化硫电气设备中气体管理和检测导则》（GB/T 8905—2012）。 （2）《六氟化硫电气设备中绝缘气体湿度测量方法》（DL/T 506—2018）。 （3）《电气设备用工业级六氟化硫（SF_6）及其混合物用补充气体规范》（IEC 60376—2018）
（七）结果判断	**（八）数字资源**
（1）国家标准 GB/T 8905，提供了 SF_6 电气设备中气体管理和检测的导则，包括 SF_6 气体的回收、处理以及重复使用的技术规范。 （2）电力行业标准 DL/T 506，提供了 SF_6 电气设备中绝缘气体湿度的测量方法，适用于 SF_6 电气设备在型式试验、出厂试验、交接试验及预防性试验时绝缘气体湿度的测量。 （3）测量结果的表示：通常测量结果会以 ppm（百万分之一）或μL/L（微升每升）的形式表示，具体的数值限值可能根据设备制造商的要求或特定的行业标准有所不同。 （4）设备出厂和大修标准：例如某些设备规定 SF_6 断路器出厂和大修中应测量含水量，一般要求不超过 150 μL/L（20 °C 时）。 （5）运行中的设备，交接时由支柱下部充气接口测量断路器含水量值，通常要求不超过 150 μL/L（20 °C 时）。运行中必要时（如开断单元漏气，解体过开断单元）应单独测量开断气室含水量，要求不超过 300 μL/L	（1）GIS 组成部分介绍  （2）GIS 设备的安装  （3）GIS 抽真空作业  （4）充 SF_6 气体作业  （5）SF_6 微水测试 

模块二　跟我学

一、SF_6 气体特性综述

1. 概　述

SF_6（六氟化硫）是一种人造惰性气体。其独特的物理和化学性质，在电气设备尤其是在高压电气绝缘和灭弧方面表现出色。然而，SF_6 气体的温室气体效应是制约其使用的核心，SF_6 气体是一种强温室气体，其碳排放等效系数为 23 900，而且半衰期长达 3 200 年，是国际公约限制使用的 6 种气体（二氧化碳 CO_2、甲烷 CH_4、氧化亚氮 N_2O、氢氟碳化合物 HFCs、全氟碳化合物 PFCs 和六氟化硫 SF_6）之一。因此，SF_6 的泄漏不仅威胁人员安全，而且对环境构成长期影响，还会加剧全球变暖。在处理和使用 SF_6 时，必须严格遵守安全规程，以减少泄漏。

2. 物理性质

物质的三态包括固态、液态和气态，如图 5-24 所示，SF_6 的三态特性如下。

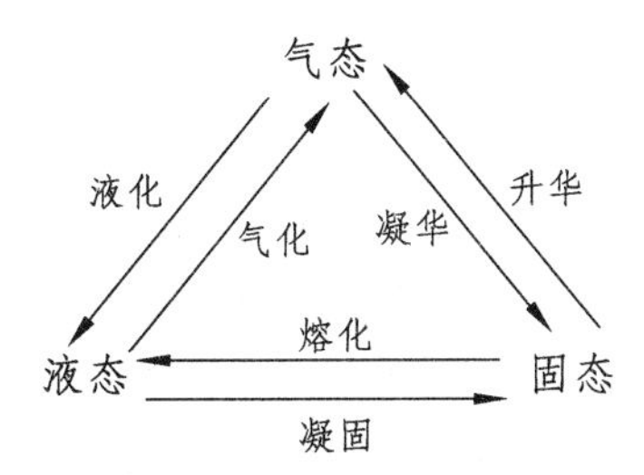

图 5-24 物质三态转换过程

密度：在标准状况下（20 °C 和 0.1 MPa），SF_6 的密度约为 6.16 kg/m^3，约为空气密度的 5 倍。

熔点：−50.8 °C，表明 SF_6 在较低温度下即可保持固态。

沸点：−63.8 °C，此时 SF_6 会直接从气态升华为固态，不经过液态阶段。

临界温度：45.6 °C，是 SF_6 气体能够被压缩到液态的最高温度。

临界压力：3.76 MPa，是 SF_6 在临界温度下液化所需的最低压力。

3. 化学性质

SF_6 在常温下化学性质极为稳定，不易与其他物质发生反应，如图 5-25 所示。然而，在高温或电弧作用下，SF_6 会分解产生多种有毒和腐蚀性的副产物，如 SF_4、S_2F_2、SF_2、SOF_2、SO_2F_2、SOF_4 和 HF 等。这些分解产物不仅对人体有害，还可能对电气设备造成损害。分解产物的多少与 SF_6 中的水分含量密切相关，因此控制水分含量至关重要。在使用 SF_6 的环境中，必须采取严格的安全措施，包括安装气体泄漏监测设备，以确保人员安全和环境保护。

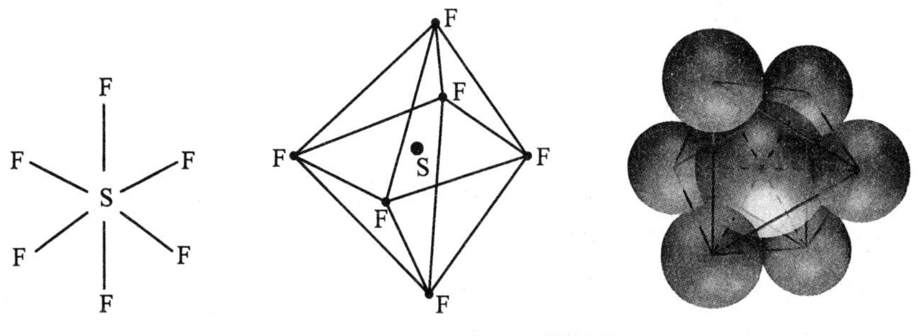

图 5-25 SF_6 正八面体结构

4. 电气特性

（1）绝缘性能：SF_6具有卓越的绝缘性能，其绝缘强度在均匀电场中约为空气的2.5倍，在高压下甚至可与变压器油相媲美。SF_6的高绝缘强度源于其卤族化合物的强负电性，能吸附自由电子形成负离子，从而抑制空间游离过程的发展。此外，SF_6的绝缘性能受电场均匀性、杂质含量和电极表面状况等多种因素影响。

（2）灭弧能力：SF_6的灭弧能力约为空气的100倍，这得益于其强大的电负性和对自由电子的吸附能力。在电弧作用下，SF_6分子能够迅速吸附自由电子形成负离子，从而抑制电弧的持续发展，实现快速灭弧。在电弧电流接近零值时，SF_6的负电性更加显著，有助于维持细小的弧心直至电流极小范围。

5. 应用与安全性

SF_6被广泛应用于各类电气设备中，如断路器、GIS（气体绝缘金属封闭开关设备）等。这些设备利用SF_6的卓越绝缘性能和灭弧能力，显著提高了电力系统的稳定性和可靠性。然而，由于SF_6的温室效应和潜在毒性，其使用也伴随着一定的环境风险和安全挑战。因此，在SF_6的储存、运输和使用过程中，必须严格遵守相关安全规程和环保要求，确保人员安全和环境保护。

6. 毒性来源与防护措施

（1）毒性来源：SF_6的毒性主要来源于两个方面，一是产品不纯，含有高毒性的低氟化硫、氟化氢等杂质；二是设备内SF_6在高温电弧作用下产生的有毒产物。

（2）防护措施：为减少SF_6的毒性危害，应确保产品质量符合标准，定期检测设备内的气体成分；同时加强通风排气，避免工作人员长时间处于高浓度的SF_6环境中。

7. 泄漏气体伤害后主要症状

（1）呼吸系统：刺激呼吸道，打喷嚏、呛咳，咽部干燥、有烧灼感，继而呼吸不畅、胸闷气短，严重时呼吸困难，喉头水肿、溃烂。

（2）眼部：流泪、怕光、烧灼感、充血、水肿。

（3）皮肤：瘙痒、皮疹，接触处可能有红肿。

（4）消化道：吞咽困难、恶心、呕吐、腹痛。

（5）神经系统：突然头痛、头昏，全身软弱无力，感觉抑郁，严重会惊厥、抽搐、休克、猝倒、昏迷。

8. 现场急救办法

如果怀疑发生中毒现象，应采取以下措施：

（1）组织人员立即撤离现场，开启通风系统，保持空气流通。

（2）观察中毒者，如有呕吐，应使其侧位，避免呕吐物吸入造成窒息。

（3）皮肤污染，应立即用清水冲洗，并更换衣服。

（4）眼部伤害或污染用清水冲洗并摇晃头部。

（5）应弄清毒物性质，并保留呕吐物待查。

（6）现场应配备必要的药品。

二、SF_6 气体微水含量测量方法

1. 测量目的和意义

（1）保障设备安全。

定期测量 SF_6 气体的微水含量是确保电气设备安全运行的关键步骤。通过及时发现并处理微水含量超标的情况，可以有效预防因水分引起的设备故障，确保电气设备的绝缘性能和正常运行，从而保障电力系统的稳定运行。

（2）延长设备寿命。

控制 SF_6 气体的微水含量在合理范围内，能够显著减少设备因水分侵蚀导致的绝缘性能下降和腐蚀问题，从而延长设备的使用寿命，降低维护成本。

（3）环保节能。

合理管理 SF_6 气体的使用和处理，减少因设备故障导致的 SF_6 气体泄漏和排放，不仅有利于环境保护，还能实现节能减排的目标，符合可持续发展的要求。

2. 湿度检测技术

SF_6 气体中的湿度是评估其质量的重要指标之一，直接影响设备的绝缘性能和电弧分解产物的生成。以下是几种常用的 SF_6 气体湿度测量方法：

（1）质量法（适用于湿度仲裁）。

质量法是通过使用高氯酸镁等干燥剂吸收 SF_6 气体中的水分，并测量干燥剂吸收前后的质量变化来计算 SF_6 气体的湿度含量。此方法适用于对湿度测量精度要求较高的场合，但操作复杂且耗时较长，一般用于仲裁或校准。

（2）冷镜露点法。

冷镜露点法是基于露点温度原理的一种测量方法。通过将 SF_6 气体冷却至水蒸气凝结的温度（即露点温度），然后准确测量该温度值来确定气体的湿度。冷镜露点仪利用精密的冷却系统和测量镜来实现这一过程，具有较高的测量精度和稳定性。

（3）电解法。

电解法基于库仑电解原理，通过被测气体流经电解池时，池内的 P_2O_5 膜层吸收并电解气体中的水分。当吸收和电解过程达到平衡时，电解电流与气体中的水含量成正比。这种方法能够快速准确地测量气体中的微量水分，适用于 SF_6 气体湿度的在线监测。

（4）氧化铝阻容法。

氧化铝阻容露点仪利用水蒸气与氧化铝薄膜电容量之间的变化关系来测量湿度。氧化铝传感器由铝基体、氧化铝薄膜和金膜组成，通过交流电氧化形成具有湿度敏感性的氧化铝薄膜。当气体中的湿度变化时，氧化铝薄膜的电容量也随之变化，通过测量这一变化即可得到气体的湿度含量。该方法具有响应速度快、测量范围广等优点。

三、现场应用中 SF_6 气体微水含量监测技术

1. 在线监测技术介绍

（1）实时监测功能。

在线监测技术通过部署高灵敏度的 SF_6 气体微水含量监测设备，实现对气体中微水含量的连续、无间断监测。这种实时性确保了数据更新的及时性，为设备状态的即时评估提供了有力支持。

（2）智能化处理。

该技术深度融合物联网、大数据及云计算等先进技术，对采集到的微水含量数据进行智能化处理与分析。通过预设的算法模型，系统自动识别数据异常，预测潜在风险，并发出预警信号，助力运维人员快速响应，有效预防设备故障。

（3）远程监控与诊断。

构建远程监控平台，运维人员可随时随地通过互联网访问平台，查看 SF_6 气体微水含量的实时数据及历史趋势。平台还支持故障诊断功能，基于大数据分析，自动诊断设备的健康状况，为运维决策提供科学依据，显著提升运维效率和准确性。

2. 便携式检测仪原理及使用方法

（1）原理。

便携式 SF_6 气体微水含量检测仪主要采用电解法或冷镜露点法等技术原理。电解法通过测量气体流经电解池时产生的电解电流来间接反映气体中的水分含量；而冷镜露点法则通过测量气体中水蒸气达到饱和时的温度（露点温度）来计算湿度。两种方法各有优势，适用于不同场景下的微水含量监测。

（2）使用方法。

① 准备阶段：确保检测仪已完成校准和预热，以保证测量精度。同时，检查测试环境是否符合要求，避免温度、湿度等外部因素对测量结果的影响。

② 测量操作：将检测仪探头轻轻插入 SF_6 气体中，确保探头与气体充分接触，待读数稳定后，记录并保存数据。测量过程中，应注意保持仪器稳定，避免晃动或碰撞。

③ 后续处理：测量结束后，及时清理探头和仪器表面，防止残留气体对下次测量造成干扰。同时，检查仪器电量和传感器状态，确保仪器处于良好工作状态。

（3）注意事项。

① 在使用过程中，应严格遵守仪器操作规程，避免误操作导致仪器损坏或测量结果失真。

② 定期对仪器进行维护和保养，如更换电池、清洁传感器等，以保证仪器的长期稳定运行。

③ 避免在极端环境下使用仪器，如高温、高湿、强电磁场等，以免对仪器造成不良影响。

3. 现场监测数据实时传输与处理系统设计

（1）数据采集。

在 SF_6 气体设备附近安装监测传感器或探头，实时采集微水含量数据。通过有线（如以太网、光纤等）或无线（如 Wi-Fi、LoRa、NB-IoT 等）通信方式，将数据传输至数据中心或云端服务器。

（2）数据处理与分析。

数据中心接收到数据后，首先进行数据清洗和转换处理，确保数据的准确性和一致性。然后通过先进的数据分析算法对处理后的数据进行深入挖掘和分析，发现数据中的潜在规律和异常情况。通过数据可视化技术，将分析结果以图表、曲线等形式展示给运维人员，帮助他们更好地理解设备的运行状态。

（3）实时展示与报警。

设计可视化界面，将监测数据和分析结果以图表、曲线等形式直观展示给运维人员。同时，设置报警阈值和触发条件，一旦微水含量超出正常范围或出现异常波动，立即触发报警机制。通过声光报警、短信通知、邮件推送等方式，及时通知运维人员采取相应措施。

四、SF_6气体微水含量超标原因分析及处理措施

1. 设备密封性能差导致微水渗入原因分析及处理

（1）原因分析。

① 密封件老化：长期运行后，密封件因老化失去弹性，密封性能下降。

② 装配不当：装配过程中未遵循规范，导致密封面受损或密封件未压紧。

③ 密封面加工不良：加工精度不足或表面粗糙，形成微小泄漏通道。

（2）处理措施。

① 定期对设备密封件进行检查，及时更换老化或损坏的密封件。

② 加强装配过程的质量控制，确保密封面完好无损且密封件正确压紧。

③ 提高密封面的加工精度和光洁度，减少泄漏风险。

④ 实施全面密封性能检查，修复或更换泄漏点，并加强日常监测。

2. 吸附剂失效或再生不当导致微水含量升高原因分析及处理

（1）原因分析。

① 吸附剂饱和：长期运行后，吸附剂吸附能力下降。

② 再生不彻底：再生工艺参数设置不当，导致再生效果差。

③ 吸附剂受潮：储存或使用环境潮湿，降低了吸附能力。

（2）处理措施。

① 定期对吸附剂进行性能检测，及时更换饱和或失效的吸附剂。

② 优化再生工艺，确保温度、时间、气量等参数达到最佳效果。

③ 保持吸附剂储存环境的干燥，避免受潮影响吸附性能。

3. 充放气过程中操作不当导致微水含量超标原因分析及处理

（1）原因分析。

① 充气前未充分干燥：SF_6气体在充气前未经过充分干燥处理。

② 充放气过程中带入水分：管路、接口未充分干燥或操作不当导致空气中水分进入。

③ 气体混合不当：不同批次或厂家的气体混合，微水含量差异大。

（2）处理措施。

① 强化充气前的干燥处理流程，确保气体干燥达标。

② 充放气过程中保持所有部件干燥，缩短暴露在空气中的时间。

③ 严格控制气体混合工艺，确保混合均匀且符合质量标准。

4. 预防性维护策略制定

（1）定期检查设备密封性能。

制订定期检查计划，及时发现并修复泄漏点，保障设备的密封性。

（2）加强充放气过程控制。

优化充放气操作流程，确保气体干燥，无泄漏，提高操作规范性。

（3）制定应急预案。

针对微水含量超标情况，制定详细的应急预案，包括应急处理流程、责任人及所需资源等。

（4）实施在线监测。

引入在线监测系统，对 SF_6 气体的微水含量进行实时监测、连续监测，及时预警并处理问题。

（5）定期更换吸附剂。

根据设备运行时间和吸附剂性能监测结果，制定合理的更换周期，定期更换吸附剂，避免吸附剂饱和导致微水含量升高。

模块三　我要做

一、取样及冷凝式露点仪操作指南

露点仪如图 5-26 所示。

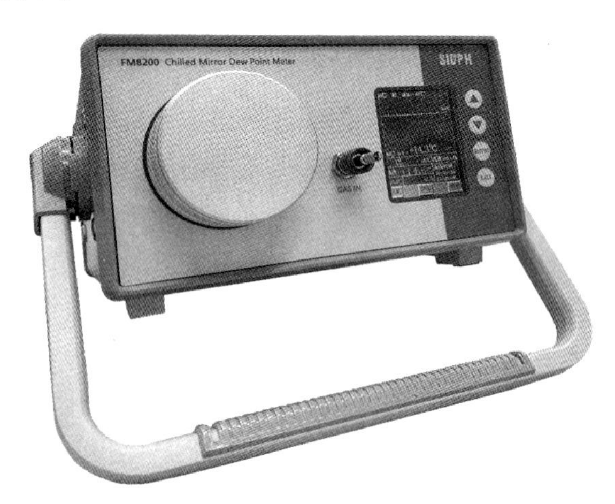

图 5-26　冷镜式露点仪

1. 取样方法

冷凝式露点仪采用精密的导入式取样方法，确保测试结果的准确性。取样点需精心选择，以获取最具代表性的气样，并尽量缩短取样距离以减少误差。

（1）取样阀：选用小型针阀，以减少气体在取样过程中的滞留与影响。

（2）取样管道：推荐使用长度不超过 2 m、内径在 2 ~ 4 mm 之间的不锈钢管、紫铜管或壁厚不小于 1 mm 的聚四氟乙烯管。管道内壁应保持光滑无杂质，避免使用高弹性材料，如橡皮管、聚氯乙烯管等，以防气体吸附和泄漏。

2. 操作步骤

（1）开机自校：首先接通电源，使仪器进行自动校准（约 5 min），确保测量精度。

（2）连接设备：关闭流量调节阀，将进气管的一端牢固连接到仪器上，另一端则连接到待测设备的气体出口。

（3）调节流量：缓慢打开流量调节阀，根据测量对象（气态或液态 SF_6）调整至合适的流量范围（气态 0.6 ~ 0.7 L/min，液态 0.8 ~ 0.9 L/min）。

（4）开始测量：仪器将自动完成测量过程。测量完成后，按存储键保存数据，并可通过查询键回顾历史数据。

（5）连续测量：若需连续测量，无须关闭仪器电源，重复上述步骤即可。测量结束后，务必关闭流量调节阀和电源。（注意：若仪器在测试过程中反应迟缓，可尝试关闭进气阀，重启仪器进行自校，5 min 后再次打开阀门通气测试。若数据在 2 ~ 3 min 内基本稳定，则可视为测试完成。）

通过露点仪可以检测 SF_6 露点与含水量，如表 5-2 所示。

表 5-2　SF_6 露点与含水量对照表

露点°C	PPMv	露点°C	PPMv	露点°C	PPMv	露点°C	PPMv	露点°C	PPMv
− 54	23.51	− 43	89.93	− 32	304.2	− 21	935.9	− 10	2 566
− 53	26.71	− 42	100.9	− 31	338.1	− 20	1 019	− 9	2 803
− 52	30.32	− 41	113.1	− 30	375.3	− 19	1 121	− 8	3 060
− 51	34.35	− 40	126.8	− 29	416.3	− 18	1 233	− 7	3 339
− 50	38.89	− 39	142.0	− 28	461.3	− 17	1 354	− 6	3 640
− 49	43.98	− 38	158.7	− 27	510.9	− 16	1 487	− 5	3 965
− 48	49.67	− 37	177.3	− 26	565.3	− 15	1 632	− 4	4 318
− 47	56.05	− 36	197.8	− 25	624.9	− 14	1 799	− 3	4 699
− 46	63.19	− 35	220.6	− 24	690.2	− 13	1 960	− 2	5 111
− 45	71.15	− 34	245.8	− 23	761.8	− 12	2 145	− 1	5 554
− 44	80.03	− 33	273.6	− 22	840.2	− 11	2 346	0	6 033

二、注意事项

（1）气路连接：确保气路管道连接紧密可靠，避免泄漏。同时，尽量缩短测量管路的长度，以减少误差。

（2）排气处理：仪器排气管应使用乳胶管引至远离仪器且地势低洼处，确保操作人员和仪器处于上风位置，避免有害气体吸入。

（3）接地安全：仪器必须良好接地，以防止静电干扰和安全隐患。

（4）存放保养：使用完毕后，取样接头、导气管和流量计应放置在干燥器内。运输至现场时，应使用气密性良好的塑料袋封装，并内置干燥剂以防受潮和污染。

（5）管路材质：测量管路材质建议为不锈钢管或聚四氟乙烯管，长度适中，内径符合规范，接头应使用金属材料并配备合适的垫片。

（6）测量环境：注意环境温度与湿度，保持在适宜范围内（如 5 ~ 35 °C，相对湿度不大于 85%），避免在阴雨天气进行室外测量。

（7）复测与临界值：当测量结果接近设备中 SF_6 气体的水分允许含量标准的临界值时，应至少复测一次以确保准确性。

（8）钢瓶测量：测量 SF_6 钢瓶时，建议将钢瓶倾斜 30°以改善气体流动性，提高测量精度。

（9）防尘干燥：试验仪器、连接管道、接头等均应存放在干燥无尘的环境中，并在使用前用干燥的氮气冲洗。

（10）预冲洗：测量前，应对仪器、管道及接头进行干燥的氮气冲洗，以去除残留杂质和水分。

三、SF_6 断路器含水量技术要求

（1）新气验收：SF_6 新气到货后，需按照《工业六氟化硫》（GB/T 12022—2014）标准进行验收，抽检率为每十批抽取三批进行检测。对于同一批且出厂日期相同的，主要检测其含水量和纯度。

（2）充气后试验：SF_6 气体在充入电气设备后，需等待至少 24 小时再进行相关试验，以确保气体分布均匀并达到稳定状态。

（3）补气与混合使用：

① 补气时必须使用符合新气质量标准的气体，并注意保持接头及管路的干燥。

② 符合新气质量标准的不同批次或厂家的气体均可混合使用。

四、运行中 SF_6 气体的试验项目、周期和要求

运行中 SF_6 气体的试验项目、周期和要求如表 5-3 所示。

表 5-3　运行中 SF_6 气体的试验项目、周期和要求

湿　度	周　期	要　求	说　明
（20 °C 体积分数）10^{-6} μL/L	（1）1～3 年（35 kV 以上）；（2）大修后；（3）必要时	断路器灭弧室气室大修后≤150 μL/L（露点：≤－38 °C）；运行中≤300 μL/L（露点：≤－32 °C）	（1）新装及大修后 1 年内复测 1 次，如湿度符合要求，则正常运行中 1～3 年 1 次；（2）周期中的“必要时”是指新装及大修后 1 年内复测湿度不符合要求或漏气、设备异常时，按实际情况增加的检测

模块四　我要练

1. 对于灭弧气室，简述 SF_6 气体分解产物的纯度检测指标和评价结果。

____

____

____

____

2. 高压电气设备中 SF_6 气体水分的主要来源是什么？

____

____

____

____

项目六

高电压新技术

工单一　高压设备全生命周期管理

模块一　操作工单：电力设备全生命周期管理

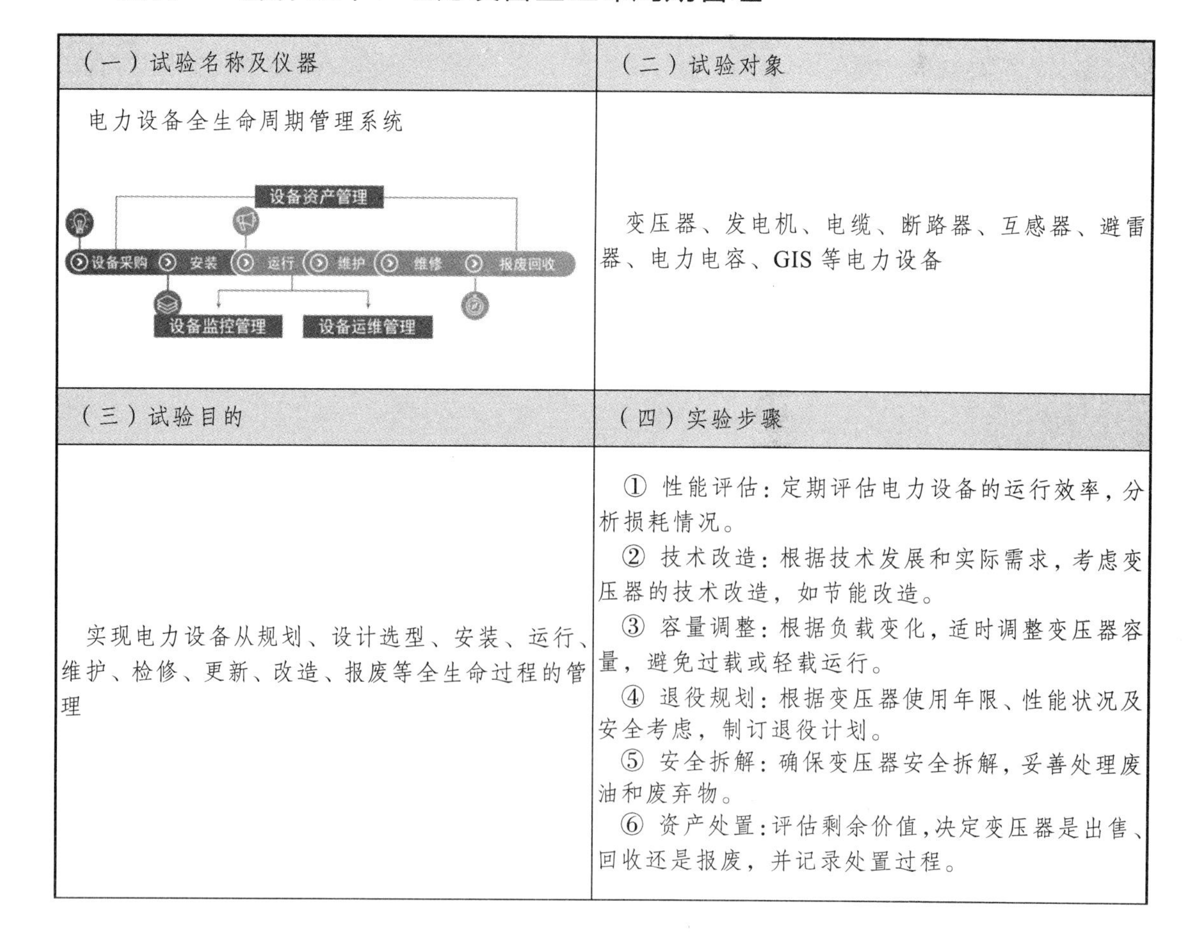

（一）试验名称及仪器	（二）试验对象
电力设备全生命周期管理系统	变压器、发电机、电缆、断路器、互感器、避雷器、电力电容、GIS 等电力设备
（三）试验目的	（四）实验步骤
实现电力设备从规划、设计选型、安装、运行、维护、检修、更新、改造、报废等全生命过程的管理	① 性能评估：定期评估电力设备的运行效率，分析损耗情况。 ② 技术改造：根据技术发展和实际需求，考虑变压器的技术改造，如节能改造。 ③ 容量调整：根据负载变化，适时调整变压器容量，避免过载或轻载运行。 ④ 退役规划：根据变压器使用年限、性能状况及安全考虑，制订退役计划。 ⑤ 安全拆解：确保变压器安全拆解，妥善处理废油和废弃物。 ⑥ 资产处置：评估剩余价值，决定变压器是出售、回收还是报废，并记录处置过程。

续表

（五）注意事项	（六）技术标准
基于项目编号、物资品类编码、设备类型编码、合同编号、设备身份证编码、功能位置编码等定位正确检测的变压器	①《电气装置安装工程 高压电器施工及验收规范》（GB 50147—2010）。 ②《高压配电装置设计规范》（DL/T 5352—2018）。 ③《电气装置安装工程 电气设备交接试验标准》（GB 50150—2016）。 ④《电力资产全寿命周期管理体系实施指南》（DL/T 2667—2023）
（七）结果判断	（八）数字资源
① 通过记录维修过程的步骤和收集设备的故障数据，实现设备病历卡、维修工时考核、维修数据的统计整理等功能。 ② 通过记录的数据可以对设备的故障类型、故障现象、维修方案等进行总结分析	

模块二　跟我学

一、电力设备全生命周期管理概述

电力设备全生命周期管理（Equipment-Asset Lifecycle Management）是一个综合性的现代管理理念，融合了资产管理与传统设备管理的精髓，旨在监控、控制和管理电力设备从设计、生产、使用、维护到报废的各个阶段，综合设备整个生命周期中的价值变动管理，实现了对电力设备全生命周期的智能化、数字化和可视化管理，兼顾设备的可靠性和经济性，为企业提供了高效、精准的设备管理解决方案。

电力设备全生命周期管理系统的主要功能包括：

（1）数据集成：集成来自不同设备、不同系统的数据，形成全面的设备信息视图。

（2）预测性维护：通过数据分析和机器学习算法，预测设备可能出现的问题，提前进行维护，减少非计划停机时间。

（3）优化决策支持：基于历史数据和实时监测信息，为设备的维护策略、升级计划、资源分配等提供数据驱动的决策支持。

（4）风险管理：识别设备运行中的潜在风险，采取预防措施，保障生产安全。

（5）合规性管理：确保设备符合相关法规要求，定期进行合规检查。

（6）资产管理：记录每台设备的基本信息，确保资产的完整性和准确性。

（7）实时监控与预警：利用传感器和物联网技术，实时收集设备的运行数据，提前发现异常现象。

（8）性能分析：评估设备的运行效率，优化资源配置。

（9）成本控制：有效控制维修、备件、能耗等成本。

（10）报废与回收：管理设备退役过程，确保环保处理。

电力设备全生命周期管理系统的重要性体现在：

（1）确保设备正常运行：通过实时监控和数据分析，及时发现并解决潜在问题，避免设备故障导致的生产中断。

（2）延长设备寿命：通过定期维护保养和合理的使用方式，减少设备的磨损和老化。

（3）提升生产效率：减少设备停机时间，提高设备的利用率和生产能力。

（4）保障产品质量：确保设备在生产过程中保持良好的运行状态，减少产品缺陷和次品率。

二、全生命周期管理的阶段

设备资产全生命周期管理是贯穿设备使用全过程，从设备的采购起始，一直延续到设备的淘汰报废。在整个生命周期过程中，对设备实施必要、全面且合理的管理和监控，管理过程大致可以分为三个阶段：设备前期建设管理、设备中期运行维护管理、设备后期轮换报废管理。其中，设备前期建设期包括设备需求制定、设备规格制定、设备采购、设备选型和设备的安装；设备中期运行维护期主要包括设备使用和设备维护检修；设备后期轮换报废期包括设备改造、设备更新和设备报废，流程如图 6-1 所示。

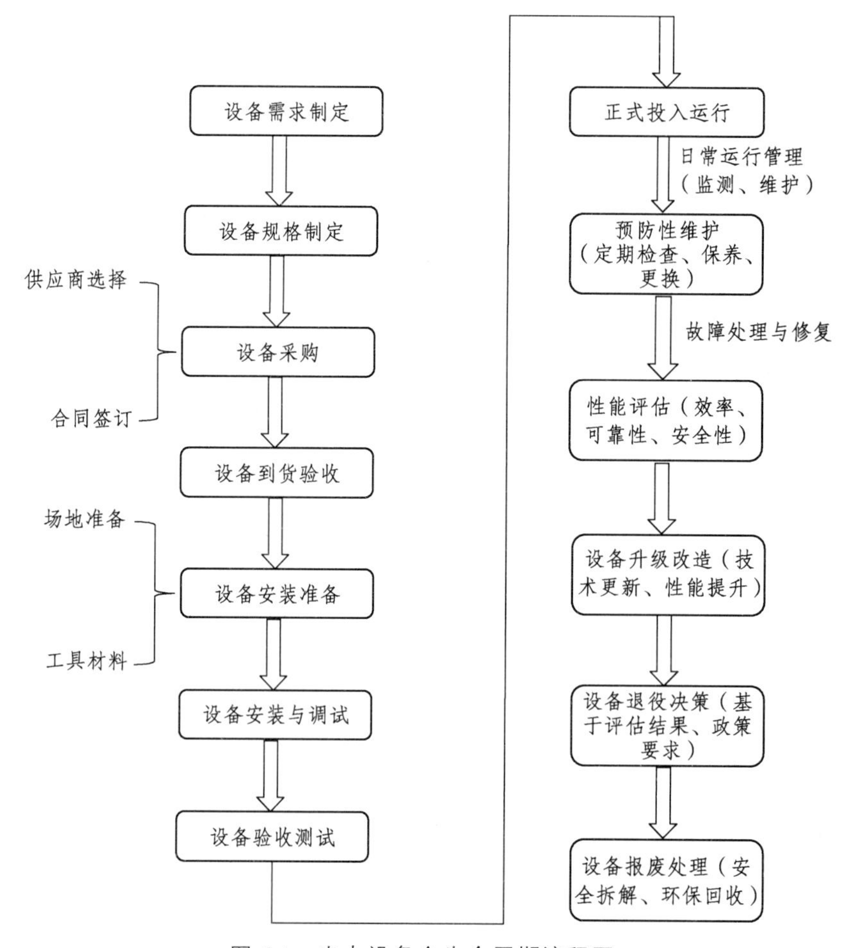

图 6-1　电力设备全生命周期流程图

设备保障体系贯穿整个高压设备全生命管理周期，确保设备安全、可靠、高效运行，并实现资产价值最大化，涵盖了组织保障、制度保障、技术保障、人才保障和信息保障等多个维度。保障体系相互关联支撑，共同构成高压设备全生命周期管理完整框架，确保高压设备在规划、采购、安装、运行、维护和报废处置等阶段管理科学、规范、高效，从而提升设备管理的整体效能，为企业的安全生产和经济效益提供有力保障，如表 6-1 所示。

表 6-1　设备全生命周期流程阶段工作内容

序号	阶　段	工作内容
1	设备需求确定	根据业务需求、技术标准和预算，明确所需高压设备的类型、数量和规格
2	设备规格制定	详细制定设备的技术规格、性能要求和安全标准，为采购提供依据
3	设备招标采购	选择合格的供应商，签订采购合同，确保设备按时到货
4	设备到货验收	对到货的设备进行数量、质量和规格的验收，确保符合采购要求
5	设备安装准备	准备安装所需的场地、工具和材料，为安装工作做好准备
6	设备安装调试	按照技术要求进行设备的安装和调试，确保设备能够正常运行
7	设备验收测试	对安装完成的设备进行全面验收测试，确认其性能达标
8	正式投入运行	设备通过验收后，正式投入运行，开始日常运行管理
9	日常运行管理	包括设备的实时监测、定期巡检、数据记录、预防性维护等，确保设备处于良好状态
10	预防试验维护	根据设备制造商的推荐和维护经验，制订并执行预防性试验维护计划，预防设备故障的发生
11	故障处理修复	一旦发现设备故障，迅速进行故障诊断，并采取相应措施进行修复
12	性能运行评估	定期对设备的运行性能进行评估，包括效率、可靠性和安全性等方面
13	设备升级改造	根据性能评估结果和技术发展趋势，对设备进行升级或改造，提高设备的性能和效率
14	设备退役决策	基于性能评估结果、政策要求和业务需求，决策设备是否退役
15	设备报废处理	对退役的设备进行安全拆解和环保回收处理，确保不对环境和人体造成危害

模块三　我要做

电力设备全生命周期管理系统使得企业对设备管理标准化、自动化、信息化和可视化，涵盖设备采购部署、采购、建设、运检、维护、升级、退役、报废等环节，从而提高设备管理的效率和准确性，降低管理成本和风险。以下主要从运维及退役报废应用场景分析。

一、全生命周期管理系统之运维场景应用

管理系统实施的关键是针对高压设备进行实物编码，实现命名标准化，做到设备的唯一定位。在设备巡视过程中，通过扫描实物编码标签确认巡视到位，扫描实物编码可以实时获取设备全生命周期信息，并对设备运行数据和发现的缺陷在移动端进行实时扫码录入，如图 6-2 所示。

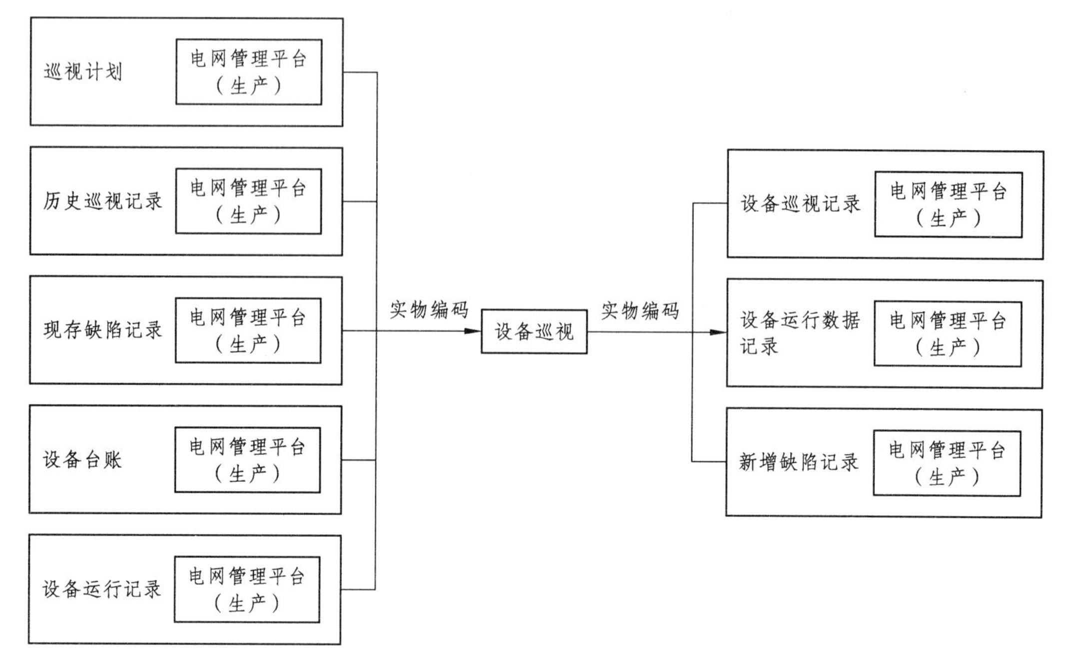

图 6-2　设备巡视及缺陷管理数据关联图

在事故分析时，通过实物编码获取设备的历史运维记录、缺陷、抢修方案等信息，辅助判断故障信息。抢修工作需要备品备件、应急物资等抢修资源时，通过实物编码，查询同型号应急物资的库存信息，确定资源就近调用方案，生成备品领料单，推送供应链管理部门完成备品领用，如图 6-3 所示。

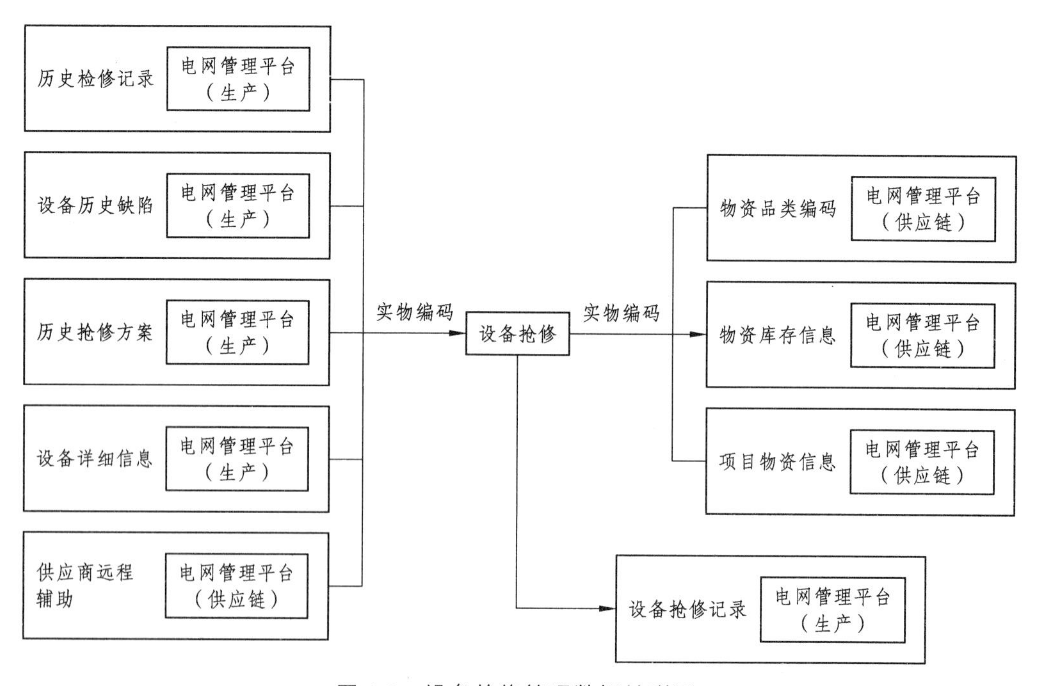

图 6-3　设备抢修管理数据关联图

二、全生命周期管理系统之退役报废场景应用

通过实物编码关联设备运行信息及缺陷、故障、事件信息，辅助制定退役设备的处置意见，形成鉴定报告并关联实物编码。根据鉴定结果触发退役处置流程，通过扫描实物编码办理废旧物资入库。对于再利用的设备，基于实物编码实现全生命周期信息向新的功能位置流转，如图 6-4 所示。

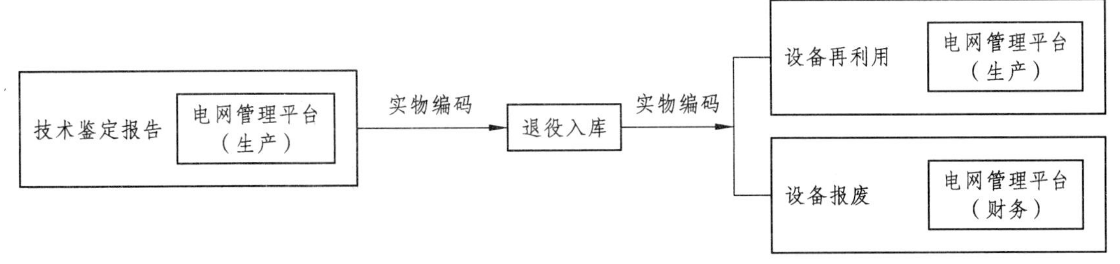

图 6-4　设备退役处置全流程精准管控数据关联图

模块四　我要练

高压设备全生命周期管理包含哪些阶段？主要实现什么功能？

模块五　我要考

实操考试，描述出试验关键点等，如表 6-2 所示。

表 6-2　考核评价表

项目名称	断路器全生命周期管理	考核评价
操作与调试	现场操作断路器，展示正确的合闸与分闸操作	
	调试断路器，确保其动作准确、可靠	
维护作业	对断路器进行日常巡视，记录巡视结果	
	执行断路器的预防性维护作业，如清洁、紧固螺丝等	
故障诊断与排除	模拟断路器故障，如拒动、误动等，进行故障诊断	
	根据故障诊断结果，制定并实施排除故障的方案	
检修与试验	参与断路器的定期检修工作，如更换磨损部件、调整参数等	
	协助进行断路器的电气试验，记录并分析试验结果	
案例分析	分析一个断路器全生命周期管理的实际案例，指出其成功之处和可改进之处	
	提出针对该案例的改进建议或优化方案	
管理策略制定	根据给定的电网需求和断路器状况，制定一份断路器全生命周期管理策略	
	策略应涵盖规划、采购、安装、运行、维护、检修及报废等各个阶段	

工单二　综合在线监测系统

模块一　操作工单：综合在线监测系统

（一）系统名称	（二）试验对象
综合在线监测系统	变压器、发电机、电缆、断路器、互感器、避雷器、电力电容、GIS 等
（三）试验目的	（四）试验步骤
（1）实时监测和评估系统的运行状态，及时发现潜在问题，预防故障发生，提高系统的安全性和稳定性。 （2）对设备工作情况进行全方位监控。 （3）降低运维检修人员的工作强度及危险性。 （4）减小设备的运行维护成本	（1）做好防护措施。 （2）验电，确认带电设备。 （3）根据不同试验项目接线。 （4）设备检测，一人操作，一人监护。 （5）记录数据。 （6）整理仪器，清理现场。 （7）退出
（五）注意事项	（六）技术标准
根据被检设备确定监测周期，定期对电力设备进行在线检测	（1）DL/T 596—2021《电力设备预防性试验规程》。 （2）DL/T 572—2021《电力变压器运行规程》
（七）结果判断	（八）数字资源
（1）高压设备状态是否正常。 （2）高压设备不正常时发出预警	开关柜带电检测-服务端功能

模块二　跟我学

一、在线监测系统概述

随着电力系统规模的不断扩大和电气设备的日益复杂，传统的定期巡检已无法满足对设备状况的实时监测需求。为了降低安全风险和维护成本，电力系统逐步应用电力设备在线监测技术。

在线监测是指电气设备在运行状态下，通过试验仪器对带电运行的电气状态进行连续、不间断地自动检测，能在设备运行时检测出潜在的隐患缺陷，按故障级别和类型灵活安排检修周期，减少停电次数，提高设备的可靠性。在线监测系统在智能变电站状态检测中应用较为广泛。在线检测的对象包括输电线路、变压器、断路器、隔离开关、互感器、套管、避雷器、电力电容、GIS、电抗器、电力电缆等主要一次设备，能发现一次电气设备在运行状态下的问题，包括局部放电、过热性故障、气体泄漏性故障等，避免重大事故发生。

二、电气设备在线监测的意义

1. 及时发现设备故障

电气设备在线监测可以通过数据采集、分析、诊断等手段及时发现设备故障，提高故障检测率，减少停电时间，降低事故发生的可能性。

2. 预防事故发生

电气设备在线监测可以对常见的故障和隐患进行实时监测和预警，通过提前预防和处理，避免因设备故障而引起的事故。

3. 提高设备运行效率

电气设备在线监测可以实时监测设备的运行状态和参数，对设备的负荷、功率、温度等进行监测和调节，保证设备的正常运行和高效运转，提高设备的能效和使用寿命。

4. 降低维护成本

电气设备在线监测可以对设备的健康状况进行全面监测和预警，可以有效避免不必要的维修和更换，大大降低运维成本。

5. 保障电力系统的安全稳定运行

电气设备在线监测可以全面、准确地了解设备运行状态和状况，提高电力系统的安全性、可靠性和稳定性，为电力系统的可持续发展提供重要保障。

三、在线监测方法

高压电气设备在线监测综合了红外成像技术、传感器技术、信号处理技术、自动控制技术等多学科知识的应用，为电气试验检修提供依据，确保电网的安全稳定运行。

1. 红外成像技术

电力设备发热性故障可分为外部热故障和内部热故障。外部热故障包括设备连接处、连接件等电阻变化引起的发热；内部热故障包括设备内部固体、液体和气体电介质接触连接部位发热导致的热电场分布不均等缺陷。

红外成像法是一种非接触式带电在线检测技术，其原理是将运行中高压电气设备不同部位的温度场，通过红外线对电气设备以热成像方式，并通过不同颜色区分显示，能准确判断出电力设备表面和内部是否存在局部温度过高，从而判断设备是否有介质损耗或者电阻损耗等绝缘缺陷，实现对设备的在线监测。此方法将无法用肉眼看到的缺陷以可视图像清晰显示，能实时、在线监测和诊断电气设备大多数故障，特别是对于电阻损耗、铁心损耗、电介质损耗、电压分布不均导致的温差，以及充油型设备缺油导致的温差等缺陷反应灵敏，常常应用于电气设备早期故障缺陷和绝缘状态检测，对高压设备局部温度异常时检测灵敏度较高。其缺点是由于红外线穿透能力小，大多数非导电材料穿透厚度小于 1 mm，有一定的局限性，所以红外线只能检测到在设备表面形成的特征性热电场分布，不能从设备外部检测出内部的运行状态。红外成像法检测高压设备常见故障如表 6-3 所示。

表 6-3　红外成像法检测高压设备常见故障

序号	设备类型	故障类型	故障特征
1	变压器	内部或者外部接线不良，引线断股、松股，铁心局部过热	故障点局部过热
2	互感器	内部连接故障、缺油	介损整体增大，温度升高
3	断路器	线夹接触不良、内部受潮、整体绝缘下降	相间温差大，发热不均
4	电力电容器	受潮、连接松脱、绕组短路、绝缘老化、支架放电、缺油、浸渍不良	局部发热
5	避雷器	受潮、阀片电阻老化	纵向温度不均
6	电缆	导体连接不良、电缆头局部缺陷、整体绝缘劣化、气隙导电	电缆缺陷部位过热
7	高压套管	密封不严、接头接触不良、漏油、受潮	介损增大、绝缘接触电阻增大，导致发热
8	发电机	接头接触不良、铁心局部短路过热、电刷与集电靴缺陷、漏磁	局部发热

2. 超声波检测法

超声波检测法利用信号处理技术对采集到的信号进行分析和处理，例如使用经验模态分解方法（Empirical Mode Decomposition，EMD）对信号进行本征模函数分解（Intrinsic Mode Function，IMF），从而提取出信号的特征，用于诊断设备的运行状态，就是常见的一种类型。

超声波检测法利用超声波对设备进行检测，通过超声波在材料传播中的速度、衰减、反射和折射等特性来判断设备的健康状态，这种设备可检测设备的内部，对一些绝缘状态的评估起到很好的作用。当变压器、高压开关柜、GIS 等电气设备金属中有气隙、裂纹、分层、夹层等缺陷时，超声波传播到金属与缺陷相交界面处，就会部分或者全部反射。这些超声波人类是听不到的。超声波法是利用仪器接收在绝缘介质交界面发生折射和反射的超声波信号，经转换电路处理后，能检测出绝缘介质内的裂纹、断裂等缺陷。此方法具有故障相对定位功能，波形的变化特征与缺陷的深度、位置与大小相对应。

超声波检测法可以通过发射和接收超声波信号，从而检测出设备的内部故障，也可以只接收设备内部局部放电故障时发出的超声波和电磁波信息，从而检测出设备故障。超声波频率在 20 ~ 100 kHz 范围，以 dB（mV）值、曲线或者图像显示，具有故障识别、定位等功能。

声-光测法是结合声测法和光纤法，当变压器内部发生局部放电时，产生超声波传播压力，挤压安装在变压器内部的光纤变形，使得光纤长度与光纤折射率发生变化，通过解调器将调制后的波形检测出超声波的来源和放电位置，为检修提供准确的技术支持。

3. 自动控制技术

通过自动控制系统对监测数据进行实时分析，当设备出现异常时，能够及时发出警报，甚至自动采取措施，避免设备损坏或事故发生，例如变压器色谱在线分析技术。

4. 局部放电监测

局部放电监测用于检测高压电气设备的局部放电情况，通过专门的监测设备发现潜在的

故障隐患。例如高频局部检测方法就是利用高频电压在设备内部放电进行电磁波检测，通过这些信号的分析来判断设备的健康状况，对发现设备局部放电故障有很好的效果。

5. 传感器在线检测

通过在电力设备布置传感器和检测设备对电气设备进行实时监测，并对温度、电流、电压等各种参数进行检测分析来判断设备的健康状况，可对设备进行全方位的监测和评估，这对故障的预测和诊断有良好的效果。例如对于开关的机械特性在线检测，通过监测合、分闸线圈回路，合、分闸线圈电流、电压，断路器动触头行程，断路器触头速度，合闸弹簧状态，断路器动作过程中的机械振动等，以评估断路器的机械状态。

四、常见在线监测系统

在线监测系统主要安装在一次高压设备上，包括断路器（AIS、GIS 等）、互感器、避雷器、变压器的套管、分接开关、油箱、冷却系统等，同时集成局部放电在线监测功能，可以从“定期例行检修工作模式”过渡到“预知性检修工作模式”，从而优化检修方案，提高输配电网络和变电站的运检效率。在线监测系统及检测关键信息如表 6-4 所示。

表 6-4　在线监测系统及检测关键信息

序号	设备名称	电气设备运行状态信息
1	变压器	变压器运行时间、变压器热老化、绕组温度、冷却系统诊断、DGA（Dissolved Gas Analysis，油中溶解气体分析，单一或多种气体）、水分、绝缘油、二进制图像分析油气相色谱、套管监测、有载分接开关等
2	断路器	辅助触点分合闸时间、辅助触点弹跳时间、燃弧时间、分合闸线圈电流、机械动作时间、线圈连续性、电池电压
3	GIS 封闭组合电器	SF_6 密度和趋势、SF_6 温度、辅助触点分合闸时间、燃弧时间、分合闸线圈电流、线圈连续性、辅助电压等
4	避雷器	第三谐波电流、电流有效值、总电流、放电次数计数
5	电压互感器	精度、触点
6	中压开关柜	分合闸操作状态、燃弧时间、操作次数、分合闸线圈电流、SF_6 密度和趋势
7	套管	套管泄漏电流、功率因数、电容值、介电损耗绝对量值、介电损耗相对量值、套管电容测量、单个套管泄漏电流、介电损耗长期劣化趋势、套管电容快速变化、套管温度监测、套管电流和电流不平衡

1. 高压电缆在线监测系统

高压电缆本体局部放电类型主要有微孔放电、界面间隙放电（发生在电缆外半导体层和内半导体层）和杂质放电，如图 6-5 所示。电缆终端局部放电的原因主要有外绝缘破损或裂缝、绝缘件气泡、应力锥与电缆界面气泡和杂质、应力锥微孔或裂缝。中间接头局部放电的原因主要有绝缘体的微孔或裂缝、绝缘体与电缆接头的气泡和杂质、电极与应力锥错位间隙、安装时刀具划伤等。

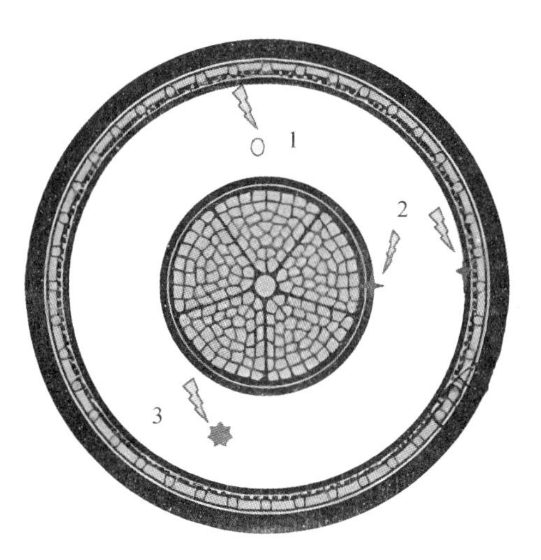

1—微孔放电；2—界面间隙放电；3—杂质放电。

图 6-5　高压电缆本体局部放电类型

高压电缆在线监测系统功能可以实时在线监测高压电缆的局部放电，帮助用户预防电缆故障，提高输配电系统的运行可靠性。系统采用局部放电检测技术和噪声抑制与剥离技术，检测不同类型的局部放电现象，采用不同的报警算法和设置相应的报警阈值，通过软件进行高级别局部放电识别和诊断，进行多参数量分析，包括放电幅值 Q_{max}、放电重复率、电缆故障定位等。监测系统由监测主机、采集单元和不同类型的传感器组成。如图 6-6 所示。

图 6-6　电缆在线监测系统

2. GIS 在线监测系统

GIS 综合在线监测系统不但可以实时监测 GIS 内部的局部放电，还可以监测断路器的性能参数和 SF_6 泄漏等，提高 GIS 的运行可靠性，降低故障风险。系统由监测主机、采集单元和相应不同功能类型的传感器组成，采用模块化结构，可以根据需求功能灵活配置，如图 6-7 所示。

图 6-7　GIS 综合在线监测系统

监测主机实时在线监测 GIS 内部的局部放电，监测断路器的机械特性、SF_6 的密度及泄漏等，监测主机配备 SCADA 系统软件，实时显示监测局部放电、机械特性参数数据、SF_6 变化趋势等，并形成生产监测报表。

采集单元可以将 GIS 及断路器等参数进行采集分析，如局部放电（Partial discharge，PD）监测模块通过采集单元采集到的放电幅值 Q_{max}、放电重复率等，就地采集与解析局部放电情况；断路器采集监测数据包括分合闸时间、分合闸速度、分合闸线圈电流、燃弧时间、故障电流等，并采集 SF_6 压力、SF_6 泄漏分析和报警、电池电压等。

功能传感器包括内置式或外置式超高频局部放电传感器（Ultra High Frequency，UHF）、SF_6 传感器、电流传感器、断路器分合闸速度传感器等。

3. 变压器在线监测系统

变压器在线监测系统由局部放电数据采集子系统、套管介损和电容量在线监测子系统、通用变压器性能在线监测子系统和 DGA 油色谱监测子系统四部分组成，分别实时在线监测变压器内部的局部放电、套管介损和电容量、通用变压器性能参数、油色谱等参数，如图 6-8 所示。

图 6-8　变压器综合在线监测系统

局部放电在线监测系统能实时在线监测变压器内部的局部放电，高效地抑制噪声，采集区分不同类型的局部放电，提高变压器的运行可靠性，降低故障风险。

套管介损和电容量在线监测能监测介电损耗绝对量值、介电损耗相对量值、套管电容量、单只套管的泄漏电流、介电损耗长期劣化趋势、套管电容快速变化量、套管温度、套管电流和电流不平衡等。

通用变压器性能在线监测能监测线路电流、铁心和绕组温度、水分、绝缘油、变压器寿命周期、有载分接开关和绕组温度等状态参数。

DGA 油色谱监测子系统的功能主要在线检测 H_2、CO、CO_2、CH_4、C_2H_4、C_2H_2、C_2H_6、H_2O 的浓度及增长率，以及定量清洗循环取样方式，真实地反映变压器油中溶解气体的状态，通过实时监测变压器油中溶解气体的浓度及增长率，及时发现并处理潜在的安全隐患，避免恶性事故的发生，为电力系统的安全运行提供重要保障。

模块三　我要做

一、变压器在线监测系统案例

以变压器在线监测为例，阐述变压器在线监测系统如何实时监测变压器内部的局部放电、套管介损和电容量、通用变压器性能参数（线路电流、分接开关、油温和绕组温度等状态参数）和 DGA 油色谱监测，以达到变压器综合在线监测功能。

1. 案例背景

某变电所新安装变压器 SFZ-12500/220 完成安装调试投运后，用户观察到油色谱氢气浓度较高，且已经达到报警临界水平。用户要求查明为什么氢气水平这么高？是过热性故障还是电气性故障？此变压器是否存在局部放电？用户是否需要对这台变压器立即安排停电检修？

2. 解决措施

为了彻底检测变压器故障，对这台变压器加装“变压器综合在线监测系统”。首先在变压器套管位置安装抽头适配器和 TD 传感器，如图 6-9 所示；在冷却油路安装温度传感器，同时加装油色谱 DGA，如图 6-10、图 6-11 所示；变压器在线监测系统集成后如图 6-12 所示。

图 6-9　安装抽头适配器与变压器套管

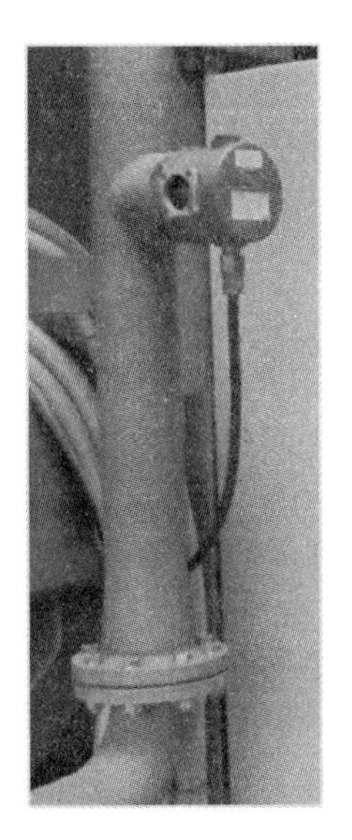

图 6-10　冷却油路安装温度传感器

图 6-11　安装油色谱 DGA

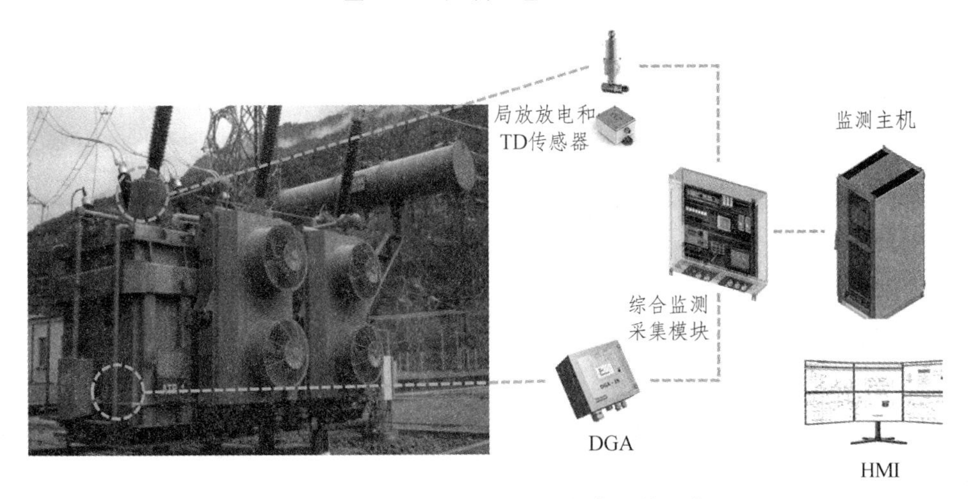

图 6-12　变压器在线监测系统集成安装示意图

3. 监测结果分析

通过在线系统诊断，检测出零星气泡放电和界面局部放电两种放电类型。零星气泡放电活动具有间歇性特征，通常情况下这种零星的气泡放电无害。界面局部放电具有高强度、高频次的放电特性，是由于两种不同绝缘材料（例如变压器空气/油之间、或油/纸之间）交界处的高电场梯度引发的放电，如图 6-13 所示。

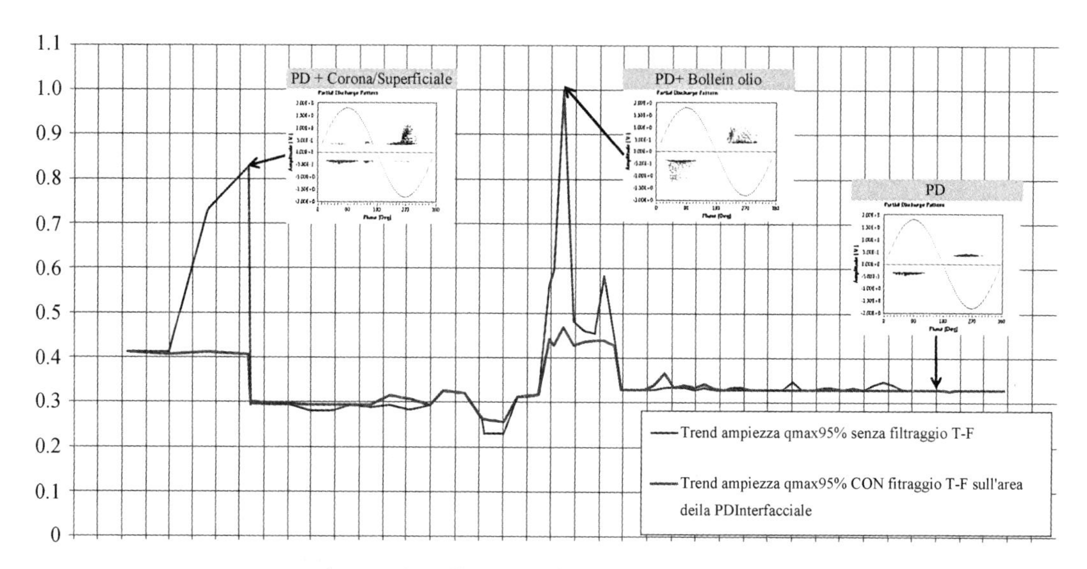

图 6-13 局部放电变化趋势检测出零星气泡放电和界面局部放电

变压器油过滤处理后，零星气泡放电现象消失了，但是三相高压侧中的界面局部放电现象依然存在。说明三相高压侧皆存在界面局部放电现象，表明界面放电现象很有可能与氢气水平上升相关。因此继续延长综合在线监测系统 6 个月。监测期间，套管介损值和电容量没有明显变化，这表明变压器套管内部没有问题；同时检测发现氢气水平持续增加，增长速率约为 30 ppm/天，这表明变压器内部依然存在问题。持续稳定的放电幅值也表明变压器主绝缘系统并未开始劣化，极有可能是由于变压器注油不充分，变压器上部（套管下方的三个圆顶内）存在空气，从而导致空气/油交界处产生界面放电。

为了排除故障，停电检修，变压器被排空，并在真空下除气，缓慢地向变压器中重新注入热油，以避免形成任何空气/油界面，变压器再次投入运行，同时在线监测系统实时监测，变压器内没有监测到局部放电，氢气浓度不再升高，界面放电被排除。

在线监测系统可以区分不同的放电类型，对于危险性局部放电，系统采集放电信号幅值并对放电幅值进行平均计算，从而进一步提高报警准确性。通过对局部放电、油色谱及套管介损和电容量等多个监测数据进行对照分析，最终查找到放电原因和放电源，提早排除了事故隐患。

模块四　我要练

常见在线监测系统有哪些？对电力设备能实现什么功能？

____

____

____

模块五　我要考

实操考试，描述出试验关键点，如表 6-5 所示。

表 6-5　考核评价表

项目名称	变压器红外带电检测	考核评价
试验仪器	红外仪	
试验内容	红外仪带电检测使用功能操作	
安全工具	绝缘鞋、绝缘手套、防护栅、标示牌	
潜在风险	（1）设备损坏； （2）触电伤亡	
项目要求	（1）现场就地操作演示； （2）注意安全，操作过程符合安全规程； （3）编写试验报告	
材料准备	试验仪器、个人防护用具、接地装置等	
安全风控	（1）试验前做好“两穿三戴”（穿工作服、穿绝缘靴、戴安全帽、戴绝缘手套、戴验电笔）。 （2）试验场所设置栅栏，向外悬挂“止步，高压危险”标示牌	
试验接线	按设备要求接线，接地线可靠接地	
试验过程	操作熟练	
数据记录	记录试验数据，比对上次测试结果	
整理现场	撤下防护栅和标示牌	
结果分析	根据相关标准判断设备的绝缘状态	

附　录

附录一　我要练（答案）

项目一　高压试验概述

工单一　高电压安全规范

1. 答案：① 装设或拆除接地线时，必须 2 人同时进行作业，操作人和监护人均必须穿绝缘靴和戴安全帽，操作人戴绝缘手套。

② 验电时，必须用电压等级合适且合格的验电器，验电前要先将验电器在有电的设备上试验确认良好，然后在停电的设备上验电，最后在有电的设备上复验一次，验电时对被检验设备的所有引入、引出线均要检验。

2. 答案：① 装设或拆除接地线时，必须 2 人同时进行作业，操作人和监护人均必须穿绝缘靴和戴安全帽，操作人戴绝缘手套。

② 装设、拆除接地线均应有人监护。装设的接地线应接触良好、连接可靠。

③ 装设接地线应先接接地端，后接导体端，拆除接地线的顺序与此相反。

工单二　高电压绝缘工具

1. 答案：① 每年定期检查一次，试验合格后方能使用。

② 工作电压必须与被测电气设备或线路的电压水平相同，杆体有效长度根据不同电压等级应符合相应要求。

③ 操作时必须设专人监护，操作过程中，手必须放在绝缘棒护环下方，不准超过护环。

2. 答案：高压验电器应检查是否与被测设备的电压等级一致，检查绝缘是否良好，通过自检检查声光电是否工作正常，检查标签、合格证是否齐全，合格证是否在试验合格的有效期内。

项目二　电力设备检修规程及仪器

工单一　电力设备检修规程

1. 答案：为了发现运行中设备的隐患，预防发生事故或设备损坏，对设备进行的检查、试验或监测，也包括取油样或气样进行的试验。

2. 答案：对运行中变压器进行试验的主要目的是监测其绝缘状况，一般每年对变压器做一次预防性试验。

试验项目：变压器的绝缘电阻和吸收比、介质损失角、泄漏电流、分接开关的直流电阻试验、变压器油的电气性能（包括绝缘电阻、损失角、击穿电压 3 个项目）和油色谱分析。

工单二　电气设备高压试验及仪器

1. 答案：① 绝缘试验按对电力设备绝缘的危险程度分为非破坏性试验和破坏性试验。所以试验时，先进行非破坏性试验，试验合格后方可进行破坏性试验，如果不合格，先进行绝缘恢复性处理，如烘干、表面清洁等。

② 这两种试验不同点在于：非破坏性试验是指对试品施加低于电气设备额定电压的试验电压测量设备的绝缘特性，从而判断绝缘内部是否存在缺陷，此方法不会损伤绝缘。

破坏性试验是指对电气设备施加远高于电气设备正常运行时所承受的试验电压进行耐压试验，考核电气设备遇到过电压时的承受能力和绝缘裕度。如果电气设备的绝缘裕度达不到技术标准所规定的要求，则耐压试验时会出现绝缘击穿，造成损坏。

③ 这两种试验种类有：常用的非破坏性试验有绝缘电阻和吸收比测量、直流泄漏电流测量、介质损耗测量和大部分特性试验。破坏性试验有直流耐压试验、交流耐压试验、冲击耐压试验。

2. 答案：① 高压试验可以分为出厂试验、交接试验（大修试验）和预防性试验三种。出厂试验是指厂家对完工后产品进行高压性能和指标的试验。交接试验是指新设备交付时业主和厂家共同对投运前的设备进行试验。预防性试验是指投运后的试验项目。三者的试验内容基本相同，但是执行的技术标准不同。

② 出厂试验是指电力设备制造商根据相关标准和产品技术条件对测试项目、每一项产品进行检验和测试。测试的目的是检查产品设计、制造和加工的质量，防止不合格的产品离开工厂。出厂试验后会出具一份完整和合格的工厂测试报告。

交接试验是指安装部门、检修部门对新设备、大修设备按照有关标准和产品技术条件或规程进行的试验。新设备投入使用前的交接验收试验，用于检查产品是否有缺陷，运输过程中是否有损坏等。检修后对设备进行检测，以检验检修质量是否合格。

预防性试验是指在设备投入使用后的一段时间内，由操作部门和试验部门进行的试验。预防性试验的目的是检查运行中的设备是否存在绝缘缺陷和其他缺陷，与出厂测试和交接验收测试相比，它主要集中在绝缘测试上，测试项目较少。

项目三　高压绝缘试验

工单一　绝缘电阻试验

答案：测量绝缘电阻，对于检查变压器整体绝缘状况灵敏度高，能有效地检查出变压器绝缘整体受潮、表面脏污或贯穿性缺陷，如各种短路、接地、瓷件裂损等能有效地反映出来。

工单二　泄漏电流和直流耐压试验

答案：直流耐压试验能有效地发现绝缘受潮、脏污等整体缺陷，并且能通过电压与泄漏电流的关系曲线发现绝缘的局部缺陷。直流耐压试验对绝缘的破坏性小，试验设备容量小，携带方便。

交流耐压试验能有效地发现较危险的集中性缺陷。它是鉴定电气设备绝缘强度最直接的方法，对判断电气设备能否投入运行具有决定性的意义，也是保证设备绝缘水平、避免发生绝缘事故的重要手段。直流耐压试验和交流耐压试验都能有效地发现绝缘缺陷，但各有特点，因此两种方法不能相互代替，必要时，应同时进行，相互补充。

工单三　介质损耗测试

答案：① 当变压器电压等级为 5 kV 及以上且容量在 8 000 kV · A 及以上时，应测量介质损耗角正切值 $\tan\delta$。

② 被测绕组的 $\tan\delta$ 值不应大于产品出厂试验值的 130%。

③ 当测量时的温度与产品出厂试验温度不符合时，须换算到同一温度比较。

工单四　工频耐压试验

答案：交流耐压试验的本质是检测设备在额定交流电压下的绝缘强度和质量。试验时，对试样施加一定的交流电压，通过观察是否发生击穿来判断其绝缘性能。它是一种重要的检测手段，广泛应用于电力、石油化工、轨道交通、航空航天等各个领域。

工单五　局部放电试验

答案：局部放电试验可以检测的问题有：① 有缺陷的接头；② 有缺陷的终端；③ 污染或脏的终端；④ 损坏的电缆绝缘层。

局部放电是一种复杂的物理过程，除了伴随着电荷的转移和电能的损耗之外，还会产生电磁辐射、超声波、光、热以及新的生成物等。从电性方面分析，产生放电时，在放电处有电荷交换、电磁波辐射、能量损耗。最明显的是反映到试品施加电压的两端，有微弱的脉冲电压出现。当试品中的气隙放电时，相当于试品失去电荷 q，并使其端电压突然下降 ΔU，这一般只有微伏级的电源脉冲叠加在千伏级的外施电压上。所有局部放电测试设备的工作原理，就是将这种电压脉冲检测出来。

项目四　高压特性试验

工单一　直流电阻测试

1. 答案：直流电阻就是元件通上直流电，所呈现出的电阻，即元件固有的、静态的电阻。

测量直流电阻的目的就是检查电气设备绕组或线圈的质量及回路的完整性，以发现制造或运行中因振动而产生的机械应力等原因所造成的导线断裂、接头开焊、接触不良、匝间短路等问题。另外，对变压器进行温升试验时，也需根据不同负荷下的直流电阻值换算出相应负荷下的温度值。

绝缘电阻是指将直流电压加到电介质上，经过一定时间极化结束后，流过电介质的泄漏电流对应的电阻。绝缘电阻是导电设备绝缘层的电阻。

测量设备的绝缘电阻，是检查其绝缘状态简便的辅助方法，在现场普遍采用兆欧表来测量绝缘电阻。由于选用的兆欧表电压低于被试物的工作电压，因此，此项试验属于非破坏性试验，操作安全、简便。由所测得的绝缘电阻值可发现电气设备绝缘的各种状态，如绝缘电阻偏小、绝缘被击穿、严重热老化等问题。

总之，直流电阻是解决感性负载电阻的测量，绝缘电阻是解决绝缘强度大小的专用工具。一般测试结果是直流电阻越小越好，绝缘电阻越大越好。

2. 答案：互感器、发电机、电动机、分流器和导线电缆等。

工单二　回路电阻测量

1. 答案：可用于检查绕组接头的焊接质量、短路、损坏、引出线错误、分接开关状态等问题，可有效发现卷材选材不当，以及连接部位松动、缺股、断线等制造缺陷。

2. 答案：断路器导电回路接触良好是保证断路器安全运行的一个重要条件，导电回路电阻增大，将使触头发热严重，造成弹簧退火、触头周围绝缘零件烧损，因此在预防性试验中需要测量导电回路的直流电阻。

工单三　变比与组别测量

答案：电压 35 kV 以下、电压比小于 3 的变压器电压比允许偏差为 ± 1%；其他所有变压器，额定分接电压比允许偏差 ± 0.5%，其他分接的电压比应在变压器阻抗电压值（%）的 1/10 以内，但允许偏差不得超过 ± 1%。

工单四　变压器油色谱分析

答案：变压器油色谱分析仪是用气相色谱法测定绝缘油中溶解气体的组分含量，是供发电企业判断运行中的充油电力设备是否存在潜伏性的过热、放电等故障，以保障电网安全有效运行的有效手段，也是充油电气设备制造厂家对其设备进行出厂检验的必要手段。

工单五　绝缘油介电强度测试

答案：① 使用干净的丝绸布反复擦拭电极表面和电极杆。

② 使用标准规进行电极间隙的调整。

③ 用无水乙醇进行 3 ~ 4 次冲洗，然后用吹风机吹干。之后清洁测试油样品 2 ~ 3 次。

工单六　开关特性测试

答案：高压开关的分、合闸速度，分、合闸时间，分、合闸不同期程度，以及分合闸线圈的动作电压。

工单七　电缆故障综合测试

答案：电缆故障查找一般分为四个步骤：故障性质诊断、故障定位、路径检测、故障定位等。

工单八　绝缘鞋绝缘手套试验

答案：① 检查外观是否有裂痕，是否漏气，是否有合格证。

② 将被试验手套内装水，放置在盛同样水的器皿内，手套内外的水面相同，应有 90 mm 露出水面并保持干燥清洁。

③ 将铁链与电极连接，另一端放入绝缘手套内。

④ 按下测试键，并呼唱。

⑤ 以恒定速度开始加压到规定值，记录电流值，小于规定值时视为试验合格。

工单九　高压核相测试

答案：① 核相时，必须 2 人作业，操作人和监护人均必须穿绝缘靴和戴安全帽，操作人戴绝缘手套。

② 测试时，严禁同时勾住 2 条裸导线，否则会引起 2 条裸导线短路。

③ 35 kV 以下的裸导线，采用接触式核相，35 kV 以上的裸导线采用非接触式核相。非接触式核相：当裸线路电压超过 35 kV 时，必须采用非接触核相，将探测器逐渐靠近被测导线，当感应到电场信号时就可以完成核相。

工单十　地网接地电阻测量

答案：四极法的优点：能有效消除电压测量引线上的互感影响，并且通过倒相能消除地中干扰电流的影响，能够得到真实的接地电阻值。缺点：土壤不均匀时，四极法所测的电阻率不是实际电阻率，而是综合土壤不均匀性后的一个视在电阻率；若所用接地摇表不能自动消除互感影响，应使电流引线和电压引线间保持足够远，以减少互感影响，且所用电极数量较多，增加了现场测量的工作量。

三极法的优点：电位极和电流极的电阻可比待测接地极电阻大，而实质上又不影响测量精度。

项目五　高压新型检测项目

工单一　电力设备红外测温

1. 答案：外部故障的诊断包含：① 变压器箱体因涡流损耗所造成的发热；② 变压器因内部异常引起的发热；③ 变压器油路管道堵塞；④ 变压器油枕或高压套管缺油；⑤ 变压器油枕内有积水；⑥ 高压套管因介质损耗增大而引起的发热；⑦ 变压器因铁心绝缘不良引起的发热；⑧ 变压器外部连接件因接触不良造成的发热。

2. 答案：① 仪器在开机后需要进行内部温度校准、待图像稳定后即可开始工作。② 一般先远距离对所有被测设备进行全面扫描，发现异常后再针对性地对异常部位进行准确检测。③ 仪器的色标温度量程宜设置在环境温度加 10～20 K 的温升范围。④ 有伪彩色显示功能的仪器，宜选用彩色显示方式，调节图像使其具有清晰的温度层次显示，并结合数值测温手段，如热点跟踪、区域温度跟踪等手段进行检测。⑤ 应充分利用仪器的有关功能，如图像平均、自动跟踪等，以达到最佳检测效果。⑥ 环境温度发生较大变化时，应对仪器重新进行内部温度校准，校准方法按仪器的说明书进行。作为一般检测，被测设备的辐射率一般取 0.9 左右。

工单二　变压器绕组频率响应

1. 答案：根据变压器绕组变形测量结果判断变形程度。变形程度划分为正常绕组、轻度变形、明显变形、严重变形四种。变压器正常绕组是指变压器处于原始状态或不存在明显变形，可以继续运行，绕组不需要整修。轻度变形指变压器存在明显变形但是还可以正常运行，需要加强监测，应在适当时机安排检修，再次短路或其他冲击将有很大可能造成变压器损坏，需要整修或更换绕组。明显变形和严重变形指变压器因变形而不能继续运行，必须马上处理。

2. 答案：变压器直流电阻试验过程中，会对变压器进行充电，变压器存在剩磁，变压器变形试验是通过从 20 Hz 到 1 000 Hz 不同频率扫频响应，精度高，会受直流电阻试验的影响，所以相对直流电阻试验，先做变形试验。

工单三　SF_6 气体微水含量的测量与分析

1. 答案：① 纯度检测≥97%的，评价为正常；② 纯度检测在 95%至 97%的，建议跟踪，1 个月后复检；③ 纯度检测<95%的，建议抽真空，重新充气。

2. 答案：① SF_6 新气中含有的水分；② SF_6 电气设备生产装配中混入的水分；③ SF_6 电气设备中的固体绝缘材料带有的水分；④ SF_6 电气设备中的吸附剂含有的水分；⑤ 大气中的水汽通过 SF_6 电气设备密封薄弱环节渗透到设备内部。

项目六　高电压新技术

工单一　电力设备全生命周期管理

答案：（1）主要包含设备建设期、设备运行维护期和设备更新报废期。

（2）电力设备全生命周期管理系统的主要功能包括：

① 数据集成：集成来自不同设备、不同系统的数据，形成全面的设备信息视图。

② 预测性维护：通过数据分析和机器学习算法，预测设备可能出现的问题，提前进行维护，减少非计划停机时间。

③ 优化决策支持：基于历史数据和实时监测信息，为设备的维护策略、升级计划、资源分配等提供数据驱动的决策支持。

④ 风险管理：识别设备运行中的潜在风险，采取预防措施，保障生产安全。

⑤ 合规性管理：确保设备符合相关法规要求，定期进行合规检查。

⑥ 资产管理：记录每台设备的基本信息，确保资产的完整性和准确性。

⑦ 实时监控与预警：利用传感器和物联网技术，实时收集设备运行数据，提前发现异常。

⑧ 性能分析：评估设备的运行效率，优化资源配置。

⑨ 成本控制：有效控制维修、备件、能耗等成本。

⑩ 报废与回收：管理设备退役过程，确保环保处理。

工单二　综合在线监测系统

答案：在线监测系统主要安装在一次高压设备上，包括断路器（AIS、GIS 等）、互感器、避雷器、变压器的套管、分接开关、油箱、冷却系统等，同时集成局部放电在线监测功能。常见的在线检测系统有：高压电缆在线监测系统、GIS 在线监测系统、变压器在线监测系统。

高压电缆在线监测系统功能可以实时在线监测高压电缆的局部放电，帮助用户预防电缆故障，提高输配电系统的运行可靠性。

GIS 综合在线监测系统不但可以实时监测 GIS 内部的局部放电，还可以监测断路器性能参数和 SF6 泄漏等，提高 GIS 的运行可靠性，降低故障风险。系统由监测主机、采集单元和相应不同功能类型的传感器组成。

变压器在线监测系统由局部放电数据采集子系统、套管介损和电容量在线监测子系统、通用变压器性能在线监测子系统和 DGA 油色谱监测子系统四部分组成，分别实时在线监测变压器内部的局部放电、套管介损和电容量、通用变压器性能参数、油色谱等参数。

附录二　10 kV 高压设备交接试验报告

表 1　10 kV 变压器试验报告

工程名称		安装位置	

试验条件					
试验日期		温度/°C		湿度/%	

铭牌			
生产厂家		型号	
出厂编号		出厂日期	
额定容量/kV·A		额定电流/A	
接线组别		阻抗电压/V	

额定电压											
额定电压	高压侧	分接头	1	2	3	4	5	6	7	8	9
		电压/kV									
	低压侧/V										

试验内容						
绝缘电阻/MΩ	接地电阻	高—低、地		低—高、地		铁心—地
		R_{15}	R_{60}	R_{15}	R_{60}	
	耐压前					
	耐压后					
	试验设备					

直流电阻	分接头	高压侧/Ω			
		A 相—B 相	B 相—C 相	C 相—A 相	相差/%
	1				
	2				
	3				
	4				
	5				
	6				
	7				
	8				
	9				

直流电阻	低压侧/mΩ							
	a-o		b-o		c-o		相差/%	
	试验设备							

试验人员：________________　　试验负责人：________________

表 2 10 kV 变压器试验报告

<table>
<tr><td rowspan="12">变比测试</td><td rowspan="2">分接头</td><td colspan="2">AB/ab</td><td colspan="2">BC/bc</td><td colspan="2">CA/ca</td></tr>
<tr><td>变比</td><td>偏差/%</td><td>变比</td><td>偏差/%</td><td>变比</td><td>偏差/%</td></tr>
<tr><td>1</td><td></td><td></td><td></td><td></td><td></td><td></td></tr>
<tr><td>2</td><td></td><td></td><td></td><td></td><td></td><td></td></tr>
<tr><td>3</td><td></td><td></td><td></td><td></td><td></td><td></td></tr>
<tr><td>4</td><td></td><td></td><td></td><td></td><td></td><td></td></tr>
<tr><td>5</td><td></td><td></td><td></td><td></td><td></td><td></td></tr>
<tr><td>6</td><td></td><td></td><td></td><td></td><td></td><td></td></tr>
<tr><td>7</td><td></td><td></td><td></td><td></td><td></td><td></td></tr>
<tr><td>8</td><td></td><td></td><td></td><td></td><td></td><td></td></tr>
<tr><td>9</td><td></td><td></td><td></td><td></td><td></td><td></td></tr>
<tr><td>试验设备</td><td colspan="6"></td></tr>
<tr><td rowspan="4">交流耐压</td><td>试验项目</td><td colspan="3">电压/kV</td><td colspan="3">时间/min</td></tr>
<tr><td>高—低、地</td><td colspan="3"></td><td colspan="3"></td></tr>
<tr><td>低—高、地</td><td colspan="3"></td><td colspan="3"></td></tr>
<tr><td>试验设备</td><td colspan="6"></td></tr>
<tr><td colspan="2">检查变压器的接线组别</td><td colspan="2"></td><td colspan="2">检查相位</td><td colspan="2"></td></tr>
<tr><td colspan="2">有载调压装置动作情况（手动）</td><td colspan="2"></td><td colspan="2">有载调压装置动作情况（电动）</td><td colspan="2"></td></tr>
<tr><td rowspan="3">油耐压试验</td><td rowspan="2">试验项目</td><td colspan="3">外观检查</td><td colspan="3">击穿电压/kV</td></tr>
<tr><td colspan="3"></td><td colspan="3"></td></tr>
<tr><td>试验设备</td><td colspan="6"></td></tr>
<tr><td rowspan="3">损耗测试</td><td rowspan="2">试验项目</td><td colspan="2">空载损耗/W</td><td>偏差/%</td><td>负载损耗/W</td><td colspan="2">偏差/%</td></tr>
<tr><td colspan="2"></td><td></td><td></td><td colspan="2"></td></tr>
<tr><td>试验设备</td><td colspan="6"></td></tr>
<tr><td>结论</td><td colspan="7"></td></tr>
</table>

试验人员：________________　　试验负责人：________________

表 3　10 kV 电流互感器试验报告

工程名称		安装位置			
试验条件					
试验日期		温度/°C		湿度/%	
铭牌					
型号		出厂日期		额定电压	
额定绝缘水平		生产厂家			

相别	编　号	绕组（$1K_1$-$1K_2$）			绕组（$2K_1$-$2K_2$）		
		变比	精确级别	额定容量/V·A	变比	精确级别	额定容量/V·A
A 相							
B 相							
C 相							
零序							

试验内容

绝缘电阻（MΩ）	相别		A 相	B 相	C 相	零序
	一次对二次、地	耐压前				
		耐压后				
	二次对一次、地	耐压前				
		耐压后				
	二次绕组间	耐压前				
		耐压后				
	试验设备					

交流耐压	相别	A 相	B 相	C 相
	外加电压/kV			
	耐压时间/min			
	试验设备			

直流电阻/Ω	相别	A 相		B 相		C 相		零序
	一次侧							
	二次侧	$1K_1$-$1K_2$	$2K_1$-$2K_2$	$1K_1$-$1K_2$	$2K_1$-$2K_2$	$1K_1$-$1K_2$	$2K_1$-$2K_2$	$1K_1$-$1K_2$
	试验设备							

极性检查	

试验人员：＿＿＿＿＿＿＿＿＿＿　　试验负责人：＿＿＿＿＿＿＿＿＿＿

表 4　10 kV 电流互感器试验报告

变比检查	一次电流/A	相别	A 相		B 相		C 相		零序
			$1K_1-1K_2$	$2K_1-2K_2$	$1K_1-1K_2$	$2K_1-2K_2$	$1K_1-1K_2$	$2K_1-2K_2$	$1K_1-1K_2$
		二次电流/A							
		变比							
		二次电流/A							
		变比							
		二次电流/A							
		变比							
		二次电流/A							
		变比							
		二次电流/A							
		变比							
	试验设备								
励磁特性	相别		A 相		B 相		C 相		零序
			$1K_1-1K_2$	$2K_1-2K_2$	$1K_1-1K_2$	$2K_1-2K_2$	$1K_1-1K_2$	$2K_1-2K_2$	$1K_1-1K_2$
	电压/V								
	电流/A								
	试验设备								
二次负载	相别		A 相		B 相		C 相		零序
			$1K_1-1K_2$	$2K_1-2K_2$	$1K_1-1K_2$	$2K_1-2K_2$	$1K_1-1K_2$	$2K_1-2K_2$	$1K_1-1K_2$
	电压/V								
	电流/A								
	试验设备								
结论									

试验人员：____________________　　试验负责人：____________________

表 5　10 kV 电压互感器试验报告

<table>
<tr><td>工程名称</td><td colspan="4"></td><td colspan="2">安装位置</td><td colspan="3"></td></tr>
<tr><td colspan="10">试验条件</td></tr>
<tr><td>试验日期</td><td colspan="2"></td><td colspan="2">温度/°C</td><td colspan="2"></td><td>湿度/%</td><td colspan="2"></td></tr>
<tr><td colspan="10">铭牌</td></tr>
<tr><td>生产厂家</td><td colspan="3"></td><td>相数</td><td colspan="2"></td><td>型号</td><td colspan="2"></td></tr>
<tr><td>出厂编号</td><td colspan="6"></td><td>变比</td><td colspan="2"></td></tr>
<tr><td>准确级别</td><td rowspan="2" colspan="2">1a-1n</td><td></td><td rowspan="2">da-dn</td><td colspan="2"></td><td rowspan="2">出厂日期</td><td rowspan="2" colspan="2"></td></tr>
<tr><td>容量</td><td></td><td colspan="2"></td></tr>
<tr><td colspan="10">试验内容</td></tr>
<tr><td rowspan="6">绝缘电阻/MΩ</td><td rowspan="2" colspan="3">相别</td><td colspan="2">A 相</td><td colspan="2">B 相</td><td colspan="2">C 相</td></tr>
<tr><td>耐压前</td><td>耐压后</td><td>耐压前</td><td>耐压后</td><td>耐压前</td><td>耐压后</td></tr>
<tr><td colspan="3">高压—低压及地</td><td></td><td></td><td></td><td></td><td></td><td></td></tr>
<tr><td colspan="3">低压—高压及地</td><td></td><td></td><td></td><td></td><td></td><td></td></tr>
<tr><td colspan="3">二次绕组间</td><td></td><td></td><td></td><td></td><td></td><td></td></tr>
<tr><td colspan="3">试验设备</td><td colspan="6"></td></tr>
<tr><td rowspan="5">直流电阻/Ω</td><td colspan="2">相别</td><td>A 相</td><td>B 相</td><td>C 相</td><td rowspan="5">耐压试验</td><td>试验项目</td><td>电压/kV</td><td>时间/min</td></tr>
<tr><td colspan="2">一次侧</td><td></td><td></td><td></td><td>A 相</td><td></td><td></td></tr>
<tr><td rowspan="2">二次侧</td><td>1a-1n</td><td></td><td></td><td></td><td>B 相</td><td></td><td></td></tr>
<tr><td>da-dn</td><td></td><td></td><td></td><td>C 相</td><td></td><td></td></tr>
<tr><td colspan="2">试验设备</td><td colspan="3"></td><td>试验设备</td><td colspan="2"></td></tr>
<tr><td rowspan="9">励磁特性</td><td colspan="2">电压/V</td><td>10</td><td>20</td><td>30</td><td colspan="2">40</td><td colspan="2">57.7</td></tr>
<tr><td>A 相</td><td>1a-1n（A）</td><td></td><td></td><td></td><td colspan="2"></td><td colspan="2"></td></tr>
<tr><td>B 相</td><td>1a-1n（A）</td><td></td><td></td><td></td><td colspan="2"></td><td colspan="2"></td></tr>
<tr><td>C 相</td><td>1a-1n（A）</td><td></td><td></td><td></td><td colspan="2"></td><td colspan="2"></td></tr>
<tr><td colspan="2">电压/V</td><td>5</td><td>10</td><td>20</td><td colspan="2">33.3</td><td colspan="2"></td></tr>
<tr><td>A 相</td><td>da-dn（A）</td><td></td><td></td><td></td><td colspan="2"></td><td colspan="2"></td></tr>
<tr><td>B 相</td><td>da-dn（A）</td><td></td><td></td><td></td><td colspan="2"></td><td colspan="2"></td></tr>
<tr><td>C 相</td><td>da-dn（A）</td><td></td><td></td><td></td><td colspan="2"></td><td colspan="2"></td></tr>
<tr><td colspan="2">试验设备</td><td colspan="7"></td></tr>
<tr><td rowspan="7">变比检查</td><td rowspan="2">一次电压/V</td><td rowspan="2"></td><td colspan="2">A 相</td><td colspan="2">B 相</td><td colspan="3">C 相</td></tr>
<tr><td>1a-1n</td><td>da-dn</td><td>1a-1n</td><td>da-dn</td><td>1a-1n</td><td colspan="2">da-dn</td></tr>
<tr><td rowspan="2"></td><td>二次电压/V</td><td></td><td></td><td></td><td></td><td></td><td colspan="2"></td></tr>
<tr><td>变比</td><td></td><td></td><td></td><td></td><td></td><td colspan="2"></td></tr>
<tr><td rowspan="2"></td><td>二次电压/V</td><td></td><td></td><td></td><td></td><td></td><td colspan="2"></td></tr>
<tr><td>变比</td><td></td><td></td><td></td><td></td><td></td><td colspan="2"></td></tr>
<tr><td colspan="2">试验设备</td><td colspan="7"></td></tr>
<tr><td>极性</td><td colspan="5"></td><td colspan="3">检查熔断器通、断情况</td><td></td></tr>
<tr><td>结论</td><td colspan="9"></td></tr>
</table>

试验人员：____________________　　试验负责人：____________________

表 6　10 kV 断路器试验报告

<table>
<tr><td colspan="2">工程名称</td><td colspan="3"></td><td>安装位置</td><td colspan="2"></td></tr>
<tr><td colspan="8">试验条件</td></tr>
<tr><td colspan="2">试验日期</td><td></td><td>温度/°C</td><td colspan="2"></td><td>湿度/%</td><td></td></tr>
<tr><td colspan="8">铭牌</td></tr>
<tr><td colspan="2">生产厂家</td><td colspan="2"></td><td colspan="2">开关型号</td><td colspan="2"></td></tr>
<tr><td colspan="2">出厂编号</td><td colspan="2"></td><td colspan="2">出厂日期</td><td colspan="2"></td></tr>
<tr><td colspan="2">额定电压/kV</td><td colspan="2"></td><td colspan="2">操作电压/V</td><td colspan="2"></td></tr>
<tr><td colspan="2">额定电流/A</td><td colspan="2"></td><td colspan="2">额定开断短路电流/kA</td><td colspan="2"></td></tr>
<tr><td colspan="2">热稳定电流/A</td><td colspan="2"></td><td colspan="2">动稳定电流/A</td><td colspan="2"></td></tr>
<tr><td colspan="8">试验内容</td></tr>
<tr><td rowspan="7">绝缘电阻
/MΩ</td><td rowspan="2">耐压试验</td><td colspan="2">拉杆</td><td colspan="2">断口</td><td colspan="2">合闸位置</td></tr>
<tr><td>耐压前</td><td>耐压后</td><td>耐压前</td><td>耐压后</td><td>耐压前</td><td>耐压后</td></tr>
<tr><td>A 相</td><td></td><td></td><td></td><td></td><td></td><td></td></tr>
<tr><td>B 相</td><td></td><td></td><td></td><td></td><td></td><td></td></tr>
<tr><td>C 相</td><td></td><td></td><td></td><td></td><td></td><td></td></tr>
<tr><td>合闸线圈</td><td colspan="2"></td><td colspan="2">分闸线圈</td><td colspan="2"></td></tr>
<tr><td>试验设备</td><td colspan="6"></td></tr>
<tr><td rowspan="3">主回路
电阻/μΩ</td><td colspan="2">A 相</td><td colspan="2">B 相</td><td colspan="3">C 相</td></tr>
<tr><td colspan="2"></td><td colspan="2"></td><td colspan="3"></td></tr>
<tr><td>试验设备</td><td colspan="6"></td></tr>
<tr><td rowspan="6">交流耐压</td><td rowspan="2">相别</td><td colspan="3">相-另两相及地</td><td colspan="3">断口间</td></tr>
<tr><td>A 相</td><td>B 相</td><td>C 相</td><td>A 相</td><td>B 相</td><td>C 相</td></tr>
<tr><td>电压/kV</td><td></td><td></td><td></td><td></td><td></td><td></td></tr>
<tr><td>时间/min</td><td></td><td></td><td></td><td></td><td></td><td></td></tr>
<tr><td>有无放电闪烁
现象</td><td></td><td></td><td></td><td></td><td></td><td></td></tr>
<tr><td>试验设备</td><td colspan="6"></td></tr>
</table>

试验人员：______________________　　试验负责人：______________________

表 7　10 kV 断路器试验报告

<table>
<tr><td rowspan="19">机械特性试验</td><td>相别</td><td>A 相</td><td>B 相</td><td>C 相</td></tr>
<tr><td>合闸时间/ms</td><td></td><td></td><td></td></tr>
<tr><td>分闸时间/ms</td><td></td><td></td><td></td></tr>
<tr><td>合闸弹跳时间/ms</td><td></td><td></td><td></td></tr>
<tr><td>合闸不同期/ms</td><td colspan="3"></td></tr>
<tr><td>分闸不同期/ms</td><td colspan="3"></td></tr>
<tr><td>合闸线圈直流电阻/Ω</td><td colspan="3"></td></tr>
<tr><td>分闸线圈直流电阻/Ω</td><td colspan="3"></td></tr>
<tr><td>电机直流电阻/Ω</td><td colspan="3"></td></tr>
<tr><td>合闸最低动作电压/V</td><td colspan="3"></td></tr>
<tr><td>分闸最低动作电压/V</td><td colspan="3"></td></tr>
<tr><td>100%额定电压分、合闸操作 3 次</td><td colspan="3"></td></tr>
<tr><td>110%额定电压分、合闸操作 3 次</td><td colspan="3"></td></tr>
<tr><td>80%～85%额定电压合闸操作 3 次</td><td colspan="3"></td></tr>
<tr><td>65%额定电压分闸操作 3 次</td><td colspan="3"></td></tr>
<tr><td>30%额定电压分闸操作 3 次</td><td colspan="3"></td></tr>
<tr><td>自由脱扣分闸操作 3 次</td><td colspan="3"></td></tr>
<tr><td>试验设备</td><td colspan="3"></td></tr>
<tr><td colspan="4"></td></tr>
<tr><td>防误操作性能检查</td><td colspan="4"></td></tr>
<tr><td>结论</td><td colspan="4"></td></tr>
</table>

试验人员：________________　　　　试验负责人：________________

表 8　10 kV 负荷开关试验报告

工程名称				安装位置			
试验条件							
试验日期		温度/°C			湿度/%		
铭牌							
生产厂家				开关型号			
出厂编号				出厂日期			
额定电压/kV				操作电压/V			
额定电流/A				热稳定电流/A			
额定开断短路电流/kA				动稳定电流/A			
试验内容							
绝缘电阻/MΩ	耐压试验	拉杆		断口		合闸位置	
		耐压前	耐压后	耐压前	耐压后	耐压前	耐压后
	A 相						
	B 相						
	C 相						
	合闸线圈				分闸线圈		
	试验设备						
主回路电阻/μΩ	A 相		B 相		C 相		
	试验设备						
交流耐压	相别	相-另两相及地			断口间		
		A 相	B 相	C 相	A 相	B 相	C 相
	电压/kV						
	时间/min						
	有无放电闪烁现象						
	试验设备						
检查合闸最低动作电压/V				检查分闸最低动作电压/V			
操动机构的动作情况				防误操作性能检查			
检查熔断器通、断情况							
结论							

试验人员：＿＿＿＿＿＿＿＿　　试验负责人：＿＿＿＿＿＿＿＿

表 9　10 kV 氧化锌避雷器试验报告

<table>
<tr><td>工程名称</td><td colspan="2"></td><td>安装位置</td><td colspan="2"></td></tr>
<tr><td colspan="6">试验条件</td></tr>
<tr><td>试验日期</td><td></td><td>温度/°C</td><td></td><td>湿度/%</td><td></td></tr>
<tr><td colspan="6">铭牌</td></tr>
<tr><td>制造厂家</td><td></td><td>相别</td><td>编号</td><td colspan="2">出厂日期</td></tr>
<tr><td>型号</td><td></td><td>A 相</td><td></td><td colspan="2"></td></tr>
<tr><td>额定电压/kV</td><td></td><td>B 相</td><td></td><td colspan="2"></td></tr>
<tr><td>持续运行电压/kV</td><td></td><td>C 相</td><td></td><td colspan="2"></td></tr>
<tr><td colspan="6">试验内容</td></tr>
<tr><td rowspan="5">绝缘电阻
/MΩ</td><td>相别</td><td>A 相</td><td>B 相</td><td colspan="2">C 相</td></tr>
<tr><td>耐压前</td><td></td><td></td><td colspan="2"></td></tr>
<tr><td>耐压后</td><td></td><td></td><td colspan="2"></td></tr>
<tr><td>避雷器基座</td><td></td><td></td><td colspan="2"></td></tr>
<tr><td>试验设备</td><td colspan="4"></td></tr>
<tr><td rowspan="4">直流泄漏</td><td>相别</td><td>A 相</td><td>B 相</td><td colspan="2">C 相</td></tr>
<tr><td>直流 1 mA
电压 $U_{1\,\text{mA}}$/kV</td><td></td><td></td><td colspan="2"></td></tr>
<tr><td>75% $U_{1\,\text{mA}}$ 下的泄漏
电流/μA</td><td></td><td></td><td colspan="2"></td></tr>
<tr><td>试验设备</td><td colspan="4"></td></tr>
<tr><td>结　论</td><td colspan="5"></td></tr>
</table>

试验人员：＿＿＿＿＿＿＿＿＿＿　　试验负责人：＿＿＿＿＿＿＿＿＿＿

表 10　10 kV 电容器试验报告

工程名称				安装位置			
试验条件							
试验日期			温度/°C		湿度/%		
铭牌							
型号				额定电流 A			
生产厂家				额定电压 kV			
相别		A 相		B 相		C 相	
编号							
出厂日期							
试验内容							
绝缘电阻/MΩ	相别	A 相—外壳、地		B 相—外壳、地		C 相—外壳、地	
	编号						
	耐压前						
	耐压后						
	试验设备						
电容值测量/μF	相别	A 相		B 相		C 相	
	编号						
	测量值						
	标称值						
	误差/%						
	整组电容值						
	不平衡度						
	试验设备						
交流耐压	试验项目	试验电压/kV			时间/min		
	试验设备						
结论							

试验人员：＿＿＿＿＿＿＿＿＿＿　　试验负责人：＿＿＿＿＿＿＿＿＿＿

表 11　0.4 kV 电容器试验报告

<table>
<tr><td colspan="2">工程名称</td><td colspan="10"></td><td colspan="4">安装位置</td><td colspan="10"></td></tr>
<tr><td colspan="26">试验条件</td></tr>
<tr><td colspan="2">试验日期</td><td colspan="6"></td><td colspan="6">温度/°C</td><td colspan="6"></td><td colspan="3">湿度/%</td><td colspan="3"></td></tr>
<tr><td colspan="26">铭牌</td></tr>
<tr><td colspan="2">型号</td><td colspan="10"></td><td colspan="4">额定电流/A</td><td colspan="10"></td></tr>
<tr><td colspan="2">生产厂家</td><td colspan="10"></td><td colspan="4">额定电压/V</td><td colspan="10"></td></tr>
<tr><td colspan="2">相数</td><td colspan="10"></td><td colspan="4">电容值/μF</td><td colspan="10"></td></tr>
<tr><td colspan="2">出厂日期</td><td colspan="10"></td><td colspan="4"></td><td colspan="10"></td></tr>
<tr><td colspan="26">试验内容</td></tr>
<tr><td rowspan="4">绝缘电阻/MΩ</td><td>组别</td><td colspan="3">1</td><td colspan="3">2</td><td colspan="3">3</td><td colspan="3">4</td><td colspan="3">5</td><td colspan="3">6</td><td colspan="3">7</td><td colspan="3">8</td></tr>
<tr><td>耐压前</td><td colspan="3"></td><td colspan="3"></td><td colspan="3"></td><td colspan="3"></td><td colspan="3"></td><td colspan="3"></td><td colspan="3"></td><td colspan="3"></td></tr>
<tr><td>耐压后</td><td colspan="3"></td><td colspan="3"></td><td colspan="3"></td><td colspan="3"></td><td colspan="3"></td><td colspan="3"></td><td colspan="3"></td><td colspan="3"></td></tr>
<tr><td>试验设备</td><td colspan="24"></td></tr>
<tr><td rowspan="7">电容值测量/μF</td><td>组别</td><td colspan="6">1</td><td colspan="6">2</td><td colspan="6">3</td><td colspan="6">4</td></tr>
<tr><td>相别</td><td colspan="2">AB</td><td colspan="2">BC</td><td colspan="2">CA</td><td colspan="2">AB</td><td colspan="2">BC</td><td colspan="2">CA</td><td colspan="2">AB</td><td colspan="2">BC</td><td colspan="2">CA</td><td colspan="2">AB</td><td colspan="2">BC</td><td colspan="2">CA</td></tr>
<tr><td>电容值</td><td colspan="2"></td><td colspan="2"></td><td colspan="2"></td><td colspan="2"></td><td colspan="2"></td><td colspan="2"></td><td colspan="2"></td><td colspan="2"></td><td colspan="2"></td><td colspan="2"></td><td colspan="2"></td><td colspan="2"></td></tr>
<tr><td>组别</td><td colspan="6">5</td><td colspan="6">6</td><td colspan="6">7</td><td colspan="6">8</td></tr>
<tr><td>相别</td><td colspan="2">AB</td><td colspan="2">BC</td><td colspan="2">CA</td><td colspan="2">AB</td><td colspan="2">BC</td><td colspan="2">CA</td><td colspan="2">AB</td><td colspan="2">BC</td><td colspan="2">CA</td><td colspan="2">AB</td><td colspan="2">BC</td><td colspan="2">CA</td></tr>
<tr><td>电容值</td><td colspan="2"></td><td colspan="2"></td><td colspan="2"></td><td colspan="2"></td><td colspan="2"></td><td colspan="2"></td><td colspan="2"></td><td colspan="2"></td><td colspan="2"></td><td colspan="2"></td><td colspan="2"></td><td colspan="2"></td></tr>
<tr><td>试验设备</td><td colspan="24"></td></tr>
<tr><td rowspan="2">交流耐压</td><td>电压/kV</td><td colspan="8"></td><td colspan="8">时间/min</td><td colspan="8"></td></tr>
<tr><td>试验设备</td><td colspan="24"></td></tr>
<tr><td>结论</td><td colspan="25"></td></tr>
</table>

试验人员：______________________　　　　试验负责人：______________________

表 12　10 kV 电抗器试验报告

<table>
<tr><td colspan="2">工程名称</td><td colspan="3"></td><td>安装位置</td><td></td></tr>
<tr><td colspan="7">试验条件</td></tr>
<tr><td colspan="2">试验日期</td><td></td><td>温度/°C</td><td></td><td>湿度/%</td><td></td></tr>
<tr><td colspan="7">铭牌</td></tr>
<tr><td colspan="2">型号</td><td colspan="2"></td><td colspan="2">额定电流/A</td><td></td></tr>
<tr><td colspan="2">生产厂家</td><td colspan="2"></td><td colspan="2">额定电压/kV</td><td></td></tr>
<tr><td colspan="2">额定容量/kvar</td><td colspan="2"></td><td colspan="2">额定压降</td><td></td></tr>
<tr><td colspan="2">出厂编号</td><td colspan="2"></td><td colspan="2">最大连续电流/A</td><td></td></tr>
<tr><td colspan="2">出厂日期</td><td colspan="2"></td><td colspan="2">热稳定电流/A</td><td></td></tr>
<tr><td colspan="2">系统电压/kV</td><td colspan="2"></td><td colspan="2">动稳定电流/A</td><td></td></tr>
<tr><td colspan="7">试验内容</td></tr>
<tr><td rowspan="4">绝缘电阻/MΩ</td><td>相别</td><td colspan="2">A 相</td><td colspan="2">B 相</td><td>C 相</td></tr>
<tr><td>耐压前</td><td colspan="2"></td><td colspan="2"></td><td></td></tr>
<tr><td>耐压后</td><td colspan="2"></td><td colspan="2"></td><td></td></tr>
<tr><td>试验设备</td><td colspan="5"></td></tr>
<tr><td rowspan="4">直流电阻/MΩ</td><td>相别</td><td colspan="2">A 相</td><td colspan="2">B 相</td><td>C 相</td></tr>
<tr><td>测量值</td><td colspan="2"></td><td colspan="2"></td><td></td></tr>
<tr><td>相差（%）</td><td colspan="5"></td></tr>
<tr><td>试验设备</td><td colspan="5"></td></tr>
<tr><td rowspan="3">交流耐压</td><td rowspan="2">试验项目</td><td colspan="3">试验电压/kV</td><td colspan="2">时间/min</td></tr>
<tr><td colspan="3"></td><td colspan="2"></td></tr>
<tr><td>试验设备</td><td colspan="5"></td></tr>
<tr><td colspan="2" rowspan="2">油耐压试验</td><td>外观检查</td><td></td><td>击穿电压/kV</td><td colspan="2"></td></tr>
<tr><td>试验设备</td><td colspan="4"></td></tr>
<tr><td>结论</td><td colspan="6"></td></tr>
</table>

试验人员：____________________　　　试验负责人：____________________

表 13　10 kV 电力电缆试验报告

<table>
<tr><td colspan="2">工程名称</td><td colspan="3"></td><td colspan="2">安装位置</td><td></td></tr>
<tr><td colspan="8">试验条件</td></tr>
<tr><td colspan="2">试验日期</td><td></td><td>温度/°C</td><td colspan="2"></td><td>湿度/%</td><td></td></tr>
<tr><td colspan="8">铭牌</td></tr>
<tr><td colspan="2">制造厂家</td><td></td><td>型号</td><td colspan="2"></td><td>出厂日期</td><td></td></tr>
<tr><td colspan="2">额定电压/kV</td><td></td><td>长度/m</td><td colspan="2"></td><td></td><td></td></tr>
<tr><td colspan="8">试验内容</td></tr>
<tr><td rowspan="6">绝缘电阻/MΩ</td><td rowspan="2">相别</td><td colspan="2">A 相</td><td colspan="2">B 相</td><td colspan="2">C 相</td></tr>
<tr><td>R_{15}</td><td>R_{60}</td><td>R_{15}</td><td>R_{60}</td><td>R_{15}</td><td>R_{60}</td></tr>
<tr><td>耐压前</td><td></td><td></td><td></td><td></td><td></td><td></td></tr>
<tr><td>耐压后</td><td></td><td></td><td></td><td></td><td></td><td></td></tr>
<tr><td>试验设备</td><td colspan="6"></td></tr>
<tr><td>外护套、内衬层</td><td colspan="2"></td><td colspan="2">试验设备</td><td colspan="2"></td></tr>
<tr><td rowspan="6">交联电缆</td><td rowspan="5">交流耐压试验</td><td colspan="2">相别</td><td>A 相</td><td colspan="2">B 相</td><td>C 相</td></tr>
<tr><td colspan="2">施加电压/kV</td><td></td><td colspan="2"></td><td></td></tr>
<tr><td colspan="2">试验时间/min</td><td></td><td colspan="2"></td><td></td></tr>
<tr><td colspan="2">是否有放电击穿现象</td><td></td><td colspan="2"></td><td></td></tr>
<tr><td colspan="2">试验设备</td><td colspan="4"></td></tr>
<tr><td>备注</td><td colspan="6">优先选做交流耐压试验</td></tr>
<tr><td colspan="2">检查电缆相位</td><td colspan="6"></td></tr>
<tr><td colspan="2">结论</td><td colspan="6"></td></tr>
</table>

试验人员：________________　　试验负责人：________________

表 14　10 kV 过电压保护器试验报告

<table>
<tr><td>工程名称</td><td colspan="2"></td><td>安装位置</td><td colspan="2"></td></tr>
<tr><td colspan="6">试验条件</td></tr>
<tr><td>试验日期</td><td></td><td>温度/°C</td><td></td><td>湿度/%</td><td></td></tr>
<tr><td colspan="6">铭牌</td></tr>
<tr><td>型号</td><td colspan="2"></td><td>额定电压/kV</td><td colspan="2"></td></tr>
<tr><td>生产厂家</td><td colspan="2"></td><td>系统电压/kV</td><td colspan="2"></td></tr>
<tr><td>生产日期</td><td colspan="2"></td><td>出厂编号</td><td colspan="2"></td></tr>
<tr><td colspan="6">试验内容</td></tr>
<tr><td rowspan="5">绝缘电阻/MΩ</td><td>相别</td><td>A—D 相</td><td>B—D 相</td><td colspan="2">C—D 相</td></tr>
<tr><td>耐压前</td><td></td><td></td><td colspan="2"></td></tr>
<tr><td>耐压后</td><td></td><td></td><td colspan="2"></td></tr>
<tr><td>基座</td><td></td><td></td><td colspan="2"></td></tr>
<tr><td>试验设备</td><td colspan="4"></td></tr>
<tr><td rowspan="6">工频放电电压/kV</td><td>次数</td><td>A—D 相</td><td>B—D 相</td><td colspan="2">C—D 相</td></tr>
<tr><td>1</td><td></td><td></td><td colspan="2"></td></tr>
<tr><td>2</td><td></td><td></td><td colspan="2"></td></tr>
<tr><td>3</td><td></td><td></td><td colspan="2"></td></tr>
<tr><td>平均值</td><td></td><td></td><td colspan="2"></td></tr>
<tr><td>试验设备</td><td colspan="4"></td></tr>
<tr><td>结论</td><td colspan="5"></td></tr>
</table>

试验人员：________________　　试验负责人：________________

表 15　其他设备绝缘、耐压试验报告

工程名称						
试验条件						
试验日期		温度/°C		湿度/%		
试验内容						
序号	设备名称及型号	安装位置	耐压前绝缘电阻/MΩ	耐压后绝缘电阻/MΩ	交流耐压试验/kV	时间/min
试验设备						
结论						

试验人员：________________　　试验负责人：________________

表 16　接地装置试验报告

工程名称		安装位置			
试验条件					
试验日期		温度/°C		湿度/%	
试验内容					
安装地点	用途		接地电阻/Ω	接地线与电气设备及接地极连接情况	
试验设备					
结论					

试验人员：________________　　试验负责人：________________

参考文献

[1] 住房和城乡建设部. 电气装置安装工程 电气设备交接试验标准：GB 50150—2016[S]. 北京：中国计划出版社，2016.

[2] 国家能源局. 电力设备预防性试验规程：DL/T 596—2021[S]. 北京：中国电力出版社，2021.

[3] 国家能源局. 接地装置特性参数测量导则：DL/T 475—2017[S]. 北京：中国电力出版社，2017.

[4] 国家能源局. 现场绝缘试验实施导则：DL/T 474.1 ~ 474.5—2018[S]. 北京：中国电力出版社，2019.

[5] 国家能源局. 输变电设备状态检修试验规程：DL/T 393—2021[S]. 北京：中国电力出版社，2022.

[6] 国家能源局. 电力安全工器具预防性试验规程：DL/T 1476—2015[S]. 北京：中国电力出版社，2015.

[7] 国家能源局. 带电作业工具、装置和设备预防性试验规程：DL/T 976—2017[S]. 北京：中国电力出版社，2018.

[8] 中国南方电网有限责任公司. 10 kV 配电线路带电作业指南[M]. 北京：中国电力出版社，2015.

[9] 吴广宁. 高电压技术[M]. 北京：机械工业出版社，2007.

[10] 何发武. 高电压设备测试[M]. 北京：中国铁道出版社，2017.

[11] 何发武. 城市轨道交通电气设备测试[M]. 成都：西南交通大学出版社，2017.

[12] 张国光. 电气设备带电检测技术[M]. 北京：中国电力出版社，2014.